Adolf Georgi

Exkursionsflora für die Rheinpfalz

Adolf Georgi

Exkursionsflora für die Rheinpfalz

ISBN/EAN: 9783743365902

Hergestellt in Europa, USA, Kanada, Australien, Japan

Cover: Foto ©berggeist007 / pixelio.de

Adolf Georgi

Exkursionsflora für die Rheinpfalz

Exkursionsflora

für die

Rheinpfalz.

Eine Anleitung

zum Bestimmen der in der Rheinpfalz wild wachsenden Gefässpflanzen und zugleich ein botanisches Hilfsbuch für den Unterricht an höheren Lehranstalten.

Nach

Dr. K. Prantl, Exkursionsflora für das Königreich Bayern

frei bearbeitet von

Adolf Georgii,

Kgl. Gymnasiallehrer in Neustadt a. Haardt.

Stuttgart.

Verlag von Eugen Ulmer.

1894.

Der Kaiserl. Russische Hofrat

Herr Dr. F. G. von Herder,

I. Vorstand der Pollichia,

gibt der vorliegenden Arbeit folgende Erklärung mit:

„Herr Gymnasiallehrer Adolf Georgii beabsichtigt für seine Schüler eine Exkursionsflora der Pfalz herauszugeben. Der Gedanke verdient volle Anerkennung, da für die studierende Jugend der Pfälzer Mittelschulen kein brauchbares Buch dieser Art existiert; denn die in Deutschland vorhandenen zahlreichen Lehrbücher und Floren sind entweder zu umfangreich und zu teuer, oder sie sind zwar billig, aber unvollständig und für die Pfalz nicht brauchbar. Dazu kommt, dass die älteren Floren der Pfalz von König und F. Schultz gänzlich vergriffen sind. Wir begrüssen daher Herrn Georgiis Vorhaben mit grosser Teilnahme und werden uns freuen, wenn es ihm gelingt, die Liebe zur Botanik bei der Jugend wieder anzuregen. Vielleicht gelingt es ihm auf diese Weise auch, unserer „Scientia amabilis", wie sie der sel. Dr. Schultz Bipontinus zu nennen pflegte, wieder mehr Interesse auch bei Erwachsenen zuzuführen.

Grünstadt, den 15. März 1894.

Dr. F. G. von Herder, K. R. Hofrat,
I. Vorstand der Pollichia.

Vorwort.

Der Zweck des vorliegenden Büchleins ist ein zweifacher. Einerseits soll es jeden Naturfreund, welchem Berufe er auch angehören mag, zur Beschäftigung mit der einheimischen Pflanzenwelt anregen oder demselben, wenn er in der Pflanzenkunde schon erfahrener und weiter vorgeschritten ist, als zuverlässiger Führer und bequemes Nachschlagebuch dienen. Andererseits soll es den jugendlichen Anfänger auf eine leichte, angenehme und sichere Weise in die Kenntnis der ihn umgebenden Pflanzenwelt einführen. Dass vorliegendes Werkchen auch dem zuletzt angedeuteten Zweck gerecht werden durfte, verdankt es der neuen bayerischen Schulordnung. Dieselbe hat nämlich den Unterricht in der Naturkunde auch auf den humanistischen Anstalten als Pflichtfach eingeführt und schreibt für die Pflanzenkunde Übungen im Bestimmen vor. Der Wert dieser Übungen beruht aber nicht bloss darauf, dass sie etwa den künftigen Botaniker in die Kenntnis der Pflanzenarten einführen, welche ja erst jedes weitere Arbeiten in diesem Fach ermöglicht; diese Übungen gewöhnen überhaupt jeden Schüler durch die fortwährende genaue Beobachtung und Vergleichung der Merkmale an scharfe Auffassung der Aussenwelt und folgerichtiges Denken. Für diese so wichtigen Übungen nun, die wohl hauptsächlich auf den ebenfalls vorgeschriebenen Exkursionen vorzunehmen sein dürften, ein bequemes Hilfsmittel zu bieten, ist ebenfalls Zweck des vorliegenden Büchleins. Zwar könnte letzteres bei dem Vorhandensein der Prantlschen Exkursionsflora für Bayern, welche auch die Pfalz berücksichtigt, überflüssig erscheinen; allein gegen die Verwendung der Prantlschen Flora als Schulbuch spricht einmal ihr höherer Preis; ferner enthält sie eine Menge Pflanzen, die, wie z. B. die Alpenpflanzen, für den pfälzischen Schüler gar nicht in Betracht kommen und ihm das Bestimmen der pfälzischen Pflanzen nur erschweren; endlich hat Prantl in seiner Flora zahlreiche Gattungen eingezogen, eine Neuerung, welche überall, statt Anklang zu finden, nur Anstoss erregte und die etwaige Benützung anderer botanischer Werke vielfach erschwert. Letztere von Prantl getroffenen Änderungen wurden in vorliegender Arbeit alle wieder rückgängig gemacht. Auch sonst glaubte ich mich nicht stets an Prantls Buch allzu eng anschliessen, sondern auch eigenen Erfahrungen und Beobachtungen Raum gönnen zu sollen. Ebenso blieben vielfache Anregungen, die das Studium der bewährten Schulfloren von Garcke, Klein, Seubert, Wünsche u. a. boten, nicht unbenutzt.

Was das dieser Flora zu Grund liegende System betrifft, so konnte die Wahl nur auf das natürliche fallen. Zwar scheinen für das künstliche System Linnés zwei Vorzüge zu sprechen. Der eine liegt in den kurzen und bündigen griechischen Bezeichnungen der Klassen und Ordnungen. Dieselben sind aber für Laien und ■ Schüler, denen infolge ihrer elementaren griechischen Kenntnisse die mit Überlegung ausgeführte Anwendung fehlt, nur inhaltsleere Worte und unnötiger Gedächtnisballast. Einen zweiten Vorzug des künstlichen Systems sehen manche in seiner Einfachheit und Klarheit und dem dadurch erleichterten Bestimmen der Pflanzen. Allein während sich aus den Bestimmungsübungen nach dem künstlichen System nur die Mannigfaltigkeit der Pflanzenwelt ergiebt, steckt sich der Unterricht, der von vorn herein den Aufbau des natürlichen Systems verfolgt, das höhere Ziel, die Einzelkenntnisse zu einem die gesetzmässige Entwickelung und Ausbildung der Pflanzenwelt darstellenden Gesamtbild zu verbinden. Es empfahl sich daher, das künstliche System, das nur noch der Geschichte der Wissenschaft angehört, völlig unberücksichtigt zu lassen.*)

Schliesslich richte ich an alle, die das Büchlein benutzen, die freundliche Bitte, mir etwaige Irrtümer und Versehen, sowie neue Entdeckungen mitzuteilen. Gleichzeitig werden alle Benützer des Buches ersucht, sich an der Beobachtung und Notierung der Entwickelungszeiten von Pflanzen recht eifrig beteiligen zu wollen. Die Verzeichnisse der gemachten Beobachtungen sind frei einzusenden an: Herrn Dr. F. G. von Herder, I. Vorstand der Pollichia in Grünstadt.

Neustadt a. Haardt, März 1894.

A. G.

*) Vergl. Wandsbecker Gymnasialprogramm 1892 von Hugo Voigt: Über das Lehrverfahren und den Lehrgang des botanischen Unterrichts an Gymnasien.

Einleitung.

1. Die pflanzengeographische Einteilung des Gebiets.

Das in vorliegender Flora berücksichtigte Gebiet zerfällt in:

1. Die **Vorderpfalz** (V), umfassend die Rheinebene mit Einschluss der Kalkhügel am Fuss des Haardtgebirgs. Dieselbe zeigt eine Mischung von mitteldeutschen Formen mit alpinen Elementen, die dem Rhein bis hieher folgen.

2. Die **Mittelpfalz** (M), welche das Vogesiasgebirg nebst dem Buntsandstein und Muschelkalk bei Zweibrücken umfasst, somit vom Fuss des Haardtgebirgs sich westlich ausdehnt und nördlich bis zur Linie Waldmohr—Grünstadt reicht. Während die eigentliche Vogesias arm ist an manchen sonst verbreiteten Pflanzen, bieten die Torfsümpfe sowie der Kalkboden Standorte für viele bemerkenswerte Pflanzen.

3. Die **Nordpfalz** (N), von der Linie Waldmohr—Grünstadt—Kirchheimbolanden und der nordwestlichen Landesgrenze umschlossen. Sie enthält das Rotliegende und Porphyrgebirge und vereinigt alpine Elemente mit Formen der unteren Rheingegenden.

2. Anleitung zum Gebrauch des Buches.

Ist eine Pflanze zu bestimmen, so suche man zunächst in der ersten Übersicht Seite IX die Klasse, sodann nach der zweiten Übersicht Seite X die Familie zu bestimmen. Die deren Namen beigesetzten Zahlen weisen auf ihre Seitenzahl in der Übersicht der Gattungen und Arten.

Der Anfänger thut gut, zunächst eine Anzahl möglichst verschiedener, ihm dem Namen nach zuverlässig bekannter Pflanzen nach den Übersichten genau durchzuarbeiten und Merkmal für Merkmal mit den Familien-, Gattungs- und Artbeschreibungen zu vergleichen. So unfruchtbar diese Thätigkeit scheinen mag, so ist sie doch das sicherste Mittel sich mit den botanischen Kunstausdrücken bekannt zu machen und die so erlangten Kenntnisse zum sicheren Bestimmen unbekannter Pflanzen zu verwerten.

Bei der Betonung der lateinischen Namen wurde, so weit der Schriftvorrat der Druckerei es gestattete, der Grundsatz durchgeführt, nur diejenigen Wörter mit Tonzeichen zu versehen, die den Ton auf der drittletzten Silbe haben; die nicht mit Tonzeichen versehenen haben also in der Regel den Ton auf der vorletzten Silbe. Von den unbezeichnet gebliebenen Wörtern haben ausserdem noch den Ton auf der drittletzten Silbe: Acinos, Alcea, Aphaca, caryophyllea, Cyanus, Opulus, Periclymenum, Pseudocyperus, Thelypteris, trachyodon.

Auf Seite 185 Zeile 11 von unten ist hinter „Compositae" der deutsche Ausdruck „Kopfblütler" zu ergänzen.

Übersicht der in dieser Flora vertretenen Klassen des natürlichen Systems.

A. **Pteridóphyta. Farnpflanzen.** Ohne Samen; erzeugen Keimkörner (Sporen) in den auf den Blättern stehenden Sporenbehältern.

I. Klasse. **Filicinae. Farne.** Sporenblätter am Rand oder an der Unterseite der Blätter, zuweilen in besondere fruchtartige Blattteile eingeschlossen; fruchtbare Blätter nicht zu Ähren vereinigt; Blätter meist mit verzweigten, meist am Rand frei endigenden Nerven.

II. Klasse. **Equisétinae. Schachtelhalme.** Sporenbehälter an der Unterseite schildförmiger Blätter, die eine Ähre am Ende des Stengels bilden; Stengel mit gestreckten Gliedern; Blätter 1nervig, quirlständig, zu gezähnten Scheiden an den Knoten verwachsen.

III. Klasse. **Lycopódinae. Bärlappe.** Sporenbehälter einzeln in der Blattachsel oder auf der Oberseite des Blattgrundes; fruchtbare Blätter häufig zu Ähren vereinigt; Blätter 1nervig, dichtgedrängt.

B. **Gymnospermae. Nacktsamer.** Mit Samen; Blüten 1geschlechtig, ohne Blütenhülle; die Fruchtblätter bilden keinen Fruchtknoten, keine Narbe.

IV. Klasse. **Coniferae. Nadelhölzer.** Weibliche Blüten meist zapfenförmig, selten auf einen einzigen Samen beschränkt; Blätter 1nervig.

C. **Angiospermae. Bedecktsamer.** Mit Samen; Blüten 1geschlechtig oder zwitterig, mit, seltener ohne Blütenhülle; die Fruchtblätter bilden einen oder mehrere Fruchtknoten mit Narbe.

V. Klasse. **Monocotyleae. Streifenblättler.** Blätter meist streifennervig, ungeteilt; Stamm mit zerstreuten Strängen, nie holzbildend; Blüten meist 3zählig; Blütenhülle selten in Kelch und Krone geschieden.

VI. Klasse. **Dicotyleae. Netzblättler.** Blätter meist netznervig, oft verzweigt oder gezähnt; Stamm mit ringförmig angeordneten Strängen, oft holzbildend; Blüten häufig 5zählig, doch auch mit anderen Zahlenverhältnissen.

Übersicht zum Bestimmen der Familien nach dem natürlichen System.

I. Klasse. **Filicinae.** *Farne.*

A. Sporenbehälter einzeln oder in Fruchthaufen am Rand oder an der Unterseite der Blätter oder Blattteile; Blätter mit verzweigten Nerven.

I. Fruchthaufen auf der Blattunterseite; Sporenbehälter klein, für das blosse Auge kaum unterscheidbar: **Polypodiaceae 1.**

II. Sporenbehälter einzeln oder in Gruppen am Rand von Blattabschnitten, gross, für das blosse Auge deutlich wahrnehmbar.

1. Sporenbehälter in Gruppen an den vorderen schmäleren Abschnitten des 2fachgefiederten Blattes: **Osmundaceae 4.**
2. Sporenbehälter einzeln am Rand von Blattteilen, die aus der Blattoberseite entspringen: . . **Ophioglossaceae 4.**

B. Sporenbehälter in kugeligen oder bohnenförmigen Fruchthaufen am Grund der Blätter.

I. Schwimmende Wasserpflanze ohne Wurzeln, mit ungeteilten Schwimm- und feingeteilten Wasserblättern; am Grund der letzteren die kugeligen Fruchthaufen: . . **Salviniaceae 5.**

II. Stamm kriechend, bewurzelt; die fruchtbaren Blattteile am Grund der aufrechten Blattstiele: . . . . **Marsiliaceae 5.**

II. Klasse. **Equisetinae.** *Schachtelhalme.*

Einzige Familie: **Equisetaceae 5.**

III. Klasse. **Lycopodinae.** *Bärlappe.*

Einzige Familie: **Lycopodiaceae 7.**

IV. Klasse. **Coniferae.** *Nadelhölzer.*

1. Blätter und Zapfenschuppen wechselständig; Frucht ein Zapfen mit holzigen Schuppen: . . . . **Abietineae 7.**
2. Blätter und Zapfenschuppen quirlig; Zapfen beerenartig: **Cupressineae 8.**

V. Klasse. **Monocotyleae.** *Streifenblättler.*

A. Blüten mit deutlicher Blütenhülle.

A. Blütenhülle durchaus kelch- oder durchaus kronartig, innere Blätter oft von den äusseren verschieden; Staubblätter 6, selten weniger.

I. Fruchtknoten oberständig.

1. Blütenhülle meist kronartig, wenn kelchartig, Laubblätter netzaderig, quirlig (oder schwertförmig, 2zeilig): **Liliaceae 37.**
2. Blütenhülle kelchartig; Blätter grasartig.

a. Griffel 1; Kapselfrucht; Blüten in einzelnen oder zu Ähren angeordneten Spirren oder Köpfchen: **Juncaceae 34.**

b. Sitzende Narben 3—6; Frucht bei der Reife in 3 oder 6 Früchtchen zerfallend; Blüten in 1facher Traube: **Juncagineae** 54.
3. Blütenhülle kelchartig; Blätter schwertförmig; Blüten in einem vom schmalen Hüllblatt überragten Kolben: **Araceae** 49.
II. Fruchtknoten unterständig.
1. Blüten regelmässig; Staubblätter frei.
a. Staubblätter 6: . . . . **Amaryllidaceae** 42.
b. Staubblätter 3: . . . . **Iridaceae** 43.
2. Blüten unregelmässig, 1 Blatt des inneren Kreises, die Lippe, stets auffallend verschieden; Staubblätter 1—2, mit dem Griffel verwachsen: . . . . **Orchidaceae** 43.
B. Blütenhülle in 3 Kelch- und 3 Kronblätter geschieden; Staubblätter 6 bis viele.
I. Fruchtknoten oberständig, 6 oder mehr in je 1 Blüte: Blüten zwitterig oder 1häusig.
1. Blütenstand doldig: . . . . **Butomaceae** 54.
2. Blütenstand rispig oder ährig: . . . . **Alismaceae** 54.
II. Fruchtknoten unterständig; Blüten 2häusig: **Hydrocharitaceae** 55.
B. Blütenhülle fehlt oder durch Schüppchen oder Borsten angedeutet.
A. Blüten in mannigfach angeordneten Ähren, mit entwickelten Deckblättern, Spelzen.
I. Blätter 3- oder mehrzeilig (selten Deckspelzen 2zeilig), mit geschlossenen Scheiden; Stengel häufig 3kantig, ohne starke Knoten, nicht hohl; Blüten ohne Vorspelze: **Cyperaceae** 24.
II. Blätter 2zeilig (selten Rispenäste mehrzeilig), mit meist offenen Scheiden; Stengel rund oder 2schneidig (selten 3kantig), mit starken Knoten, meist hohl; Blüten meist mit Vorspelze: **Gramineae** 8.
B. Blüten einzeln oder in Kolben, Ähren oder Köpfchen; Deckblätter fehlen oder nur klein, nicht spelzenartig.
I. Stengel schwimmend, blattartig, aus rundlichen bis lanzettlichen Gliedern bestehend; Blüten (selten erscheinend) in seitlichen Ausbuchtungen, 1häusig: . . . **Lemnaceae** 50.
II. Untergetauchte oder mit gestielten Schwimmblättern versehene Wasserpflanzen.
1. Blüten 1geschlechtig; Blätter gezähnt, nervenlos: **Naiadaceae** 51.
2. Blüten zwitterig in Ähren ohne Hüllblatt, oder 1geschlechtig einzeln oder zu wenigen, dann Blätter fädlich lineal, 1nervig: **Potamogetonaceae** 51.
III. Land- oder Sumpfpflanzen, mit Luft- oder grasartigen Schwimmblättern; Blüten in Kolben oder kugeligen Köpfchen.
1. Kolben mit bleibendem, breitem (od. schwertförmigem) Hüllblatt versehen oder von diesem umschlossen; Blätter gestielt. herz- bis pfeilförmig (oder schwertförmig): **Araceae** 49.
2. Hüllblatt rasch abfallend oder fehlend; Kolben oder 1geschlechtige kugelige Köpfchen; Blätter lineal, grasartig: . . . . **Typhaceae** 50.

VI. Klasse. **Dicotyleae.** *Netzblättler.*

A. Holzpflanzen; Blätter wechselständig; Blüten unscheinbar, 1geschlechtig, männliche und weibliche in verschiedene Kätzchen verteilt, selten zwitterig in Büscheln vor der Belaubung abblühend. (Hauptsächlich Juliflorae, Kätzchenblütler).

A. Blüten 1geschlechtig.

I. Einhäusig; männliche Blüten der Deckschuppe aufgewachsen oder mit mehrblättriger Blütenhülle versehen.

1. Ohne Milchsaft; weibliche Blüten oberständig oder ohne Blütenhülle; trockene Schliessfrucht zwischen den Kätzchenschuppen versteckt oder von besonderen Hüllen umgeben: . . . . **Cupuliferae 55.**
2. Mit Milchsaft; weibliche Blüten unterständig mit später fleischiger Blütenhülle, die Kätzchenschuppen überragend: **Urticaceae 59.**

II. Zweihäusig; Blüten den Deckschuppen nicht aufgewachsen, diese überragend, unterständig; Blütenhülle schüsselförmig oder durch Honigdrüsen angedeutet; Kapselfrucht; Samen mit Haarschopf; Blätter ungeteilt: . . . . **Salicaceae 57.**

B. Blüten zwitterig; Blütenhülle 1fach, meist 5teilig; Staubblätter meist 5; Schliessfrucht ringsgeflügelt; Blätter 2zeilig, nach dem Abblühen sich entfaltend: . . . . **Ulmaceae 60.**

B. Wuchs und Blütenbau verschieden, aber nicht wie bei vorigen; Kelch und freiblättrige Krone oder 1fache Blütenhülle kelch- oder kronartig, frei oder verwachsenblättrig, bei Wasserpflanzen zuweilen fehlend. (Hauptsächlich Choripetalae, Freikronblättrige und Monochlamydeae, Einhüllblütige).

A. Fruchtknoten unterständig oder halbunterständig (sich noch über den Ursprung des Kelches hinaus fortsetzend).

I. Wasser- oder Sumpfpflanzen; Blätter in mehr als 3—4-gliedrigen Quirlen.

1. Blätter fiederteilig; Blüten in Ähren, 1häusig, 4zählig; Krone klein, hinfällig; 8 Staubblätter; 4 Narben: **Halorrhagidaceae 121.**
2. Blätter 1fach, 1nervig; Blüten einzeln achselständig, zwitterig, ohne Krone; 1 Staubblatt, 1 Griffel: **Hippuridaceae 121.**

II. Immergrüner, auf Bäumen schmarotzender Strauch; Blüten 2häusig; Staubbeutel den Blütenhüllblättern aufgewachsen: **Loranthaceae 61.**

III. Land- oder Wasserpflanzen; Blätter wechselständig oder zu 2—3 in Quirlen.

1. Blütenhülle 1fach, wenigstens am Grund verwachsenblättrig.

a. Krautartig; Blätter wechsel- oder fast gegenständig, ungeteilt, ganzrandig; Blüten zwitterig.

aa. Blätter lineal bis lanzettlich; Blüten in Trauben: Blütenhülle 4—5spaltig, weiss; 4—5 Staubblätter: **Santalaceae 60.**

bb. Blätter gestielt, herzförmig; Blüten einzeln endständig oder zu mehreren achselständig; Blütenhülle mit 3 gleichen oder 1 sehr grossen Zipfel; 12 freie oder 6 dem Griffel angewachsene Staubblätter: . . . . **Aristolochiaceae 60.**

b. Krautartig; Stengelblätter gegenständig, 3zählig; Staubblätter scheinbar 10: . . . . . **Caprifoliaceae 182.**

2. Kelch und freiblättrige Krone; zuweilen fehlt Kelch oder Krone; letzterenfalls Kelch freiblättrig.

a. Staubblätter mehr als 2mal so viel als Kronblätter; Kelch- und Kronblätter je 5; Apfelfrucht; Holzpflanzen; Blätter wechselständig: . . . . . . **Rosaceae 123.**

b. Staubblätter höchstens 2mal so viel als Kronblätter (oder wenn diese fehlen, als Kelchblätter).

aa. Griffel 1 mit 1—4 Narben.

α. Grössere Sträucher.

αα. Aufrecht; Blätter gegenständig; Blüten 4zählig; 4 Staubblätter: . . . . . **Cornaceae 115.**

ββ. Mit Kletterwurzeln; Blätter wechselständig; Blüten 5zählig: . . . . **Araliaceae 115.**

β. Stengel holzig, aber fadenförmig dünn, kriechend; Blüten 4zählig, 8 Staubblätter: **Ericaceae 145.**

γ. Kräuter, Stauden und Wasserpflanzen; Blüten 4- oder 2zählig; 2, 4 oder 8 Staubblätter: **Onagraceae 118.**

bb. Griffel 2—4.

α. Blüten in meist zusammengesetzten Dolden; Kelch oft undeutlich; 5 Kron- und 5 Staubblätter; 2 am Grund drüsig verbreiterte Griffel; Frucht in 2 Teilfrüchtchen zerfallend; Blätter meist verzweigt, am Grund scheidig; Kräuter und Stauden: . . . . . . **Umbelliferae 105.**

β. Blüten einzeln, in Trauben, Ebensträussen oder kopfförmigen Ähren; Krone 4—5blättrig oder fehlend; Staubblätter 4, 5, 8 oder 10; Fruchtknoten oft nur halb unterständig, oberwärts in mehrere einzelne auseinandergehend; Kapsel oder Beere; Kräuter, Stauden und Sträucher: **Saxifragaceae 117.**

B. Zwei bis viele getrennte Fruchtknoten in jeder Blüte, oberständig, zuweilen von der Kelchröhre eingeschlossen, aber nicht damit verwachsen.

I. Blätter fleischig, nervenlos, ungeteilt, ohne Scheide oder Nebenblätter; Blüten regelmässig, quirlig gebaut; Fruchtknoten so viel als Kronblätter; Staubblätter so viel oder 2mal so viel als Kronblätter; krautartig: **Crassulaceae 115.**

II. Blätter krautig, nervig, meist mit Scheiden oder Nebenblättern.

1. Blütenhüll- oder Kelchblätter bis zum Grund frei; Krone und Staubblätter der Blütenachse eingefügt; Blüten regelmässig oder ungleichseitig, meist spiralig gebaut; Staub-

blätter meist zahlreich; Blätter ohne Nebenblätter, meist mit Scheiden, selten gegenständig: . **Ranunculaceae 75.**

2. Kelch am Grund verwachsenblättrig; Krone (fehlt zuweilen) und Staubblätter dem Rand der Kelchröhre eingefügt: Kelch oft mit Aussenkelch; Blüten regelmässig, quirlig gebaut; Blätter meist mit Nebenblättern, wechselständig: **Rosaceae 123.**

C. Ein oberständiger Fruchtknoten, zuweilen von der Kelchröhre umschlossen, aber nicht damit verwachsen.

I. Blüten ungleichseitig.

1. Ein Kelch- oder Kronblatt gespornt; Kräuter und Stauden.

a. Staubblätter zahlreich; 5 gefärbte Kelchblätter, oberes gespornt; Kronblätter verwachsen, mit einem Sporn: **Ranunculaceae 75.**

b. Staubblätter 6, davon 4 nur mit je 1 halben Staubbeutel; 2 sehr früh abfallende Kelchblätter; 2 äussere Kronblätter, wovon 1 gespornt, 2 innere kleinere; Blüten in Trauben mit Deckblättern; Blätter mehrfach verzweigt: **Fumariaceae 84.**

c. Staubblätter 5; Blätter ungeteilt.

α. Kelchblätter 5, krautig; Kronblätter 5, unteres gespornt; Staubbeutel lang, den Griffel dicht umgebend; Nebenblätter oft geteilt: . . . . . **Violaceae 96.**

β. Kelchblätter 3, gefärbt, eines viel grösser, gespornt; Kronblätter 5, ungleich, teilweise verwachsen; ohne Nebenblätter: . . . . . . **Balsaminaceae 101.**

2. Weder Kelch noch Krone gespornt.

a. Kelchblätter 4—6, höchstens am Grund etwas verwachsen, krautig; Kronblätter 4—6, ungleich, teilweise zerschlitzt; Staubblätter 10—30; Blüten in Trauben; Blätter wechselständig; Kräuter und Stauden: **Resedaceae 94.**

b. Kelchblätter 5, die 2 seitlichen sehr gross, gefärbt (Flügel); Kronblätter mit den 8 Staubblättern in eine oben offene Röhre verwachsen; Blüten in Trauben; obere Blätter wechselständig; Stauden: **Polygalaceae 102.**

c. Kelch wenigstens am Grund verwachsenblättrig, mit 5 oft ungleichen Zähnen oder Zipfeln; Staubblätter 10, alle zu einer Röhre verwachsen oder das obere frei; Krone schmetterlingsförmig: oberes Blatt (Fahne) grösser, 2 seitliche (Flügel), 2 untere verwachsen (Schiffchen); Blätter wechselständig; Kräuter, Stauden oder Holzpflanzen: . . . . **Papilionaceae 135.**

II. Blüten regelmässig oder schwach ungleichseitig.

1. Kron- und Staubblätter auf dem Rand des Kelchbechers eingefügt.

a. Blüten 6zählig; Kelch mit dem Aussenkelch 12zähnig; Krone 6blättrig oder fehlend; Staubblätter 6 oder 12; Kräuter und Stauden: . . . . . **Lythraceae 122.**

b. Kelch 2lappig; Krone fehlt; Staubblätter 4; Blüten 2häusig; Strauch; Blätter wechselständig, mit Schülferschuppen: . . . . **Elaeagnaceae 123.**

c. Blüten 4—5zählig.

aa. Entweder krautartige Pflanzen mit geteilten oder gelappten Blättern; oder Holzpflanzen mit ungeteilten Blättern, Kelch und Krone, zahlreichen Staubblättern: . . . . **Rosaceae 123.**

bb. Blätter ungeteilt: Staubblätter 4, 5 oder 8.

α. Krone fehlt; Kelch gefärbt oder ungefärbt; Staubblätter 8; Kräuter und Holzpflanzen; Blätter wechselständig: . . . . **Thymelaeaceae 122.**

β. Kronblätter sehr klein; Staubblätter 4 oder 5 vor denselben stehend; Holzpflanzen: **Rhamnaceae 103.**

2. Blüten unterständig.

a. Staubblätter mehr als 2mal so viel als Kronblätter (oder wo diese fehlen, als Kelch- oder Blütenhüllblätter).

aa. Krone fehlt.

α. Blüten entweder zwitterig mit becherförmiger, am Rand drüsiger Blütenhülle, gestieltem Fruchtknoten, mit Milchsaft; oder 2häusig mit 3blättriger Blütenhülle, ohne Milchsaft: **Euphorbiaceae 103.**

β. Kelch 4blättrig; Blüten in Trauben ohne Deckblätter: . . . . **Cruciferae 85.**

bb. Krone vorhanden, zuweilen kleiner als der Kelch.

α. Kelch 2blättrig oder 2spaltig.

αα. Kelchblätter 2, beim Aufblühen abfallend; Kronblätter 4; Milchsaft; Blätter krautig: **Papaveraceae 83.**

ββ. Kelch 2spaltig, ringförmig abspringend; Kronblätter 4—6; kein Milchsaft; Blätter fleischig: **Portulacaceae 75.**

β. Kelch 4—5blättrig.

αα. Wasserpflanzen; Blätter schwimmend, tiefherzförmig: . . . . . **Nymphaeaceae 82.**

ββ. Landpflanzen.

1. Drei Kelchblätter grösser als die 2 anderen: Halbstrauch: . . . . . **Cistaceae 94.**

2. Kelchblätter gleichgross.

a. Blätter gegenständig, meist durchsichtig punktiert; Staubblätter am Grund in 3 oder 5 Bündel vereinigt; Kräuter und Stauden: . . . . **Hypericaceae 94.**

b. Blätter wechselständig.

aa. Bäume; Blätter 2zeilig; Blütenstand mit einem flügelartigen Hochblatt verwachsen: . . . **Tiliaceae 98.**

bb. Kräuter und Stauden.

α. Staubblätter unten zu einer Röhre verwachsen; Aussenkelch; Blätter handförmig genervt bis geteilt: **Malvaceae 98.**

β. Staubblätter frei; Kelch mehr oder weniger kronartig, ohne Aussenkelch; Blätter mehrfach verzweigt: **Ranunculaceae 75.**

b. Staubblätter höchstens 2mal so viel als Kronblätter (oder wenn diese fehlen, als Kelch- oder Blütenhüllblätter).

aa. Holzpflanzen.

α. Blätter klein, schuppenförmig, 1nervig; Blüten zwitterig; Kelch und Krone 5blättrig; Staubblätter 10, am Grund verwachsen: **Tamaricaceae 95.**

β. Blätter mehrnervig.

αα. Kelch-, Kron- und Staubblätter je 6; Blüten in Trauben: . . . . . **Berberidaceae 83.**

ββ. Staubblätter 8 oder 10.

1. Blätter gegenständig, handförmig gelappt oder gefiedert; Kelch und Krone meist je 5blättrig, fast gleichgestaltet; Krone fehlt zuweilen; Staubblätter 8: **Aceraceae 101.**
2. Blätter wechselständig, gefiedert; Kelch und Krone 4—5blättrig; Staubblätter 10; Halbstrauch: . . . . . **Rutaceae 101.**

γγ. Staubblätter 4 oder 5.

1. Blätter immergrün, dorniggezähnt; Blüten zwitterig, mit Kelch und Krone: **Aquifoliaceae 103.**
2. Blätter sommergrün, gegenständig, ungeteilt; Kelch und Krone; Staubblätter mit den Kronblättern abwechselnd: **Celastraceae 103.**

bb. Kräuter und Stauden.

α. Blätter durchaus gegen- oder quirlständig, ganz, ohne Brennhaare.

αα. Wasserpflanzen, Blätter gegenständig, ohne Nebenblätter.

1. Blüten 1häusig, ohne Blütenhülle, mit 2 Deckblättern; 1 Staubblatt: **Callitrichaceae 105.**
2. Blüten zwitterig; Kelch 3teilig; Kronblätter 3; Staubblätter 6: **Elatinaceae 95.**

ββ. Land- oder Sumpfpflanzen, mit oder ohne Nebenblätter.

1. Kronblätter ganz, weiss; Staubblätter 4 oder 5; Blätter flach, ohne Nebenblätter: **Linaceae 100.**
2. Kronblätter vorhanden oder fehlend, ganz oder gespalten; Staubblätter 3—10; Blätter

flach oder pfriemlich, mit oder ohne Nebenblätter: . . . . . **Caryophyllaceae 67.**

β. Blätter wechselständig, oder wenn gegenständig, mit Brennhaaren, oder gelappt bis geteilt; zuweilen nur in der Mitte der blühenden Stengel wechselständig.

αα. Blütenhülle 1fach, kelch- oder kronartig.

1. Wasserpflanzen; Blätter quirlig, 1—3mal gabelteilig; Blüten 1häusig, achselständig: **Ceratophyllaceae 60.**
2. Landpflanzen; Stengel entweder windend mit gegenständigen, handförmig gelappten Blättern; 2häusig; oder aufrecht; dann Blätter gegenständig mit Brennhaaren, oder wechselständig ohne Brennhaare: **Urticaceae 59.**
3. Land-, Sumpf- oder Wasserpflanzen; Blätter wechselständig, nicht handförmig geteilt.
   a. Nebenblätter zu einer das folgende Stengelglied am Grund umgebenden Röhre verwachsen: **Polygonaceae 61.**
   b. Nebenblätter fehlen.
      α. Blüten einzeln achselständig, dann Blätter pfriemlich, oder in verschiedenartig angeordneten Knäueln, zwitterig oder 1häusig; Staubblätter 3 oder 5: **Chenopodiaceae und Amarantaceae 64.**
      β. Blüten in 1fachen Trauben, gestielt: Staubblätter 2: . . **Cruciferae 85.**

ββ. Kelch und Krone.

1. Staub- und Kronblätter je 4; Kelchblätter 2: Blätter feinzerteilt: . . **Fumariaceae 84.**
2. Staubblätter 6; Kelch- und Kronblätter je 4; Blüten in Trauben: **Cruciferae 85.**
3. Staubblätter 5, 8 oder 10.
   a. Blätter ungeteilt.
      aa. Blätter am Rand und oberseits mit drüsentragenden Fortsätzen; Blüten 5zählig in 1seitiger Traube: **Droseraceae 97.**
      bb. Blätter ohne Drüsen.
         α. Staubblätter 5, zuweilen noch 5 unfruchtbare.
            αα. Mit Nebenblättern: **Caryophyllaceae 67.**
            ββ. Ohne Nebenblätter.
               1. Blätter lineal bis lanzettlich, am Stengel zerstreut: **Linaceae 100.**

2. Blätter herzförmig, fast alle grundständig: **Saxifragaceae 117.**
3. Blätter lineal, grundständig; Blüten in Köpfchen: **Plumbaginaceae 149.**

β. Staubblätter 8 oder 10.

αα. Kelchblätter 4—5.

1. Griffel 1; Blüten einzeln, langgestielt, oder traubig oder doldig; zuweilen ohne grüne Laubblätter: **Ericaceae 145.**
2. Griffel 2; Blüten einzeln oder in Trugdolden: **Saxifragaceae 117.**

ββ. Kelch 2spaltig; Blüten einzeln oder geknäuelt in den Gabeln des ästigen Stengels: **Portulacaceae 75.**

b. Blätter 3zählig, Blättchen sitzend, in der Mitte gefaltet, ausgerandet; Staubblätter 10: . . . . **Oxalidaceae 101.**

c. Blätter handförmig gelappt bis geteilt oder 1—3fachgefiedert.

aa. Fruchtknoten ohne drüsige Scheibe am Grund, oben geschnäbelt; Narben 5; Staubblätter 10 oder 5: **Geraniaceae 99.**

bb. Frucht von einer drüsigen Scheibe am Grund umgeben, oben in mehrere einzelne auseinander gehend, oder ganz mit einer Narbe; Staubblätter 8 oder 10: . . . . **Rutaceae 101.**

C. Kelch und verwachsenblättrige Krone; Kelch fehlt zuweilen; bei Holzpflanze mit gegenständigen Blättern, 2 Staubblättern fehlt die Blütenhülle ganz. (Hauptsächlich Sympetalae, Verwachsenkronblättrige).

A. Staubblätter 2mal so viel als Kronzipfel; Blüten 4- oder 5zählig; niedrige Holzpflanzen oder Kräuter: . . . . **Ericaceae 145.**

B. Staubblätter soviel als Kronzipfel oder weniger.

I. Fruchtknoten oberständig, selten in seiner unteren Hälfte mit dem Kelch verwachsen.

1. Fruchtknoten in 4 Teilfrüchtchen zerfallend, meist (nicht bei a, β) schon zur Blütezeit 4teilig.

a. Blätter gegenständig; Staubblätter 4 zweimächtig oder 2.

α. Krone meist 2lippig, selten fast regelmässig 4spaltig; Blüten einzeln oder in Scheinquirlen in den Achseln der Laub- oder Hochblätter: . . . **Labiatae 168.**

β. Krone ungleich 5zipfelig; Blüten wechselständig in 1facher Traube: . . . . **Verbenaceae 176.**
b. Blätter wechselständig; Krone meist regelmässig 5zipfelig; Staubblätter 5: . . . . **Boraginaceae 154.**
2. Fruchtknoten 2, mit gemeinsamer Narbe.
a. Krone radförmig; Staubblätter verwachsen: **Asclepiadaceae 152.**
b. Krone trichterförmig; Staubblätter frei: **Apocynaceae 151.**
3. Fruchtknoten 1, ungeteilt, nicht zerfallend.
a. Staubblätter in gleicher Anzahl vor den Kronzipfeln stehend.
α. Griffel und Narbe 1; Blüten doldig, traubig oder einzeln: . . . . **Primulaceae 147.**
β. Griffel 5; Blüten in Köpfchen, deren Stiel von einer abwärts gerichteten Scheide umgeben ist: **Plumbaginaceae 149.**
b. Staubblätter, wenn gleichzählig, mit den Kronzipfeln abwechselnd.
aa. Krone 1seitig aufgeschlitzt, 5spaltig; Staubblätter 3; Blätter gegenständig; Wasser- und Sumpfpflanze: **Portulacaceae 75.**
bb. Krone regelmässig oder mit nur wenig ungleichen (dann 5) Zipfeln, nicht 2lippig; Staubblätter nicht 2mächtig; Blütenhülle fehlt zuweilen.
α. Staubblätter 2; Kronsaum 4lappig; Blütenhülle fehlt zuweilen; Holzpflanzen: Blätter gegenständig: . . . . **Oleaceae 149.**
β. Staubblätter 4, 5 oder mehr, soviel als Kronzipfel.
αα. Stengel windend: . . **Convolvulaceae 152.**
ββ. Stengel nicht windend.
1. Krone nicht trockenhäutig durchscheinend.
a. Blätter gegenständig; wenn wechselständig, Krone am Rand oder im Schlund gefranst oder bärtig: **Gentianaceae 150.**
b. Blätter wechselständig; Krone ungefranst, unbärtig.
α. Staubblätter gleich, nicht wollig; Deckblätter meist den Achselsprossen angewachsen, oder Traube 1seitig: **Solanaceae 153.**
β. Staubblätter ungleich, wenigstens teilweise wollig; Rispe gleichseitig: **Scrophulariaceae 158.**
2. Krone trockenhäutig durchscheinend, 4- oder 3lappig; Staubblätter 4: **Plantaginaceae 176.**
cc. Krone 2lippig oder mit 4 ungleichen Zipfeln, selten fast regelmässig 5spaltig; Staubblätter 4 zweimächtig oder 2.

α. Mit grünen Laubblättern.
αα. Blüten in Köpfchen; Staubblätter 2mächtig: **Globulariaceae 176.**
ββ. Blüten nicht in Köpfchen.
1. Staubblätter 2; Krone mit Sporn; Blätter vielteilig mit linealen Zipfeln und rundlichen Schläuchen am untergetauchten Stengel; Unterlippe der gelben Krone mit Gaumen: . . . . **Lentibulariaceae 167.**
2. Staubblätter 2, dann Krone nicht gespornt; oder 2mächtig: . **Scrophulariaceae 158.**

β. Ohne grüne Laubblätter; Schmarotzer.
αα. Traube allseitig; Pflanze bräunlich oder bläulich: . . . . **Orobanchaceae 166.**
ββ. Traube 1seitswendig; Pflanze rosenrot: **Scrophulariaceae 158.**

II. Fruchtknoten unterständig.
1. Blüten nicht in behüllten Köpfchen.
a. Blätter wechselständig.
α. Mit Ranken; Blüten 1geschlechtig; Staubblätter verwachsen: . . . . **Cucurbitaceae 179.**
β. Ohne Ranken; Blüten zwitterig; Staubblätter frei: **Campanulaceae 177.**
b. Blätter gegen- oder scheinbar quirlständig.
aa. Blätter durch die meist verzweigten Nebenblätter scheinbar quirlständig; Kelch oft unterdrückt; Kräuter und Stauden: . . . . **Rubiaceae 179.**
bb. Blätter gegenständig; Nebenblätter fehlen meist.
α. Staubblätter 3; Kelch durch Haarkrone oder Zähne angedeutet, selten fehlend; Kräuter und Stauden: . . . . **Valerianaceae 183.**
β. Staubblätter 5; Kelch fehlt oder 5 krautige Zähne: Holzpflanzen: . . . . . **Caprifoliaceae 182.**
2. Blüten in behüllten Köpfchen.
a. Staubblätter 4, frei; Kelch aus 5 oder mehr Borsten bestehend, nicht krautig; Fruchtknoten in den Aussenkelch eingeschlossen; Blätter gegenständig: **Dipsaceae 184.**
b. Staubblätter 5; kein Aussenkelch.
α. Staubblätter frei; Blüten zwitterig; Kelch krautig; Blätter wechselständig: . . . **Campanulaceae 177.**
β. Staubbeutel verklebt, den Griffel umgebend, selten frei; Kelch fehlt oder durch Haarkrone, Schüppchen oder Zähne angedeutet; Blüten zwitterig oder z. T. 1geschlechtig oder geschlechtslos; Blätter meist wechselständig; selten Köpfchen 1blütig, wieder zu einem kugeligen Köpfchen zusammengestellt: **Compositae 185.**

Die Gattungen und Arten.

I. Klasse. Filícinae. *Farne.*

Familie 1. POLYPODIÁCEAE. *Echte Farne.*

A. Fruchtbare Blätter den unfruchtbaren gleichgestaltet, höchstens am Rand etwas umgerollt.

I. Fruchthaufen eine zus.hängende Linie unterm umgerollten Blattrand bildend; Blätter einzeln, bis 3fachgefiedert: **Pteridium 2.**

II. Fruchthaufen rund, oft später sich berührend.

1. Blätter 2zeilig auf dem Rücken des dicken kriechenden Wurzelstocks, beim Abfallen eine schüsselförmige Narbe zurücklassend; Fruchthaufen ohne Schleier; Blätter fiederteilig: . . . . **Polypódium 1.**

2. Blätter mehrzeilig, nicht von einer Narbe sich lösend; Fruchthaufen mit oder ohne Schleier.

a. Schleier eiförmig, den Fruchthaufen von hinten umfassend: . . . . **Cystópteris 10.**

b. Schleier schild- oder nierenförmig, den Fruchthaufen von oben bedeckend; im Blattstiel 5—7 Stränge: **Aspidium 9.**

c. Schleier klein, zart, hinfällig, nierenförmig; im Blattstiel 2 Stränge: . . . . **Aspidium 9.**

d. Schleier fehlt; im Blattstiel 2 Stränge; Blattabschnitte ganzrandig oder schwachwellig gekerbt; Wurzelstock gestreckt, dünn: . . . . **Phegópteris 8.**

III. Fruchthaufen linienförmig oder vorn hakig umgebogen, oft später sich berührend.

1. Fruchthaufen ohne Schleier; Blätter unterseits dicht mit Spreuschuppen besetzt: . . . . **Céterach 7.**

2. Fruchthaufen mit seitlichem Schleier.

a. Blätter ungeteilt; Fruchthaufen mit dem freien Rand ihrer Schleier einander paarweise zugewandt: **Scolopéndrium 4.**

b. Blätter 1—4fach gefiedert.

α. Fruchthaufen linienförmig; Spreuschuppen starr, nebst dem Grund des Blattstiels dunkel; im Blattstiel 1 Strang: . . . . **Asplénium 6.**

β. Fruchthaufen linien- oder hakenförmig; Spreuschuppen weich, hellbraun; im Blattstiel 2 Stränge: **Athyrium 5.**

B. Fruchtbare Blätter von den unfruchtbaren verschieden; der Rand ihrer Abschnitte fast bis zum Mittelnerv umgerollt: **Blechnum 3.**

1. Polypódium L. Tüpfelfarn.

1. **P. vulgare L. Gemeiner T., Engelsüss.** Blattstiel und Spindel strohgelb; Blätter fiederteilig; Fiedern lineal, gegen die Spitze schwachgesägt, die hintersten nicht kürzer. ♃. 7, 8. Wald, Felsen, Mauern; verbr.

2. Pterídium Gleditsch. Adlerfarn.

2. **P. aquilinum Kuhn. Gemeiner A.** Wurzelstock weitkriechend; Blätter bis 150 cm hoch, im Umriss 3eckig, 3fachgefiedert, steif, unterseits kurzhaarig; auf dem Querschnitt des Blattstiels bilden die Stränge die Figur eines Doppeladlers. ♃. 7, 8. Wald, Gebüsch; verbr.

3. Blechnum L. Rippenfarn.

3. **B. Spicant Roth. Nordischer R.** Blattstiel und Spindel rotbraun; Blätter fiederteilig; Fiedern zahlreich, lineal, die hintersten sehr klein, rundlich; fruchtbare Blätter aufrecht, länger gestielt, selten fast gleichgestaltet. ♃. 7, 8. Wald, Moorwiesen; zerstr.

4. Scolopéndrium Sm. Hirschzunge.

4. **S. vulgare Sm. Gemeine H.** Blätter kurzgestielt, aus herzförmigem Grund lanzettlich, zugespitzt, ganzrandig. ♃. 7, 8. Schattige Felsen, ausgemauerte Brunnen; M Blieskastel.

5. Athýrium Roth. Frauenfarn.

5. **A. Filix fémina Roth. Gemeiner F.** Blätter 2—3fachgefiedert, Fiedern langzugespitzt, Abschnitte gezähnt, grundständiges vorderseitiges Fiederchen deutlich länger als die folgenden; Fruchthaufen länglich oder vorn hakig mit deutlichem Schleier. ♃. 7, 8. Wald, Gebüsch; verbr.

6. Asplénium L. Strichfarn.

I. Blätter kurzgestielt, im Umriss lineal, 1fachgefiedert, Fiedern zahlreich, hintere kürzer.

6. **A. Trichómanes Huds. Brauner S.** Blattstiel und Spindel glänzendbraun; Fiedern fast sitzend, rundlich, schwachgekerbt, zuletzt von der Spindel abfallend. ♃. 7, 8. Felsen, Mauern; verbr.

II. Blätter langgestielt, 1—4fachgefiedert.

1. Blattabschnitte lineallanzettlich, an der Spitze 2—3zähnig.

7. **A. septentrionale Sw. Nordischer S.** Blätter 1- bis fast 2fachgefiedert, Abschnitte im ganzen nur 2—5, gestielt. ♃. 7, 8. Felsritzen; M, N häufig.

2. Blattabschnitte keil- bis eiförmig.

a. Blattstiel grün, am Grund schwarz; Schleier gefranst.

8. **A. Ruta murária L. Mauer-S.** Blätter mattgrün, im Umriss eiförmig oder länglichlanzettlich, 2—3fachgefiedert, Abschnitte gestielt, rauten- oder verkehrteiförmig, vorn gekerbt oder gezähnt; sehr vielgestaltig. ♃. 7, 8. Felsen, Mauern; verbr.

b. Blattstiel bis zur Mitte glänzendschwarz; Schleier ganzrandig.

9. A. germánicum Weiss. **Deutscher S.** Blätter mattgrün, im Umriss lanzettlich, 1—2fachgefiedert; Fiedern und Abschnitte entfernt, keilförmig, vorn eingeschnittengezähnt. ♃. 7, 8. Felsen: N Alsenzthal.

10. Adiantum nigrum L. Schwarzer S. Blätter glänzendgrün, im Umriss verlängert-3eckig, 2—4fachgefiedert; Fiedern genähert, kurzgestielt, eiförmig, spitz; Abschnitte genähert, eiförmig bis länglich, vorn spitzgezähnt. ♃. 7, 8. Felsen; M Dürkheim, Waldfischbach, Dahn; N Donnersberg.

11. A. lanceolatum Huds. Lanzettlicher S. Blätter mattgrün, im Umriss länglich, 2- bis fast 3fachgefiedert, hinterste Fiedern kürzer, entfernt; Fiedern eiförmiglänglich, stumpf oder kurzzugespitzt, Abschnitte eiförmig, dorniggezähnt. ♃. 7, 8. Felsen, Wald; M Steinbach, Fischbach.

7. Céterach Willd. Schuppenfarn.

12. C. officinarum Willd. Gemeiner S. Blätter kurzgestielt, im Umriss lanzettlich, fiederteilig mit rundlichen Lappen, oberseits kahl. ♃. 7, 8. Mauern, Felsen; M Dürkheim, Neustadt; N Nahethal.

8. Phegópteris Fée. Buchenfarn.

1. Blätter im Umriss eiförmig-3eckig, zugespitzt; mittlere Fiedern am Grund zusammenfliessend, Blattstiel und Mittelrippe mit Spreuschuppen.

13. Ph. polypodioides Fée. Echter B. Blätter langgestielt; Fiedern fiederspaltig, hinterstes Paar entfernt, meist rückwärts gerichtet, nicht oder kaum grösser als die folgenden. ♃. 7, 8. Wald: verbr.

2. Blätter im Umriss 3eckig, Spreite zurückgebrochen; unterstes Fiedernpaar grösser als die folgenden; mittlere Fiedern nicht zusammenfliessend; Blattstiel ohne Spreuschuppen.

14. Ph. Dryópteris Fée. Eichenfarn. Blätter drüsenlos, zart und schlaff, hellgrün; hinterste Fiedern so gross als der übrige Teil des Blattes; Blattstiel 2—3mal so lang als die Spreite. ♃. 7, 8. Wald, steinige Orte; verbr.

15. Ph. Robertiana A. Br. Storchschnabelfarn. Blätter derber, dunkler grün, mit kurzen Drüsen; hinterste Fiedern kleiner als der übrige Teil des Blattes; Blattstiel meist so lang als die Spreite. ♃. 7, 8. Wald, steinige Orte; V Mühlthal (Deidesheim); M Zweibrücken.

9. Aspídium Sw. Schildfarn.

1. Schleier schildförmig; Blattabschnitte dornig gezähnt; Blätter kurzgestielt.

16. A. lobatum Sw. Gelappter S. Blätter starr, fast graugrün, an der Spindel mit schmalen dunkelbraunen Spreuschuppen, 2fachgefiedert; Fiedern lanzettlich, langzugespitzt; Fiederchen sichelförmig, grundständiges vorderseitiges grösser. ♃. 7, 8. Wald, Gebüsch; N Donnersberg.

II. Schleier nierenförmig; Blätter lang- oder kurzgestielt.

1. Blattstiel mit 2 Gefässbündeln; Schleier wenigstens anfangs vorhanden.

17. **A. Thelypteris** Sw. **Moor-S.** Wurzelstock kriechend, dünn; Blätter entfernt, langgestielt, drüsenlos; Fiedern gestielt, hintere etwas kürzer; fruchtbare Abschnitte am Rand umgerollt, fast 3eckig. ♃. 8. Sumpf; V Wachenheim, Bienwald; M östl. Thäler.

18. **A. montanum** Aschers. **Berg-S.** Wurzelstock schräg, dick, dichtbeblättert; Blätter kurzgestielt, unterseits drüsig; Fiedern sitzend, hintere viel kürzer, fiederteilig; fruchtbare Abschnitte flach; ♃. 7, 8. Wald, Gebüsch; verbr.

2. Blattstiel mit mehr als 2 Gefässbündeln; Blattabschnitte gesägt.

19. **A. Filix mas** Sw. **Gemeiner S., Wurmfarn.** Blätter kurzgestielt, fast 2fachgefiedert; Fiedern verlängertlanzettlich, genähert, die hintersten etwas kürzer; Fiederchen zahlreich, dichtgenähert, länglich, stumpf, an der Spitze gesägt, selten etwas eingeschnitten, Zähne ohne Stachelspitze. ♃. 7, 8. Wald, Gebüsch; verbr.

20. **A. spinulosum** Sw. **Dorniger S.** Blätter langgestielt; Fiedern deutlich gefiedert, die hintersten entfernt, etwas kürzer; Fiederchen entfernt, gezähnt bis fiederteilig, Zähne mit Stachelspitze; Spreuschuppen spärlich, hellbraun. ♃. 7, 8. Feuchter Wald; verbr.

10. Cystópteris Bernh. Blasenfarn.

21. **C. frágilis** Bernh. **Zerbrechlicher B.** Blätter am Wurzelstock dichtgedrängt, im Umriss lanzettlich, 2fachgefiedert; Fiedern einander kaum berührend, untere kürzer; Fiederchen länglich, gezähnt bis fiederspaltig, Zähne stumpf oder spitz. ♃. 7, 8. Felsen, Mauern, Gebüsch; verbreitet.

Familie 2. OSMUNDÁCEAE. *Traubenfarne.*

1. Osmunda L. Traubenfarn.

22. **O. regalis** L. **Königs-T.** Blätter mit scheidigem Grund, hellgrün, 2fachgefiedert; Fiederchen länglich, stumpf. ♃. 5, 6. Sumpf; V Bienwald; M Deidesheim, Gleisweiler, Eppenbrunn, Pirmasens, Waldfischbach, Kaiserslautern, Zweibrücken, Kirkel.

Familie 3. OPHIOGLOSSÁCEAE. *Natterzungenfarne.*

1. Fruchtbarer und unfruchtbarer Blattteil ungeteilt; Sporenbehälter 2zeilig, eingesenkt: . . . . . . **Ophioglossum 1.**
2. Fruchtbarer und unfruchtbarer Blattteil 1—2fachgefiedert; Sporenbehälter an den Abschnitten 2zeilig sitzend, nach oben zusammenneigend: . . . . **Botrychium 2.**

1. Ophioglossum L. Natterzunge.

23. O. vulgatum L. Gemeine N. Unfruchtbarer Blattteil eiförmig oder lanzettlich, fleischig, netzaderig; fruchtbarer am Grund der Spreite entspringend. ♃. 6, 7. Feuchte Wiesen; V Frankenthal, Dürkheim, Schifferstadt; M Kaiserslautern, Landstuhl, Zweibrücken, Kirkel.

2. Botrýchium Sw. Mondraute.

24. B. Lunária Sw. Gemeine M. Unfruchtbare Spreite 1fach-gefiedert, Fiedern aus keilförmigem Grund breit abgerundet, mit gegabelten Nerven, vorn ganzrandig oder gekerbt. ♃. 5, 6. Wiesen, lichte Waldstellen; V Maxdorf; M verbr.

25. B. matricariaefólium A. Br. Kamillen-M. Fiedern der unfruchtbaren Spreite lineallänglich, fiederspaltig, mit Mittelnerv. ♃. 6. Wiesen; M Eppenbrunn.

Familie 4. SALVINIÁCEAE. *Schwimmfarne.*

1. Salvínia Mich. Schwimmblatt.

26. S. natans Hoffm. Gemeines S. Schwimmblätter aus herzförmigem Grund eiförmig, stumpf, unterseits angedrückthaarig. ☉. 9. 10. Stehende Wasser; V Germersheim.

Familie 5. MARSILIÁCEAE. *Schleimfarne.*

1. Blätter langgestielt, Spreite 4teilig: fruchtbarer Blattteil (Frucht) bohnenförmig: . . . . **Marsilia 1.**
2. Blätter ohne Spreite, schmallineal: fruchtbarer Blattteil kugelig: . . . . **Pilulária 2.**

1. Marsília L. Kleefarn.

27. M. quadrifoliata L. Vierblättriger K. Blattabschnitte ganzrandig, kahl; Früchte zu 1—3 gestielt am Grund des Blattstiels. ♃. 9, 10. Stehende Gewässer, Gräben; V Germersheim.

2. Pilulária Vaill. Pillenfarn.

28. P. globulifera L. Kugeliger P. Blätter grasartig, Knospenlage schneckenförmig; Frucht kugelig, kurzfilzig, 4fächerig. ♃, 7. Schlammboden, stehende Wasser; V Neustadt, Speyer; M Kaiserslautern.

II. Klasse. Equisétinae. *Schachtelhalme.*

Familie 6. EQUISETÁCEAE. *Schachtelhalmgewächse.*

1. Equisetum L. Schachtelhalm.

I. Fruchtstengel bleich, astlos, vor den grünen, ästigen Laubstengeln erscheinend.

29. **E. arvense L. Acker-S.** Scheiden 6—12zähnig; Laubstengel grün, gerieft, Äste meist unverzweigt; deren unterste Scheide grün. ♃. 3, 4. Äcker, Wiesen; verbr.

30. **E. Telmateja Ehrh. Riesen-S.** Scheiden 20—30zähnig; Laubstengel mit bleicher ungeriefter Hauptachse; Äste zahlreich, meist unverzweigt. ♃. 4, 5. Feuchte, thonige Wälder, Gräben; V Bienwald, Rheinzabern; M Neustadt.

II. Fruchtstengel bleich, nach dem Abblühen grüne Äste erzeugend.

31. **E. pratense Ehrh. Wiesen-S.** Scheiden mit 8—20 freien Zähnen; Äste zahlreich, unverzweigt, 3kantig. ♃. 5, 6. Wiesen, Gebüsch; N Durchroth.

32. **E. silváticum L. Wald-S.** Scheiden mit 10—18, in 3—6 Lappen verwachsenen Zähnen; Äste zahlreich, wieder quirlig verzweigt, 4—5kantig. ♃. 5. Feuchte Äcker, Wald; verbr.

III. Frucht- und Laubstengel gleichgestaltet, Ähren meist nur an der Hauptachse

1. Ähre stumpf; Zähne der Scheiden bleibend.

33. **E. palustre L. Sumpf-S.** Stengel starkgerieft, meist ästig; Scheiden 5—12zähnig; unterste Scheide der Äste schwarz. ♃. 6. Sumpfwiesen, Gräben; verbr.

34. **E. limosum L. Teich-S.** Stengel gestreift, meist 1fach; Scheiden 10—20zähnig. ♃. 5, 6. Sümpfe, Teiche; verbr.

2. Ähre zugespitzt; Zähne breit weissberandet, oft ganz oder teilweise abfallend.

a. Zähne ganz abfallend, einen gekerbten Rand zurücklassend.

35. **E. hiemale L. Winter-S.** Stengel meist 1fach, gerieft, Riefen gefurcht, mit Knötchen besetzt; Scheiden meist anliegend, flachgerieft, weiss, vorn, oft auch am Grund schwarz. ♃. 5, 6 und 7, 8. Feuchter Wald; V Frankenthal, Speyer; M Contwig.

b. Zähne ganz oder als spitze Stummel bleibend.

α. Riefen des Stengels nicht gefurcht, mit Querleistchen; Rücken der Zähne nicht gefurcht, nur wenig schwarz.

36. **E. ramosissimum Desf. Ästiger S.** Stengel 1fach oder ästig; Scheiden 6—16zähnig, glockig erweitert. ♃. 6. Sandige Stellen, Sumpf; V Oggersheim, Speyer, Hassloch.

β. Riefen des Stengels gefurcht, mit Knötchen; Rücken der Zähne an deren Grund mit 4 Riefen; Scheiden mehr oder weniger schwarz.

37. **E. variegatum Schleich. Bunter S.** Stengel 1fach oder am Grund ästig; Scheiden glockig erweitert, vorn schmäler oder breiter schwarz gesäumt, mit 4—12 Zähnen. ♃. 7, 8. Sandige Ufer; V Mörsch, Oppau, Ludwigshafen.

38. **E. trachyodon A. Br. Rauher S.** Stengel 1fach; Scheiden eng anliegend, mit 8—14 Zähnen, meist ganz schwarz. ♃. 6. Sandige Ufer; V Mundenheim.

III. Klasse. Lycopódinae. *Bärlappe.*

Familie 7. LYCOPODIÁCEAE. *Bärlappgewächse.*

1. Lycopódium L. Bärlapp.

I. Blätter an Stamm und Zweigen spiralig, ringsum gleichgestaltet.
1. Sporenbehälter einzeln in den Achseln der Laubblätter.

39. L. Selago L. Tannen-B. Stamm aufsteigend, Äste aufrecht, fast gleichhoch; Blätter zugespitzt; an der Grenze der Jahrestriebe oft Brutknospen. ♃. 7, 8. Feuchter Wald; M häufiger.

2. Sporenbehälter in den Achseln besonders gestalteter Blätter zu endständigen Ähren vereinigt.

40. L. clavatum L. Keulen-B. Stamm weitkriechend, Zweige und Äste zahlreich; Äste kriechend und aufsteigend; Blätter anliegend, mit langer weisser Haarspitze; Ähren meist zu 2 auf kleinblättrigem Stiel. ♃. 7, 8. Wald, Heiden; verbr.

41. L. inundatum L. Sumpf-B. Kriechender Laubspross kurz, 1fach oder wenigästig, mit meist nur 1 aufrechten Fruchtspross; Blätter des Laubsprosses sichelförmig aufwärtsgekrümmt, spitz, des Fruchtsprosses anliegend; Ähre dick. ♃. 9, 10. Moor; V Maxdorf, Speyer, Bienwald; M häufiger.

II. Blätter wenigstens an den Zweigen 4zeilig; Stamm kriechend; Ähren gestielt.

42. L. Chamaecyparissus A. Br. Cypressen-B. Äste aufrecht, büschelig gabelig verzweigt; Blätter ringsum fast gleichgestaltet, unterseitige kleiner; Ähren zu 4—6 endständig an den Ästen. ♃. 7, 8. Wald, Heide; M nicht selten; N Waldmohr.

IV. Klasse. Coníferae. *Nadelhölzer.*

Familie 8. ABIETÍNEAE. *Echte Nadelhölzer.*

I. Nadeln einzeln an den Zweigen (Langtrieben), mehrjährig; Zapfenschuppen flach.
1. Nadeln der Zweige mit ausgerandeter Spitze: . **Abies 1.**
2. Nadeln der Zweige zugespitzt: . . . . **Picea 2.**

II. Nadeln alle oder teilweise in Büscheln (an Kurztrieben).
1. Nadeln im Herbst abfallend, am diesjährigen Langtrieb einzeln, an den älteren zahlreich an seitlichen Kurztrieben; Zapfenschuppen flach: . . . . **Larix 3.**
2. Nadeln mehrjährig, zu 2 an seitlichen Kurztrieben; Zapfenschuppen an der Spitze mit verdicktem rautenförmigem Feld: . . . . **Pinus 2.**

1. Ábies Tourn. Tanne.

43. A. alba Mill. Weiss- oder Edel-T. Nadeln 2seitig abstehend, flach, oberseits dunkelgrün, unterseits mit 2 weissen

Längsstreifen, an den Zweigen mit ausgerandeter Spitze; Zapfen auf dem Rücken der Zweige aufrecht, zerfallend. ♄. 4, 5. Wald: überall gepflanzt.

2. Picea Lk. Fichte.

44. **P. excelsa Lk. Rottanne, F.** Nadeln allseitig abstehend, 4kantig, spitz; Zapfen an der Spitze der Zweige hängend, bleibend. ♄. 4, 5. Wald; verbr.

3. Larix Tourn. Lärche.

45. **L. decidua Mill. Gemeine L.** Nadeln hellgrün, spitz; Zapfen an den Kurztrieben aufrecht, bleibend. ♄. 3—5. Wald: überall gepflanzt.

4. Pinus Tourn. Kiefer.

46. **P. silvestris L. Gemeine K., Föhre.** Kurztriebe nur an den 2 jüngsten Jahrestrieben: Blätter etwas bläulich: Zapfen auf gekrümmtem Stiel hängend, graubraun. ♄. 5, 6. Wald; verbr.

Familie 9. CUPRESSÍNEAE. *Cypressengewächse.*

1. Juníperus L. Wachholder.

47. **J. communis L. Gemeiner W.** Stamm bald aufsteigend oder ausgebreitet mit abstehenden Ästen, bald nebst Ästen steif aufrecht; Blätter in 3zähligen Quirlen, nadelförmig, am Grund gelenkartig eingeschnürt, oberseits mit weissen Streifen, gerade, weit abstehend, stechend; Beerenzapfen kürzer als die Blätter. ♃. 4, 5. Wald, Heiden: verbr.

V. Klasse. Monocotýleae. *Streifenblättler.*

Familie 10. GRAMÍNEAE. *Gräser, Süssgräser.*

A. Ährchen sitzend oder kurzgestielt, in 2 gegenüberliegenden oder 1seitig genäherten Zeilen an einer endständigen Ähre, meist den Ausschnitten der Spindel einzeln, selten zu 2—4 nebeneinander eingefügt.

A. Ährchen einzeln.

I. Ährchen 1blütig; Hüllspelzen fehlen; Deckspelze gekielt, schmallanzettlich, spitz; Ährenzeilen 1seitig genähert: **Nardus 41.**

II. Ährchen 2- bis mehrblütig, in 2 genau gegenüberliegenden Zeilen.

1. Ährchen mit ihrer Seite der Spindel zugewandt.

a. Ährchen kurzgestielt; untere Hüllspelze kürzer als die obere; Blatthäutchen länglich, zerschlitzt: **Brachypódium 35.**

b. Ährchen sitzend; Hüllspelzen fast gleichlang, mehrnervig; Blatthäutchen sehr kurz: . . . **Triticum 37.**

2. Ährchen mit ihrem Rücken der Spindel zugewandt, die untere (der Ährenspindel zugewandte) Hüllspelze fehlt meist: . . . . **Lólium 40.**

B. Ährchen zu 2—4 nebeneinander; Hüllspelzen linealpfriemlich, mit den Deckspelzen sich kreuzend, letztere mit der Schmalseite der Ährenspindel zugewandt; Ährchen meist 1blütig:

I. ohne Gipfelährchen: . . . . **Hórdeum 39.**

II. mit Gipfelährchen: . . . . **Elymus 38.**

B. Ährchen 1blütig, sitzend oder gestielt, in 2 einseitig genäherten Zeilen an Ähren, die auf der Spitze des Stengels fingerartig gruppiert sind.

I. Ährchen kurzgestielt, einzeln; Hüllspelzen 2, 1nervig, nebst den Deckspelzen gekielt; Blatthäutchen in eine Haarreihe aufgelöst: . . . . **Cynodon 8.**

II. Ährchen zu 2 nebeneinander eingefügt, eins gestielt, das andere spitzend; Spelzen ungekielt.

1. Spindel flach; unterste Hüllspelze verkümmert, die 2 andern flach, nur an den Rändern eingeschlagen, wie die Deckspelze unbegrannt; Blatthäutchen ganz: . **Pánicum 2.**
2. Spindel fast walzig, behaart; 3 Hüllspelzen, unterste gewölbt, so lang als die folgende; Deckspelze sehr klein, an den sitzenden (zwitterigen) Ährchen begrannt; Blatthäutchen in eine Haarreihe aufgelöst: . **Andropogon 1.**

C. Ährchen in mehrfach verzweigten Rispen.

A. Ährchen 1blütig, mit je 1 Zwitterblüte.

I. Spelzen ungekielt, flachgewölbt, eiförmig oder elliptisch, begrannt oder unbegrannt.

1. Hüllspelzen 3, unterste kürzer; Blatthäutchen fehlt oder haarförmig zerschlitzt.
   a. Verzweigungen des Blütenstandes sämtlich Ährchen tragend: . . . . **Pánicum 2.**
   b. Verzweigungen der ährenförmigen Rispe z. T. ohne Ährchen, als rauhe Grannen oder Borsten oft länger als die Ährchen: . . . . **Setária 3.**
2. Hüllspelzen 2; Blatthäutchen gross.
   a. Ohne Ansatz zu einer 2. Blüte; Rispe reichästig, gleichseitig; Äste mit 4—5 grundständigen Zweigen; Blattscheiden offen: . . . . **Mílium 13.**
   b. Mit deutlicher verkümmerter 2. Blüte; Rispe armblütig, 1seitig; Äste höchstens mit 1 grundständigen Zweig; Blattscheiden geschlossen: . . . . **Mélica 24.**

II. Spelzen gekielt, oder wenn ungekielt, lanzettlich; Deckspelze meist begrannt.

1. Hüllspelzen verkümmert, als winzige Schüppchen am Grund des Ährchens erkennbar: . . . . **Oryza 9.**
2. Hüllspelzen 4, gekielt.
   a. Beide untere Hüllspelzen gleichlang, obere klein, wie die Deckspelze unbegrannt; Rispe locker, Staubblätter 3: . . . . **Phálaris 4.**

b. Unterste Hüllspelze nur $^1/_2$ so lang als die zweite; obere beide mit rückenständiger Granne; Rispe dicht; Staubblätter 2: . . . . **Anthoxanthum** 5.

3. Hüllspelzen 2.

a. Rispe dicht; Ährenachse unbehaart.

aa. Hüllspelzen frei, stachelspitzig oder begrannt; Deckspelze stumpf, unbegrannt: . . . . **Phleum** 7.

bb. Hüllspelzen am Grund verwachsen, spitz oder stumpf; Deckspelze auf dem Rücken begrannt; Vorspelze fehlt: . . . . **Alopecurus** 6.

b. Rispe locker.

aa. Deckspelze mit vielmal längerer Granne; Blätter borstlich; Rispe unterwärts von Scheiden umschlossen: . . . . **Stipa** 14.

bb. Deckspelze mit höchstens 3mal so langer Granne, unbehaart.

α. Ährenachse deutlich behaart: **Calamagrostis** 12.

β. Ährenachse kahl oder kurzhaarig.

αα. Hüllspelzen länger als die Deckspelze.

1. Untere Hüllspelze kürzer und schmäler als die obere; Granne der Deckspelze 3mal so lang als das Ährchen: . . . **Apera** 11.

2. Untere Hüllspelze etwas länger als die obere; Granne höchstens 2mal so lang als die Deckspelze: . . . . . **Agrostis** 10.

ββ. Hüllspelzen kürzer als die Deckspelze: **Poa** 28.

B. Ährchen 2- bis mehrblütig; bisweilen nur 1 Zwitterblüte, die andere männlich.

I. Hüllspelzen (wenn ungleich, die längere) so lang oder länger als die unterste Deckspelze.

1. Deckspelzen auf dem Rücken begrannt; Rispenäste fast immer gestreckt mit grundständigen Zweigen.

a. Granne fädlich, spitz.

aa. Ährchen 2blütig, eine Blüte männlich mit begrannter Deckspelze, die andre zwitterig, unbegrannt.

α. Untere Blüte zwitterig, grannenlos, obere männlich oder verkümmert, ihre Deckspelze stumpf, unter der Spitze begrannt; Frucht nicht gefurcht, kahl: . . . . **Holcus** 20.

β. Untere Blüte männlich mit langer geknieter Granne, obere zwitterig, grannenlos oder nur kurzbegrannt; Frucht innen mit Längsfurche, behaart: . . . . **Arrhenáterum** 21.

bb. Ährchen 2- bis mehrblütig, alle Blüten zwitterig, begrannt, oder die untere männlich, länger begrannt; Hüllspelzen gewölbt oder schwachgekielt.

α. Ährchen 2- bis vielblütig; Deckspelze an der Spitze 2spaltig oder 2grannig, auf dem Rücken mit einer am Grund gedrehten Granne: **Avena** 22.

β. Ährchen 2blütig; Deckspelze an der Spitze abgestutzt, 4zähnig, am Grund oder auf dem Rücken begrannt, Granne am Grund gedreht, gekniet oder fast gerade: . . . . **Aira 18.**

b. Granne an der Spitze keulig verdickt; Ährchen 2blütig; Deckspelzen spitz: . . . . **Weingärtnéria 19.**

2. Deckspelzen ohne rückenständige Granne, an der Spitze begrannt, gezähnt, spitz oder stumpf.

a. Tragblätter der Rispenäste häutig; Rispe dicht, ährenförmig oder kopfförmig; Deckspelze 3zähnig; Blattscheiden geschlossen: . . . . **Sesléria 16.**

b. Tragblätter der Rispenäste fehlen.

aa. Hüllspelzen gewölbt, nicht gekielt.

α. Deckspelze 3zähnig; Ährchen 3—5blütig; Scheiden offen, gewimpert; Blatthäutchen in eine Haarreihe aufgelöst: . . . . . **Sieglingia 23.**

β. Deckspelze stumpf; Ährchen 2- (selten 1-) blütig; Scheiden geschlossen; Blatthäutchen ganz: **Mélica 24.**

bb. Hüllspelzen starkgekielt; Deckspelze begrannt; Ährchen 2- bis mehrblütig; Scheiden offen; Rispe dicht: . . . . **Koeléria 17.**

II. Hüllspelzen kürzer als die unterste Deckspelze.

1. Ährenachse mit langen Haaren besetzt; Spelzen schmal, spitz; Blatthäutchen in Wimpern aufgelöst; **Phragmites 15.**

2. Ährenachse kahl oder kurzhaarig.

a. Rispenäste spiralig; Ährchen vielblütig; Blatthäutchen in eine Haarreihe aufgelöst: . . . . . **Eragrostis 26.**

b. Rispenäste 2zeilig, meist mit grundständigen Zweigen.

aa. Rispe dicht, 1seitig; Ährchen der einen Seite ohne Blüten mit kammförmig gestellten Spelzen: **Cynosurus 33.**

bb. Rispe ohne kammförmige blütenlose Ährchen.

α. Rispenäste steif, kurz, mit dichtgedrängten Ährchen; Spelzen stumpf: . . . . **Scleróchloa 27.**

β. Rispenäste zarter, wenigstens teilweise gestreckt.

αα. Deckspelzen stumpf, abgerundet, nicht gekielt.

1. Ährchen herzförmig, 5—9blütig; Rispe 1seitig; Scheiden offen: . . . **Briza 25.**

2. Ährchen nicht herzförmig.

a. Ährchen 2blütig, klein; Scheiden bis zur Mitte geschlossen: **Catabrosa 30.**

b. Ährchen 4—11blütig, länglich bis lineal; Scheiden geschloss. od. offen: **Glycéria 29.**

ββ. Deckspelzen spitz oder begrannt, selten stumpf, dann starkgekielt.

1. Blatthäutchen in eine Haarreihe aufgelöst; Narben purpurn; Stengel nur am Grund beblättert, knotenlos: . . . **Molinia 31.**

2. Blatthäutchen ganz; Narbe weiss.
   a. Deckspelzen starkgekielt; Rispe 1seitig.
      α. Deckspelzen unbegrannt; spitz oder stumpf, am Rand durch kurze Zotten verbunden; Rispenäste meist mit grundständigen Zweigen; Scheiden offen: . . . . **Poa 28.**
      β. Deckspelzen in eine kurze Granne zugespitzt; Rispenäste ohne grundständigen Zweig; letzte Verzweigungen büschelig gehäuft; Scheiden geschlossen: . . . . **Dáctylis 32.**
   b. Deckspelzen am Rücken gerundet (oder wenn schwachgekielt, Rispe gleichseitig oder beide Hüllspelzen 1nervig).
      α. Rispe 1seitig: . . . **Festuca 34.**
      β. Rispe gleichseitig: . . **Bromus 36.**

1. Andropogon L. Bartgras.

48. **A. Ischaemum L. Gemeines B.** Rasig; Blätter graugrün, schmal; Hüllspelzen violett, an den sitzenden Ährchen behaart. ♃. 8, 9. Trockene Stellen; V Kleinniedesheim, Grünstadt, Frankenthal, Dürkheim, Mutterstadt, Edenkoben, Bergzabern; N Nahethal.

2. Pánicum L. Hirse.

1. Ähren fast fingerig gestellt.

49. **P. sanguinale L. Blut-H.** Ähren meist zu 5; Ährchen länglichlanzettlich; obere Hüllspelze am Rand weichhaarig; 2mal so lang als die untere; Blätter und Scheiden behaart. ⨀. 7—10. Feld, Gärten; V verbr.; M Zweibrücken.

50. **P. lineare Krock. Kahle H.** Ähren meist zu 3; Ährchen elliptisch; beide Hüllspelzen gleichlang, obere auf den Nerven kahl; Blätter kahl. ⨀. 7—10. Äcker; zerstr.

2. Ähren in Rispen.

51. **P. Crus galli L. Hühner-H.** Ährchen kurzgestielt, in zus.-gezogenen 1seitigen, traubig angeordneten Rispen; unterste Hüllspelze spitz, viel kürzer als die beiden oberen gleichlangen; alle kurzsteifhaarig, oberste kurz- oder langbehaart; Blätter und Scheiden kahl, Blatthäutchen fehlt. ⨀. 7—10. Äcker; verbr.

3. Setária P. B. Fennich, Borstengras.

1. Beide obere Hüllspelzen fast gleichlang; Deckspelze höchstens schwach runzelig.

52. **S. verticillata P. B. Quirliger F.** Borsten von rückwärtsgerichteten Zähnen rauh; Rispe ährenförmig, gedrungen, oft am Grund unterbrochen. ⨀. 7. 8. Äcker, Gärten; V Dürkheim, Speyer, Edenkoben; M Annweiler, Kaiserslautern.

53. **S. viridis P. B. Grüner F.** Borsten von vorwärtsgerich-

teten Zähnen rauh; Rispe ährenförmig, walzig, dicht. ⊙. 7—10. Äcker, Wegränder; verbr.

2. Zweite Hüllspelze ½ so lang als die dritte; Deckspelze deutlich querrunzelig.

54. **S. glauca P. B. Graugrüner F.** Borsten zuletzt fuchsrot; Rispe schmalwalzig bis eiförmig, dicht; Blätter graugrün. ⊙. 7—10. Äcker, Raine; verbr.

4. Phálaris L. Glanzgras.

55. **Ph. arundinácea L. Rohr-G.** Ausläufer; Blätter breit, graugrün; Blatthäutchen, lang, spitz; Rispe 1seitig, verlängert, Äste nur zur Blütezeit abstehend; Hüllspelzen flügellos. ♃. 6, 7. Ufer, Gräben; verbr.

5. Anthoxanthum L. Ruchgras.

56. **A. odoratum L. Gemeines R.** Dichtrasig; Blätter flach, am Grund gewimpert; Rispe länglich, ährenförmig, dicht; unfruchtbare Blüten kaum länger als die fruchtbare; Spelzen bräunlich; riecht beim Trocknen nach Waldmeister. ♃. 5, 6. Wiesen; gemein.

6. Alopecurus L. Fuchsschwanz.

1. Stengel aufrecht; Hüllspelzen spitz.

57. **A. pratensis L. Wiesen-F.** Rispe walzig, stumpf; Äste mit 4—6 Ährchen; Hüllspelzen nicht geflügelt, zottig gewimpert, bis unter die Mitte verwachsen; Deckspelze spitz oder stumpflich, über dem Grund begrannt. ♃. 5, 6. Wiesen; verbr.

58. **A. agrestis L. Acker-F.** Rispe an beiden Enden verschmälert; Äste mit 1—2 Ährchen; Hüllspelzen am Kiel geflügelt, sehr kurzgewimpert, bis zur Mitte verwachsen. ⊙. 6, 7. Äcker; verbr.

2. Stengel am Grund liegend oder flutend, knieförmig aufsteigend; Hüllspelzen stumpflich, nur am Grund zus.-gewachsen.

59. **A. fulvus Sm. Rotgelber F.** Blattscheiden blaugrün; Ährchen elliptisch; Hüllspelzen mit den Spitzen zusammenneigend; Granne kaum vorragend; Staubbeutel rotgelb, später bleich. ⊙. 6—8. Sumpf; verbr.

60. **A. geniculatus L. Geknieter F.** Blattscheiden grasgrün; Ährchen verkehrteiförmig; Hüllspelzen mit auseinanderstehenden Spitzen; Granne deutlich vorragend; Staubbeutel gelb, später braun. ⊙. 6—8. Pfützen, Gräben; verbr.

7. Phleum L. Lieschgras.

1. Rispenäste der Spindel ganz angewachsen, daher Rispe beim Biegen nicht lappig.

61. **P. pratense L. Wiesen-L.** Blattscheiden nicht aufgeblasen; Rispe walzig, lang; Hüllspelzen gestutzt, mit ⅓ so langer Granne, am Kiel steifhaarig gewimpert; Stengel zuweilen am Grund knollig verdickt (var. nodosum). ♃. 6, 7. Wiesen; verbr.

2. Rispenäste frei verzweigt, daher Rispe beim Biegen lappig.

62. P. Böhmeri Wib. Glanz-L. Stengel oben blattlos; Blatthäutchen kurz, gestutzt; Hüllspelzen kahl, rauh, in die kurze Granne plötzlich zugespitzt. ♃. 6, 7. Sandige Stellen; V verbr.; N Donnersberg, Nahethal.

63. P. arenárium L. Sand-L. Blatthäutchen lang, spitzlich; Hüllspelzen lanzettlich, kurzzugespitzt, am Kiel steifhaarig gewimpert. ⊙. 6. Sandfelder; V Speyer.

8. Cýnodon Rich. Hundszahn.

64. C. Dáctylon Pers. Finger-H. Stengel kriechend mit Ausläufern; Blätter graugrün; Spelzen kurzhaarig gewimpert, spitz. ♃. 7, 8. Raine, Mauern; V Frankenthal, Dürkheim, Deidesheim, Neustadt, Speyer.

9. Oryza L. Reis.

65. O. clandestina A. Br. Wilder R. Ausläufer; Blätter hellgrün, sehr rauh; Rispe meist in den oberen Blattscheiden verborgen; Äste mehrzeilig, verlängert; Deck- und Vorspelze am Kiel steifgewimpert, unbegrannt. ♃. 8, 9. Ufer, Gräben; V, M verbr.

10. Agrostis L. Straussgras.

1. Blätter alle flach; Vorspelze vorhanden.

66. A. vulgaris With. Gemeines S. Blatthäutchen sehr kurz, gestutzt; Rispe auch nach dem Abblühen ausgebreitet; Deckspelze meist unbegrannt. ♃. 6, 7. Wiesen, Raine; verbr.

67. A. alba L. Weisses S. Blatthäutchen länglich; Rispe nach dem Abblühen zusammengezogen; Deckspelze meist begrannt. ♃. 6, 7. Wiesen, Raine; verbr.

2. Wenigstens die grundständigen Blätter borstlich zusammengefaltet; Vorspelze fehlend oder sehr klein.

68. A. canina L. Hunds-S. Blatthäutchen länglich; Rispe nach dem Abblühen zusammengezogen, Äste rauh; Deckspelzen an der Spitze gezähnelt, unter der Mitte begrannt oder grannenlos. ♃. 6–8. Feuchte Orte; verbr.

11. Apera Adans. Windhalm.

69. Apera Spica venti P. B. W. Blätter flach; Blatthäutchen länglich, zerschlitzt; Rispe mit zahlreichen bleichgelben Ährchen; untere Hüllspelze kürzer und schmäler als die obere; Granne der Deckspelze 3mal so lang als das Ährchen. ⊙. 6, 7. Äcker, Schutt; verbreitet.

12. Calamagrostis Adans. Reitgras.

I. Deckspelze durchscheinend weiss, wenigstens $^1/_3$ länger als die Vorspelze; kein Ansatz zu einer zweiten Blüte.

1. Hüllspelzen mit zus.-gedrückter, pfriemlicher, rauher Spitze; Haare etwa so lang als die Deckspelze; Blätter graugrün.

70. C. epigeios Roth. Land-R. Rispe mit kurzen Ästen, gelappt; Granne rückenständig. ♃. 7, 8. Sandige Stellen, Wald; verbr.

71. **C. litórea DC. Ufer-R.** Rispe ausgebreitet; Granne endständig, so lang als die Deckspelze. ♃. 7, 8. Rheinufer; V Otterstadt.

2. Hüllspelzen lanzettlich, zugespitzt; Blätter fast grasgrün.

72. **C. lanceolata Roth. Wiesen-R.** Granne endständig, sehr kurz, über die Ausrandung kaum vorragend; Haare etwa so lang als die Deckspelze; Hüllspelze meist violett. ♃. 7, 8. Feuchte Wiesen; V Oggersheim, Maxdorf, Schifferstadt, Bienwald.

II. Deckspelze nur am Rand durchscheinend, so lang als die Vorspelze, mit rückenständiger Granne; stielartiger Ansatz zur zweiten Blüte; Hüllspelzen lanzettlich, zugespitzt.

73. **C. arundinácea Roth. Wald-R.** Haare 1/4 so lang als die Deckspelze; Granne deutlich vortretend. ♃. 7. Wald; V Speyer; M zw. Annweiler und Neustadt, Kaiserslautern, Pirmasens, Eppenbrunn, Weissenburg; N Donnersberg.

13. Milium L. Flattergras.

74. **M. effusum L. Gemeines F.** Blätter ziemlich breit, flach; Blatthäutchen lang, an der Spitze zerschlitzt; Rispenäste glatt, schlängelig. ♃. 5, 6. Wald; verbr.

14. Stipa L. Pfriemengras.

75. **S. pennata L. Feder-P.** Dichtrasig; Granne fast fusslang mit anfangs anliegenden, später federig abstehenden weichen Haaren. ♃. 6. Felsen, Heidewiesen; V Dürkheim bis Herxheim.

76. **S. capillata L. Haar-P.** Dichtrasig; Granne etwas kürzer, fadenförmig, rauh, aber nicht behaart. ♃. 6. Sonnige Wiesen, Abhänge; V Kleinniedesheim, Oggersheim, Frankenthal, Mundenheim, Dürkheim; N Nahethal.

15. Phragmites Trin. Rohr.

77. **Ph. communis Trin. Schilf-R.** Stengel bis 2 m 50 cm; Blätter graugrün, scharf; Rispenäste während der Blüte abstehend, etwas überhängend; Spelzen braun, violett überlaufen. ♃. 7—9. Ufer, Sumpf; verbr.

16. Sesléria Scop. Traubengras.

78. **S. coerúlea Ard. Blaues T.** Blätter lineal stumpf, mit kurzer Stachelspitze; Ährchen in ährenförmiger Rispe, 2—3blütig; Deckspelze mit 3 kurzen Grannen, am Rand gewimpert, meist stahlblau. ♃. 4—6. Steinige Abhänge; N Nahethal (Ebernburg).

17. Koeléria Pers. Ritschgras.

79. **K. cristata Pers. Kamm-R.** Dichtrasig; untere Blattscheiden zottig bewimpert; Blätter flach, grasgrün; Deckspelzen zugespitzt; Spelzen gelblichweiss, glänzend. ♃. 6, 7. Trockene Wiesen; verbr.

80. **K. glauca DC. Lauch-R.** Untere Blattscheiden kahl;

Blätter rinnig, graugrün; Deckspelzen stumpflich. ♃. 6, 7. Sandboden; V zw. Dürkheim und Grünstadt; Maxdorf bis Speyer.

18. Aira L. Schmiele.

81. **A. caespitosa** L. **Rasen-S.** Dichtrasig; Blätter meist flach, oberseits mit stark vorspringenden Nerven; Rispenäste mit 2—4 oder mehr grundständigen Zweigen, nicht schlängelig, rauh; Hüllspelzen kürzer als das Ährchen; Granne nicht hervortretend, meist unter der Mitte der Deckspelze eingefügt; Spelzen weisslich, violett überlaufen. ♃. 6, 7. Wiesen; verbr.

82. **A. flexuosa** L. **Wald-S.** Lockerrasig: Blätter borstlich; Rispenäste mit meist 1 grundständigen Zweig, meist schlängelig; Hüllspelzen so lang als das Ährchen; Spelzen hellbraun, violett überlaufen. ♃. 6, 7. Wald, Heiden; verbr.

19. Weingärtnéria Bernh. Geisbart.

83. **W. canescens** Bernh. **Grauer G.** Dichtrasig; Blätter borstlich, graugrün; Rispe nur während des Blühens ausgebreitet. ♃. 6, 7. Sandboden; verbr.

20. Holcus L. Honiggras.

84. **H. lanatus** L. **Wolliges H.** Rasig; Stengelknoten und Blattscheiden dicht kurzhaarig; Spelzen rötlichweiss; Granne kaum vortretend, zuletzt hakig gekrümmt. ♃. 6—8. Wiesen; verbr.

85. **H. mollis** L. **Weiches H.** Ausläufer; obere Blattscheiden kahl: Spelzen grünlichgelb; Granne deutlich vortretend, gekniet. ♃. 7, 8. Wald; verbr.

21. Arrhenátherum P. B. Wiesenhafer.

86. **A. elátius** M. & K. **Glatter W.** Rasig; Blätter flach, nebst den Scheiden kahl; Rispe gleichseitig, verlängert; Spelzen 1farbig hellgrün. ♃. 6, 7. Wiesen; verbr.

22. Avena L. Hafer.

A. Ährchen wenigstens nach dem Abblühen hängend; Hüllspelzen 5—9nervig.

87. **A. fátua** L. **Wind-H.** Rispe gleichseitig; Ährchenachse nebst den Deckspelzen zottig behaart; Ährchen 3blütig; Deckspelze mit 2 spitzen Zähnen. ☉. 7, 8. Unter den gebauten Arten.

B. Ährchen stets aufrecht.

I. Hüllspelzen 7—9nervig; unterste Deckspelze an der Spitze, übrige am Rücken begrannt.

88. **A. ténuis** Münch. **Zarter H.** Rispe ausgebreitet; Ährchen 3blütig; Fruchtknoten kahl. ☉. 7. Triften; M Wachenheim; N Dreisen, Donnersberg, Lauterecken, Kusel.

II. Hüllspelzen 1—3nervig; Deckspelzen am Rücken begrannt.

1. Fruchtknoten an der Spitze behaart; Ährchen (wenigstens die unteren) stets gestielt, über 1 cm lang, 2—5blütig;

alle Blüten zwitterig mit in der Mitte begrannten Deckspelzen.

89. **A. pubescens L. Flaum-H.** Blätter nebst Scheiden meist behaart; Rispe gleichmässig ausgebreitet, fast traubig; Ährchen 2—3blütig; untere Äste mit 2—4 grundständigen Zweigen; untere Hüllspelze 1-, obere 3nervig; Deckspelze gegen die Spitze silberweiss. ♃. 6. Wiesen; verbr.

90. **A. pratensis L. Wiesen-H.** Rasig; Blätter oberseits und am Rand rauh, nebst den Scheiden kahl; Rispe schmal, oberwärts traubig; untere Äste mit 1—2 grundständigen Zweigen, nur 1—2 Ährchen tragend; Ährchen 4—5blütig; Hüllspelzen silberweiss, am Grund grün, 3nervig. ♃. 6, 7. Heidewiesen; V Kallstadt, Dürkheim, Speyer, Bienwald; M Kaiserslautern, Zweibrücken, Fischbach, Eppenbrunn; N Berge des Nahethals.

2. Fruchtknoten an der Spitze kahl; Ährchen selten über 0,5 cm lang,

a. Rasig oder mit Ausläufern.

91. **A. flavescens L. Gold-H.** Stengel aufrecht; Blätter oberseits und Blattscheiden meist zottig; Rispe länglich, locker; untere Äste mit 4 grundständigen Zweigen; Haare der Ährchenachse viel kürzer als die Deckspelzen; Ährchen 3blütig; Spelzen goldgelb; Deckspelze an der Spitze mit 2 Zähnen oder Borsten. ♃. 6, 7. Wiesen; verbr.

b. Stengel nur spannhoch; Blätter zusammengerollt borstlich; Ährchen 2blütig; Deckspelze 2zähnig.

92. **A. caryophyllea Web. Nelken-H.** Rispe ausgebreitet, 3gabelig; Ährchen mit etwa ebenso langen Stielen; Hüllspelzen länger als das Ährchen. ⊙. 5, 6. Sandige Raine; verbr.

93. **A. praecox P. B. Früher H.** Rispe zusammengezogen, Äste aufrecht; Ährchen sehr kurz gestielt; Hüllspelzen kaum länger als das Ährchen. ⊙. 4, 5. Sandige Heiden; V Bienwald; M Seebach, Gleisweiler, Kaiserslautern, Eppenbrunn, Zweibrücken; N Waldmohr.

23. Sieglíngia Bernh. Dreizahn.

94. **S. decumbens Bernh. Liegender D.** Dichtrasig; Stengel aufsteigend; Blätter flach, gewimpert; Rispe traubig; Äste 1fach, 1 Ährchen oder die untersten 1—3 tragend. ♃. 5, 6. Trockener Boden; verbr.

24. Mélica L. Perlgras.

1. Deckspelzen lang zottig gewimpert; Rispe ährenförmig.

95. **M. ciliata L. Wimper-P.** Blätter grasgrün, flach, zuletzt etwas eingerollt, oberseits behaart; untere Scheiden zottig; Rispe fast gleichseitig, dicht; untere Hüllspelze wenig mehr als $^1/_2$ so lang als die obere. ♃. 5, 6. Trockene Abhänge, Felsen; V Grünstadt, Deidesheim, Forst, Neustadt; M Hartenburg; N Donnersberg, Nahethal, Kusel.

96. **M. nebrodensis Parl. Graugrünes P.** Blätter graugrün, flach oder borstlich eingerollt, nebst den Scheiden kahl; Rispe

1seitig, locker; Hüllspelzen fast gleichlang. ♃. 5, 6. Trockene Abhänge, Felsen, Mauern: V Kallstadt, Grünstadt, Kindenheim, Dürkheim; N Donnersberg, Nahethal, Remigiusberg.

2. Deckspelze kahl; Rispe locker, traubig.

97. M. nutans L. Nickendes P. Ährchen nickend an kurzhaarigen Stielen, 2blütig; Deckspelze mit trockenhäutiger Spitze; Blatthäutchen sehr klein. ♃. 5. 6. Wald; verbr.

98. M. uniflora Retz. Zartes P. Ährchen aufrecht an kahlen Stielen, 1blütig mit Ansatz zur 2. Blüte; Deckspelze nicht trockenhäutig; Blatthäutchen der Spreite gegenüber mit lanzettlichem Anhängsel. ♃. 5, 6. Wald; verbr.

25. Briza L. Zittergras.

99. B. média L. Gemeines Z. Lockerrasig; Rispenäste abstehend; Ährchen hängend. ♃. 5, 6. Wiesen; verbr.

26. Eragrostis Host. Flittergras.

100. E. minor Host. Kleines F. Ährchen gestielt, 8—20blütig; Deckspelzen stumpf, dunkelviolett. ⊙. 7—9. Sandboden; V zw. Hanhofen und Dudenhofen.

101. E. maior Host. Grosses F. Ährchen büschelig gehäuft, 15—20blütig: Deckspelzen kurz stachelspitzig, blaugrün. ⊙. 7, 8. Sandboden; V zw. Neuhofen und Waldsee.

27. Scleróchloa P. B. Hartgras.

102. S. dura P. B. Gemeines H. Stengel niederliegend; Blätter schmal, graugrün; Scheiden am Rücken gekielt; Blatthäutchen kurz, zugespitzt: Ährchen dicht, 3—5blütig; Spelzen knorpelig gekielt, starknervig. ⊙. 5, 6. Trockner Boden; V Grossniedesheim, Dirmstein, Frankenthal, Oggersheim; N Standenbühl, Odernheim.

28. Poa L. Rispengras.

I. Stengel am Grund zwiebelartig verdickt durch Scheiden, welche die nichtblühenden Sprosse mit umhüllen; oft statt Blüten Brutknospen.

103. P. bulbosa L. Knolliges R. Blätter schmal, zugespitzt, graugrün; alle Blatthäutchen länglich, spitz; Rispenäste aufrecht abstehend, rauh; Deckspelzen mit undeutlichen Nerven und haarigen Linien. ♃. 5, 6. Trockne Orte; V Grünstadt, Kallstadt, Dürkheim, Frankenthal, Germersheim; N Donnersberg, Lauterecken.

II. Stengel am Grund nicht zwiebelartig verdickt.

1. Rispenäste glatt mit höchstens 1 grundständigen Zweig.

104. P. ánnua L. Jähriges R. Stengel aufsteigend; Blätter ziemlich breit; untere Blatthäutchen kurz, gestutzt; Rispe locker; Deckspelzen mit undeutlichen Nerven, ausser den randständigen Zotten kahl. ⊙. 1—12. Schutt, Wegränder, Gärten; verbr.

2. Rispenäste rauh, untere mit 1—4 grundständigen Zweigen.

a. Deckspelzen mit undeutlichen Nerven.

α. Stengel 2schneidig; Ausläufer.

105. **P. compressa L. Plattes R.** Stengel aufsteigend; Blätter graugrün; Blatthäutchen kurz, gestutzt; Rispenäste kurz; Ährchen 5—9blütig. ♃. 6, 7. Wege, Mauern; verbr.

β. Stengel rund, ohne Ausläufer.

106. **P. nemoralis L. Hain-R.** Stengel aufrecht, schlaff oder steif; Blätter mehr oder weniger graugrün; Blatthäutchen sehr kurz, fast fehlend; Rispenäste lang; Ährchen 1—5blütig; sehr veränderlich. ♃. 6, 7. Wald; verbr.

107. **P. palustris Roth. Sumpf-R.** Stengel aufsteigend; Blatthäutchen länglich, spitz; Rispenäste lang; Deckspelzen vorn mit gelbem Fleck. ♃. 6, 7. Feuchte Wiesen; V verbr.; N Nahethal.

b. Deckspelzen mit 5 starken Nerven.

α. Blatthäutchen länglich, spitz.

108. **P. trivialis L. Hecken-R.** Ohne Ausläufer; Stengel und Blattscheiden walzig, rauh; Ährchen 3blütig. ♃. 5, 6. Wiesen; verbr.

β. Blatthäutchen kurz, gestutzt.

109. **P. pratensis L. Wiesen-R.** Ausläufer; Stengel und Blattscheiden walzig oder etwas zusammengedrückt, glatt; Blätter ziemlich schmal; Ährchen 3—5blütig. ♃. 5, 6. Wiesen; verbr.

110. **P. silvática Chaix. Wald-R.** Ohne Ausläufer; Stengel und Blätter 2schneidig zus.gedrückt; Blätter breit, kurz zugespitzt oder kapuzenförmig zusammengezogen; Rispenäste kurz oder verlängert, hängend, abstehend. ♃. 6, 7. Feuchter Wald; V Bienwald; M Jägerthal, Annweiler, Lambrecht, Bobenthal bis Bergzabern; N Kirchheimbolanden, Donnersberg.

29. Glycéria R. Br. Süssgras.

1. Blatthäutchen kurz, gestutzt; Blattscheiden walzig; Stengel aufrecht, stark.

111. **G. spectábilis M. et K. Wasser-S.** Blätter breitlineal; Rispe ausgebreitet; Ährchen 5—8blütig. ♃. 6, 7. Gräben, Sumpf; verbr.

2. Blatthäutchen länglich, zerschlitzt; Blattscheiden zusammengedrückt; Stengel am Grund liegend, oft flutend.

112. **G. flúitans R. Br. Flutendes S.** Rispe 1seitig, oft unterbrochen; untere Äste mit nur 1 grundständigen Zweig; Deckspelzen spitzlich; Staubbeutel lebend violett. ♃. 6—8. Ufer, Gräben; verbr.

113. **G. plicata Fr. Falten-S.** Rispe fast gleichseitig, ununterbrochen; untere Äste mit 2—4 grundständigen Zweigen; Ährchen kürzer; Deckspelzen stumpf; Staubbeutel gelb. ♃. 6—8. Gräben; verbr.

30. Catabrosa P. B. Quellgras.

114. **C. aquática P. B. Wasser-Q.** Ausläufer: Stengel aufsteigend; Blätter grasgrün, stumpf oder plötzlich in eine Spitze

zus.-gezogen; Blatthäutchen eiförmig, spitz; Rispenäste lang, dünn, glatt; Ährchen violett überlaufen. ♃. 7, 8. Gräben, Pfützen; verbr.

31. Molínia Schrk. Pfeifengras.

115. M. coerúlea Mönch. Blaues P. Rispenäste aufrecht; Ährchen 2—5blütig; Hüllspelzen etwas gekielt; Deckspelzen spitz, unbegrannt; Spelzen meist dunkelblau. ♃. 6—8. Wiesen, Wald, Moor; verbr.

32. Dáctylis L. Knäuelgras.

116. D. glomerata L. Gemeines K. Dichtrasig; Blattscheiden zusammengedrückt; Blatthäutchen lang; Rispenäste rauh. ♃. 6, 7. Wiesen; verbr.

33. Cynosurus L. Kammgras.

117. C. cristatus L. Gemeines K. Stengel aufrecht; Blätter grasgrün; Rispe schmal, lineal; Spelzen grün, unfruchtbare stachelspitzig. ♃. 6, 7. Wiesen, Waldränder; verbr.

34. Festuca L. Schwingel.

A. Blüten stumpf.

118. F. distans Kth. Salz-S. Ohne Ausläufer; Blatthäutchen kurz, gestutzt; Rispenäste abstehend, zuletzt zurückgebogen; Ährchen klein, 4—6blütig; Deckspelzen mit undeutlichen Nerven. ♃. 6—9. Mauern, Wegränder; V Lambsheim, Dürkheim (Saline), Ellerstadt.

B. Blüten spitz.

I. Blüten langbegrannt, mit nur 1 Staubblatt; Ährchenstiele verdickt.

119. F. myurus Ehrh. Mäuse-S. Stengel meist bis zur Rispe von Scheiden eingehüllt; unterster Ast viel kürzer als die Rispe; obere Hüllspelze kürzer als die nächste Deckspelze, 3mal so lang als die untere. ☉, ☉. 6—8. Sandige Orte; verbr.

120. F. sciuroides Roth. Eichhorn-S. Stengel oben nicht von Scheiden eingehüllt; unterster Ast fast 1/2 so lang als die Rispe; obere Hüllspelze fast so lang als die nächste Deckspelze, 2mal so lang als die untere. ☉. 6—8. Sandboden; verbr.

II. Blüten selten langbegrannt, mit 3 Staubblättern; Ährchenstiele dünn.

1. Alle Blätter oder wenigstens die der nichtblühenden Sprosse borstlich zusammengefaltet; Blatthäutchen sehr kurz.

a. Stengelblätter borstlich; dichtrasig; nichtblühende Sprosse sämtlich am Grund von den Scheiden der blühenden Sprosse umhüllt.

121. F. ovina L. Schaf-S. Blätter der nichtblühenden Sprosse walzig, getrocknet mit gewölbten Seitenflächen; Scheiden fast ganz offen, ältere nicht faserig, ♃. 6. Kommt in folgenden durch Übergänge verbundenen Abarten vor:

α. capillata (Lam.). Blätter sehr dünn, weich; Deckspelzen unbegrannt. Abhänge, Raine.

β. duriúscula (L.). Blätter dick, starr; Scheiden zuweilen behaart; Ährchen grösser; Deckspelzen begrannt, kahl oder behaart. Wiesen, Raine.

γ. glauca (Lam.). Blätter dick, starr, kahl, blaubereift; Deckspelzen begrannt. Felsen, Abhänge; N Donnersberg.

b. Stengelblätter flach; nichtblühende Sprosse wenigstens z. T. ausserhalb der Scheiden aufsteigend, zuweilen kriechend; ihre Blätter stumpfsechskantig; Deckspelzen stets begrannt; Ährchen grün oder violett überlaufen.

122. F. heterophylla Lam. Borsten-S. Dichtrasig, ohne Ausläufer; Blätter der nichtblühenden Sprosse sehr lang, weich; Ährchen lineallänglich. ♃. 6, 7. Waldwiesen; M, N zerstr.

123. F. rubra L. Roter S. Lockerrasig; Ausläufer kurz oder weitkriechend; Blätter der nichtblühenden Sprosse meist weich; Ährchen lineallanzettlich bis elliptischlanzettlich. ♃. 6, 7. Wege, Triften; verbr.

2. Alle Blätter flach, ziemlich breit.

a. Blatthäutchen länglich.

124. F. silvática Vill. Wald-S. Dichtrasig; nichtblühende Sprosse am Grund mit 4—5 blattlosen Scheiden; Scheiden offen; Ährchen elliptischlanzettlich; Deckspelzen spitz, grannenlos, gelblich grün, rauh; Hüllspelzen beide 1nervig. ♃. 7. Schattiger Wald; V Speyer; M Neustadt, Hochspeyer, Kaiserslautern, Eppenbrunn, Weissenburg; N Donnersberg.

b. Blatthäutchen sehr kurz, gestutzt; Frucht von der Deckspelze eng umschlossen.

α. Deckspelzen unbegrannt.

125. F. elátior L. Wiesen-S. Blätter glatt; Rispe schmal; unterster Ast mit 1 grundständigen, 1—3ährigen Zweig; Ährchen lineal, 6—12blütig. ♃. 6, 7. Wiesen; verbr.

126. F. arundinácea Schreb. Rohr-S. Blätter oberseits rauh; Rispe ausgebreitet; unterster Ast mit 1—2 grundständigen, 5 bis 8ährigen Zweigen; Ährchen elliptisch, 4—5blütig. ♃. 6, 7. Wiesen, lichte Wälder, Ufer; verbr.

β. Deckspelzen begrannt.

127. F. gigántea Vill. Riesen-S. Blätter vielnervig mit 3 stärkeren Nerven; Rispe überhängend mit langen Ästen; Ährchen lineallanzettlich, 3—7blütig; Granne 2mal so lang als die Deckspelze, geschlängelt. ♃. 6, 7. Wald; verbr.

35. Brachypódium P. B. Zwenke.

128. B. pinnatum P. B. Fieder-Z. Wurzelstock kriechend; Stengel und Ähre meist steif aufrecht; Deckspelzen länger als die Granne. ♃. 6, 7. Auen, Triften; verbr.

129. B. silváticum R. et Sch. Wald-Z. Rasig; Stengel und

Ähre schlaff; Ährchen etwas entfernt; Deckspelze kürzer als die Granne. ♃. 7, 8. Wald, Gebüsch; verbr.

36. Bromus L. Trespe.

A. Hüllspelzen fast gleich, untere 3—5-, obere 5—9nervig; Vorspelze am Rand steifgewimpert.

I. Blattscheiden meist kahl; Deckspelzen der reifen Früchte ganz eingerollt, sich nicht dachziegelig deckend.

130. **B. secálinus L. Roggen-T.** Rispenäste abstehend, später überhängend; Ährchen länglich, 5—15blütig; Deckspelzen stumpf, mit bogigem Seitenrand, kurz- oder langbegrannt, kahl oder sammethaarig; selten untere Blattscheiden behaart. ⊙, ⊙. 6—8. Unterm Wintergetreide; verbr.

II. Untere Blattscheiden stets behaart; Deckspelzen der reifen Früchte wenigstens am Grund sich dachziegelig deckend.

1. Deckspelzen und Rispenäste wie die ganze Pflanze weichhaarig.

131. **B. mollis L. Weiche T.** Pflanze graugrün; Rispenäste aufrecht, kurz; Deckspelzen mit stumpfwinkligem Seitenrand, langbegrannt, sich den grössten Teil dachziegelig deckend. ⊙. 5, 6. Wiesen; verbr.

2. Deckspelzen und Rispenäste kahl.

a. Rispenäste kurz, nach der Blüte aufrecht; Deckspelzen der reifen Frucht sich den grössten Teil deckend.

132. **B. racemosus L. Trauben-T.** Pflanze gelbgrün; Deckspelzen kahl, mit bogenförmigem Seitenrand, gerader Granne. ⊙. 5, 6. Wiesen, Schutt; verbr.

b. Rispenäste lang, dünn; Rispe ausgebreitet, zuletzt überhängend oder etwas zusammengezogen.

α. Deckspelzen gegen die Spitze stark verschmälert, so lang als die Vorspelze.

133. **B. arvensis L. Acker-T.** Deckspelzen der reifen Früchte sich nur am Grund deckend, meist violett. ⊙, ⊙. 6, 7. Äcker, Wegränder; zerstr.

β. Deckspelzen vorn stumpfer, länger als die Vorspelze.

134. **B. commutatus Schrad. Anger-T.** Deckspelzen sich den grössten Teil deckend, mit stumpfwinkligem Rand; Granne vorgestreckt, so lang als die Deckspelze. ⊙, ⊙. 5, 6. Wegränder, Schutt; V Dürkheim, Speyer; M Kaiserslautern, Zweibrücken.

135. **B. pátulus M. et K. Flatter-T.** Deckspelzen sich nur am Grund deckend, mit stumpfwinkligem Rand, kahl; Granne oft zurückgedreht, so lang als die Deckspelze. ⊙. 5, 6. Äcker, Wegränder; V verbr.; M Forst, Wachenheim; N Nahethal.

B. Hüllspelzen ungleich, untere 1-, obere 3nervig.

I. Ährchen gegen die Spitze verbreitert; Vorspelze borstig gewimpert.

136. **B. stérilis L. Taube T.** Stengel kahl; Rispe gleichseitig überhängend; Äste rauh; Granne länger als die linealpfriem-

lichen, starknervigen, meist kahlen Deckspelzen. ⊙, ⊙. 5, 6. Schutt, Wegränder; verbr.

137. **B. tectorum L. Mauer-T.** Stengel oberwärts und Rispenäste kurz weichhaarig; Rispe nach einer Seite überhängend; Granne nur so lang als die lanzettlichen, schwachnervigen, meist behaarten Deckspelzen. ⊙. 5, 6. Schutt, Wegränder; verbr.

II. Ährchen gegen die Spitze nicht verbreitert; Vorspelze am Rand sehr kurz weichhaarig gewimpert.

1. Rispe locker, überhängend.

138. **B. asper Murr. Rauhe T.** Dichtrasig: untere Blattscheiden wie die breiten Blätter rauhhaarig; untere Rispenäste mit 2—5 grundständigen Zweigen. ♃. 6, 7. Wald; verbr.

2. Rispe dicht, aufrecht.

139. **B. erectus Huds. Aufrechte T.** Dichtrasig; Blätter in der Knospe gefaltet, gewimpert; Blattscheiden behaart; Granne etwa 1/2 so lang als die Deckspelzen. ♃. 6, 7. Trockene Wiesen; verbr.; M Zweibrücken.

140. **B. inermis Leyss. Quecken-T.** Ausläufer; Blätter in der Knospe gerollt, wie die Blattscheiden kahl; Granne sehr kurz oder fehlt meist. ♃. 6. Raine, Abhänge; V Frankenthal, Oggersheim, Dürkheim, Mutterstadt, Speyer, Neustadt; M Hartenburg.

37. Tríticum L. Weizen.

1. Granne länger als die Deckspelze.

141. **T. caninum Schreb. Hunds-W.** Rasig, ohne Ausläufer; Blätter beiderseits rauh; Hüllspelze in eine kurze Granne zugespitzt. ♃. 6, 7. Wald, Auen; M Hartenburg, Hambach, Zweibrücken; N Donnersberg.

2. Granne kürzer als die Deckspelze oder fehlt; Wurzelstock weitkriechend.

142. **T. repens L. Quecke.** Blätter oberseits rauh, gras- oder graugrün; Hüllspelze spitz oder zugespitzt; Deckspelze mit 5 schwachen Nerven, mit oder ohne Granne. ♃. 6, 7. Raine, Äcker, Gärten; verbr.

143. **T. glaucum Desf. Grauer W.** Blätter graugrün, meist eingerollt; Hüllspelzen stumpf oder gestutzt; Deckspelze mit stärkeren Nerven. ♃. 6, 7. Rheinufer; V Speyer.

38. Élymus L. Haargras.

144. **E. europaeus L. Wald-H.** Rasig; Blätter grasgrün; untere Scheiden zottig; Hüllspelzen linealpfriemlich, kahl; Deckspelzen 1/2 so lang als ihre Granne. ♃. 6, 7. Wald; N Donnersberg.

39. Hórdeum L. Gerste.

145. **H. murinum L. Mäuse-G.** Stengel aufsteigend; Blätter grasgrün; Scheiden kahl, oberste etwas bauchig, der Ähre genähert; Hüllspelzen der Mittelährchen borstig gewimpert, äussere Hüllspelze der Seitenährchen grannenförmig kahl. ⊙, ⊙. 6—10. Wegränder, Schutt; verbr.

146. H. secálinum Schreb. Roggen-G. Rasig; Blätter graugrün; untere Scheiden rauhhaarig, obere anliegend, von der Ähre entfernt; Hüllspelzen sämtlich grannenförmig, kahl; Deckspelzen nicht kürzer als ihre Grannen. ♃. 6—8. Wiesen; V Dürkheim, Speyer, Bergzabern; M Zweibrücken, Hornbach, Blieskastel.

40. Lólium L. Lolch.

1. Hüllspelze bedeutend kürzer als das Ährchen; Deckspelzen krautig.

147. L. perenne L. Ausdauernder L., englisches Raygras. Blätter in der Knospe gefaltet: Hüllspelze länger als die ihr anliegende Deckspelze; Deckspelzen unbegrannt: Staubbeutel gelb. ♃. 6—8. Wege, Wiesen; verbr.

148. L. multiflorum Lam. Welscher L., italienisches Raygras. Blätter in der Knospe gerollt: Hüllspelze kaum länger als die ihr anliegende Deckspelze; oberste Deckspelzen meist begrannt; Staubbeutel rötlich. ♃. 6—8. Wiesen; V Ludwigshafen.

2. Hüllspelze so lang oder fast so lang als das Ährchen; Deckspelzen knorpelig.

149. L. temulentum L. Taumel-L. Hüllspelze so lang oder länger als das Ährchen: Grannen länger als die Deckspelzen. ⊙. 6, 7. Unterm Getreide; verbr.

150. L. remotum Schrank. Acker-L. Hüllspelze kürzer als das Ährchen: Deckspelzen meist unbegrannt. ⊙. 6, 7. Im Flachs; verbr.

41. Nardus L. Borstengras.

151. N. stricta L. Steifes B. Dichtrasig; Blätter borstlich, rauh; Ährchen anfangs aufrecht, später etwas abstehend, stahlblau. ♃. 5, 6. Wiesen; verbr.

Familie 11. CYPERÁCEAE. *Riedgräser, Sauergräser.*

A. Blüten zwitterig; Blütenhülle borstenförmig oder fehlt.

I. Spelzen 2zeilig; Stengel nur am Grund beblättert.

1. Ähren zu einem lockeren, von 3 grossen laubigen Hüllblättern umgebenen Köpfchen oder einer Spirre zusammengestellt, vielblütig; alle Spelzen mit Blüten, gleichgross, dachig; Blätter flach: . . . . **Cyperus 1.**
2. Ähren zu einem dichten, am Grund mit Hüllblatt versehenen, wenigblütigen Köpfchen zusammengestellt; untere Spelzen kleiner, ohne Blüten; Blätter borstlich; dichtrasig: **Schoenus 2.**

II. Spelzen mehrzeilig.

1. Untere Spelzen kleiner als die übrigen, ohne Blüten; Blütenhülle borstenförmig; Ähren in end- und achselständigen langgestielten Büscheln: Stengel beblättert; Blätter schmallineal, rinnig: . . . . **Rhynchóspora 3.**
2. Untere Spelzen nicht kleiner als die übrigen, nur 1 oder 2 ohne Blüten.

a. Blütenhülle aus kurzen Borsten gebildet oder fehlt.
α. Griffel am Grund eingeschnürt: . . **Heleócharis 4.**
β. Griffel nicht am Grund eingeschnürt: . **Scirpus 5.**
b. Blütenhülle aus 6 oder vielen nach dem Abblühen sich verlängernden Wollhaaren bestehend: **Erióphorum 6.**

B. Blüten 1geschlechtig, ohne Blütenhülle; männliche und weibliche Blüten in derselben Ähre oder auf verschiedene Ähren verteilt, selten 2häusig; Frucht von einem Schlauch, d. h. dem Deckblatt der weiblichen Blüte eingeschlossen: . . **Carex 7.**

1. Cýperus L. Cypergras.

152. **C. flavescens L. Gelbes C.** Stengel stumpf-3kantig; Blätter gekielt; Ähren meist in lockeren Köpfchen, lanzettlich; Spelzen dichtgenähert, gelblich mit grünem Kiel; Narben 2; Frucht 2kantig. ☉. 7, 8. Sumpf, Gräben; verbr.

153. **C. fuscus L. Braunes C.** Stengel scharf-3kantig; Blätter flach; Ähren meist in zusammengesetzter Spirre, lineal; Spelzen locker gestellt, braun mit grünem Kiel; Narben 3; Frucht 3kantig. ☉. 7. 8. Sumpf, Gräben; M Hornbach, Kaiserslautern.

2. Schoenus L. Kopfriet.

154. **S. nigricans L. Schwarzes K.** Köpfchen 5—10ährig; Hüllblatt aufrecht abstehend, 2mal so lang als das Köpfchen; Blätter etwa $^1/_2$ so lang als der Stengel. ♃. 6. Moor; V Frankenthal bis Dürkheim und Schifferstadt.

3. Rhynchóspora Vahl. Schnabelriet.

155. **R. alba Vahl. Weisses S.** Lockerrasig; oberste Ährenbüschel von den Hüllblättern wenig überragt, fast ebensträussig; Spelzen weiss, zuletzt rötlich; Blütenborsten nicht vorragend. ♃. 6, 7. Moor; V Bienwald; M verbr.

156. **R. fusca R. et Sch. Braunes S.** Wurzelstock kriechend; oberste Ährenbüschel von den Hüllblättern weit überragt, meist traubig; Spelzen gelbbraun; Blütenborsten vorragend. ♃. 6, 7. Moor; M Kaiserslautern, Landstuhl, Homburg, Eppenbrunn.

4. Heleócharis R. Br. Riet.

1. Stengel rund, Narben 2.
a. Ähre lanzettlich, spitz; Spelzen spitz; Wurzelstock kriechend.

157. **H. palustris R. Br. Sumpf-R.** Stengel bläulichgrün; unterste Spelze die Ähre halb umfassend; Blütenborsten länger als die stumpfrandige glatte Frucht. ♃. 6—8. Sumpf; verbr.

158. **H. uniglumis Schult. Schlankes R.** Stengel grasgrün; unterste Spelze die Ähre ganz umfassend; Blütenborsten kaum so lang als die Frucht. ♃. 6. Sumpf; V Frankenthal, Dürkheim, Speyer, Kandel; M Zweibrücken.

b. Ähre rundlich oder eiförmig, stumpf; Spelzen stumpf.

159. **H. ovata R. Br. Eiförmiges R.** Unterste Spelze halb-

umfassend; Blütenborsten länger als die scharfrandige Frucht. ⊙. 6, 7. Sumpf; V Dürkheim, Hassloch, Speyer; M verbr.

2. Stengel 4kantig; Narben 3.

160. **H. acicularis R. Br. Nadel-R.** Wurzelstock kriechend; Ähre spitz, länglicheiförmig, 4—11blütig; Spelzen eiförmig, stumpf; Frucht gerieft. ♃. 6—8. Sumpf; V Frankenthal bis Speyer, M Kaiserslautern bis Zweibrücken.

5. Scirpus L. Binse.

A. Nur 1 endständige Ähre; Stengel nur am Grund beblättert.

161. **S. pauciflorus Lightf. Wenigblütige B.** Lockerrasig mit Ausläufern; Stengel rund, glatt; Scheiden spreitelos; unterste Spelze so lang als die 3—7blütige Ähre; Blütenhülle höchstens so lang als die Frucht; Griffel abfallend; Narben 3. ♃. 6, 7. Ufer, Moor; V Freinsheim, Maxdorf, Speyer, zw. Bergzabern und Rheinzabern.

B. Ähren mehrere, in Köpfchen, Spirren oder Ähren zus.-gestellt.

I. Ähren in durch Aufrichtung des Hüllblattes scheinbar seitenständigen Spirren oder Köpfchen; Stengel meist nur am Grund beblättert.

1. Ähren sitzend, in Köpfchen; Spelzen nicht ausgerandet, braun mit grünem in ein kurzes Spitzchen auslaufendem Kiel; Stengel rund, zart, niedrig.

162. **S. setáceus L. Borsten-B.** Ähren zu 1—3; Hüllblatt viel kürzer als der Stengel; Frucht längsrippig. ⊙. 6, 7. Feuchte Orte, Ufer; verbr.

163. **S. supinus L. Niedrige B.** Ährchen zu 3—5; Hüllblatt fast so lang als der Stengel; Frucht querrunzelig. ⊙. 7, 8. Überschwemmte Stellen; V Ludwigshafen.

2. Ähren in Spirren; Spelzen ausgerandet mit Stachelspitze.

a. Stengel rund.

164. **S. lacuster L. Teich-B.** Stengel bis mannshoch, grasgrün; Spelzen glatt; Narben 3. ♃. 6, 7. Ufer; verbr.

165. **S. Tabernaemontani Gmel. Rauhe B.** Stengel niedriger, blaugrün; Spelzen rauhpunktiert; Narben 2. ♃. 6, 7. Sumpf; V Rhein, Dürkheimer Saline.

b. Stengel 3kantig.

166. **S. Pollichii Godr. et Gren. Dreikantige B.** Stengel scharf 3kantig mit etwas ausgehöhlten Flächen; obere Scheiden mit deutlicher Spreite; Spelzen glatt; Narben 2. ♃. 6, 7. Ufer; V von Speyer abwärts.

II. Ähren in deutlich endständiger Spirre; Hüllblätter mehrere, abstehend: Stengel 3kantig, beblättert.

1. Spirre 1fach; Ähren gross; Spelzen vorn ausgerandet mit Stachelspitze, braun.

167. **S. maritimus L. Meer-B.** Blätter schmallineal; unterirdische Ausläufer kugelig verdickt. ♃. 6, 7. Sumpf; V Rhein, Dürkheimer Saline; M Kaiserslautern.

2. Spirre mehrfach zusammengesetzt; Ähren klein; Spelzen stumpf, schwärzlich mit grüner Mitte.

168. **S. silváticus L. Wald-B.** Ausläufer unterirdisch; Ähren an den Ästen büschelig sitzend; Spelzen mit in eine kurze Spitze auslaufendem Kiel; Blütenborsten so lang als die Frucht. ♃. 7. Gräben, feuchte Wiesen; verbr.

169. **S. radicans Schkuhr. Wurzel-B.** Ausläufer oberirdisch, bogenförmig; Ähren einzeln, gestielt; Spelzen ohne Kiel und Spitze; Blütenborsten länger als die Frucht. ♃. 7, 8. Sumpf; V Germersheim; M Eppenbrunn, Kirkel.

III. Ähren 2zeilig in endständiger Ähre; Stengel beblättert.

170. **S. compressus Pers. Flach-B.** Stengel undeutlich 3kantig; Blätter gekielt, so lang als der Stengel. ♃. 7, 8. Feuchte Orte; verbr.

6. Erióphorum L. Wollgras.

I. Eine endständige Ähre.

171. **E. vaginatum L. Scheiden-W.** Dichtrasig; Stengel oben 3kantig; Blätter rauh; oberste Scheiden aufgeblasen, spreitelos; Ähre länglicheiförmig, vielblütig; Blütenborsten zahlreich, gerade. ♃. 4, 5. Moor; M verbr.

II. Mehrere Ähren in Spirren.

1. Stengel rund; Spirrenäste glatt.

172. **E. angustifólium Roth. Binsen-W.** Lockerrasig mit kurzen Ausläufern; Blätter lineal, rinniggekielt, an der Spitze 3kantig; Ähren zuletzt überhängend; Spelzen eilanzettförmig, zugespitzt, fast ganz trockenhäutig ♃. 4, 5. Sumpf; verbr.

2. Stengel stumpf 3kantig; Spirrenäste rauh.

173. **E. latifólium Hoppe. Wiesen-W.** Dichtrasig ohne Ausläufer; Blätter lanzettlich, flach, an der Spitze 3kantig; Ähren zuletzt überhängend; Spelzen länglicheiförmig, schwärzlichgrün, 1nervig. ♃. 4, 5. Sumpf; verbr.

174. **E. grácile Koch. Schlankes W.** Ausläufer; Blätter vom Grund an rinnig 3kantig; Ähren fast aufrecht; Spelzen blassgrün, am Grund mehrnervig. ♃. 5. Moor, Sumpfwiesen; V Maxdorf, zw. Neustadt u. Speyer, Rheinzabern, Bienwald; M Kaiserslautern.

7. Carex Mich. Segge.

A. Einährige. Nur eine einzelne, 1fache, endständige Ähre; Blätter sehr schmal, meist borstlich.

I. Ähre 1geschlechtig; Narben 2; Schlauch mehrnervig.

175. **C. dioeca L. Zweihäusige S.** Wurzelstock kriechend; Stengel rund, nebst den Blättern glatt; Schläuche aufrecht abstehend, eiförmig, kurzgeschnäbelt. ♃. 4, 5. Moor; V zw. Weissenburg und Kandel, Rheinzabern; M Fischbach.

176. **C. Davalliana Sm. Torf-S.** Dichtrasig; Stengel oben 3kantig, nebst den Blättern rauh; Schläuche etwas nach unten gekrümmt, lanzettlich, langgeschnäbelt. ♃. 4, 5. Moor, Ufer; V Oggersheim, Wachenheim, Speyer, Kandel; M Kaiserslautern.

II. Ähren unten weiblich, oben männlich; Schlauch glatt oder schwachgestreift.

177. **C. pulicaris L. Floh-S.** Lockerrasig; Stengel glatt; Ähre locker; Narben 2; Schläuche herabgeschlagen, länglichlanzettlich, glänzendbraun, kurzgeschnäbelt; Spelzen schmalelliptisch, abfallend. ♃. 5. Moor: V zw. Weissenburg und Kandel; M Kaiserslautern, Hochspeyer, Trippstadter Forsthaus, Homburg, Eppenbrunn, Waldmohr; N Donnersberg.

178. **C. pauciflora Lightf. Armblütige S.** Wurzelstock kriechend; Stengel glatt; Blätter flach, gekielt; Ähre 4blütig; Narben 3; Schläuche herabgeschlagen, lanzettlich, strohgelb, schwach längsstreifig, langgeschnäbelt, mit ganz kurzer Borste im Grund. ♃. 5. Moor; M zw. Kaiserslautern und Landstuhl.

B. Gleichährige. Mehrere gleichgestaltete Ährchen bilden einen kopf-, ähren- oder rispenförmigen Blütenstand.

A. Wurzelstock kriechend, mit langen Ausläufern.

I. Ährchen 6—20, 1geschlechtig, untere und obere weiblich, mittlere männlich.

179. **C. disticha Huds. Zweizeilige S.** Stengel oberwärts rauh; Ähre verlängert; Spelzen rotbraun mit weissem Rand, hellem Kiel; Schlauch mit rauhem, ungeflügeltem Kiel. ♃. 5. Sumpf; verbr.

II. Ährchen 3—8, 2geschlechtig, unten männlich, oben weiblich.

180. **C. praecox Schreb. Weg-S.** Stengel zur Blütezeit länger als die Blätter; Ähre gedrängt; Spelzen dunkelbraun, grüngekielt, weissberandet; Schlauch aufrecht, so lang als die Spelze. ♃. 4, 5. Sandige Raine; V verbr.; N Donnersberg, Bolanden.

181. **C. brizoides L. Zitter-S.** Stengel zur Blütezeit kürzer als die Blätter; Ähre etwas locker; Ährchen etwas abwärts gekrümmt; Spelzen weisslich, grüngekielt; Schlauch abstehend, länger als die Spelze. ♃. 5, 6. Wald; V Rheinzabern, Wörth.

B. Wurzelstock ohne Ausläufer, meist dichtrasig.

I. Ährchen an der Spitze männlich; Narben 2; Schlauch mit 2zähnigem Schnabel.

1. Schlauch einerseits flach, anderseits gewölbt, länger als die Spelzen, meist sparrig abstehend, gelbgrün oder reif schwarz.

a. Stengel geflügelt 3kantig; Schlauch längsnervig.

182. **C. vulpina L. Fuchs-S.** Stengel sehr rauh; Blätter breitlineal; untere Spelzen gestutzt oder ausgerandet, mit Stachelspitze. ♃. 5, 6. Sumpf; verbr.

b. Stengel 3kantig mit gewölbten Flächen; Schlauch nervenlos.

183. **C. muricata L. Stachel-S.** Stengel oberwärts rauh; Blätter schmäler; Blattscheiden mit dünnem, über den Grund der Spreite emporgezogenem Rand; Ähre gedrängt; unterstes Ährchen länger als sein Tragblatt; Spelzen zugespitzt oder spitz; Schlauch sparrig abstehend, am Grund verdickt; Frucht gestielt; sehr vielgestaltig. ♃. 5, 6. Wald, Raine: verbr.

184. **C. virens Lam. Grüne S.** Blattscheiden mit dickem,

den Grund der Spreite nicht überragendem Rand; Ähre unterbrochen; unterstes Ährchen meist vom laubigen Tragblatt überragt; Schlauch aufrecht abstehend, nicht verdickt; Frucht sitzend. ♃. 5, 6. Wald, Gebüsch; verbr.

2. Schlauch beiderseits gewölbt, nur so lang oder wenig länger als die Spelze, aufrecht, braun.

a. Blätter breiter als der Stengel; Spelzen breit weissberandet.

185. **C. paniculata L. Rispen-S.** Stengel scharfkantig, rauh; Ähre rispig verzweigt; Schlauch glänzend, nervenlos. ♃. 5, 6. Sumpf; verbr.

b. Blätter nur so breit als der oberwärts rauhe Stengel; Spelzen schmal weissberandet.

186. **C. paradoxa Willd. Seltsame S.** Dichtrasig; Stengel am Grund von schwarzen Fasern (Blattresten) umgeben; Ähre rispig; Schlauch glanzlos, beiderseits mit Rippen. ♃. 5. Sumpf; V Deidesheim, Landau, Bergzabern, Kandel; M Annweiler, Rechtenbach, Zweibrücken.

187. **C. teretiúscula Good. Rundliche S.** Lockerrasig; Stengel ohne Faserschopf; Ähre gedrungen, kurz; Schlauch glänzend, oberseits nervenlos. ♃. 5, 6. Sumpf; V verbr.; M Annweiler, Wilgartswiesen, Kaiserslautern, Zweibrücken, Homburg.

II. Ährchen am Grund männlich.

1. Ährchen entfernt, armblütig, die unteren in der Achsel langer, die Ähre überragender Laubblätter.

188. **C. remota L. Winkel-S.** Stengel schlaff, meist überhängend; Schlauch aufrecht, einerseits flach, andrerseits gewölbt, ungeflügelt, länger als die weissen grüngekielten Spelzen. ♃. 5, 6. Feuchter Wald; verbr.

2. Ährchen mehr genähert, mehrblütig; Tragblätter nicht laubig, die Ähre nicht überragend.

a. Ährchen locker, länglich; Schlauch lanzettlich, gerillt.

189. **C. elongata L. Verlängerte S.** Stengel scharfkantig, rauh; Spelzen eiförmig, stumpf; Schlauch sehr kurz 2zähnig, länger als die Spelzen. ♃. 5, 6. Moor, Gräben; V Speyer, Neustadt, Bienwald; M zw. Frankenstein und Hochspeyer, Kaiserslautern, Blieskastel, Kirkel.

b. Ährchen dicht, rundlich, eiförmig oder verkehrteiförmig.

α. Schlauch einerseits flach, andrerseits gewölbt, mit langem 2zähnigem Schnabel; Stengel unter der Ähre rauh.

190. **C. leporina. Hasen-S.** Ährchen genähert; Spelzen eilanzettlich, spitz, hellbraun, grüngekielt, weissberandet; Schlauch aufrecht, so lang als die Spelze, am Rand geflügelt, gestreift. ♃. 6. Wald; verbr.

191. **C. echinata Murr. Stern-S.** Ährchen etwas entfernt; Spelzen eiförmig, spitz, braun, grüngekielt; Schlauch 2mal so lang als die Spelze, sparrig abstehend, ohne Flügelsaum, gestreift. ♃. 5, 6. Sumpf; verbr.

β. Schlauch beiderseits gewölbt, kurzgeschnäbelt, wenig länger als die Spelze, aufrecht; Stengel rauh.

192. C. canescens L. Graue S. Ährchen ziemlich entfernt; Spelzen weisslich mit kurzem grünem Mittelstreif; Schlauch feingerillt, mit ausgerandetem Schnabel. ♃. 5. Moor, Sumpfwald; verbr.

C. Verschiedenährige. Männliche und weibliche Blüten in verschiedenen Ähren: die endständige männlich, seitenständige wenigstens die unteren weiblich, zuweilen die oberen männlich; selten endständige an der Spitze weiblich.*)

A. Schlauch fast kugelig oder verkehrteiförmig, der Frucht am Scheitel dicht anliegend, mit ganz kurzem gestutztem Fortsatz endigend.

I. Weibliche Ähren lockerblütig, gestielt, aufrecht; Tragblätter langscheidig, ohne Laubspreite, höchstens mit krautigem Spitzchen; Schlauch behaart.

1. Blühende Stengel mittelständig, kürzer als die rinnigen starren Blätter.

193. C. húmilis Leyss. Zwerg-S. Weibliche Ähren weit entfernt, in das weissliche Tragblatt fast eingeschlossen; Spelzen braun, breit weissberandet. ♃. 4. Trockner Boden; V Dürkheim; M Neustadt; N Kirchheimbolanden, Kreuznach.

2. Blühende Stengel seitenständig, nicht kürzer als die flachen Blätter, nur am Grund kurzbeblättert; Spelzen mit grüner Mitte, schmal weissberandet.

194. C. digitata L. Finger-S. Stengel zusammengedrückt; weibliche Ähren 5—10blütig, unterste entfernt, obere der männlichen genähert; Spelzen rotbraun; Schlauch kaum länger als die Spelze. ♃. 4, 5. Wald, Waldränder; verbr.

195. C. ornithopus Willd. Vogelfuss-S. Stengel rund; weibliche Ähren 3—5blütig; alle genähert; Spelzen gelbbraun; Schlauch fast 2mal so lang als die Spelze. ♃. 5. Gebüsch, Abhänge; M Zweibrücken, Hornbach, Ensheim.

II. Weibliche Ähren dichtblütig, bei 203 lockerer.

1. Schlauch kurzhaarig bis filzig; weibliche Ähren sitzend oder kurzgestielt, aufrecht.

a. Tragblätter laubig, nicht oder nur kurz scheidig; weibliche Ähren sitzend, männliche schlank; Spelzen rotbraun mit grüner Mitte.

196. C. pilulifera L. Pillen-S. Dichtrasig; Stengel zuletzt übergebogen; weibliche Ähren genähert, kugelig; Tragblätter aufrecht abstehend; Schlauch 3kantig. ♃. 5. Wald; verbr.

197. C. tomentosa L. Filz-S. Lange Ausläufer; Stengel steif aufrecht, zerstreutbeblättert, am Grund mit rötlichen Scheiden; weibliche Ähren entfernt, länglich; Tragblätter zuletzt wagrecht abstehend; Schlauch fast kugelig. ♃. 5. Heiden, Triften; V verbr.; M Zweibrücken.

---

*) Unter Spelzen sind im folgenden jene der weiblichen Ähren verstanden.

b. Tragblätter kürzer, oder scheidig, höchstens unterstes laubig; männliche Ähren dick, keulenförmig.

α. Spelzen braun, am Rand weiss, fransig zerschlitzt, stumpf, ohne Stachelspitze.

198. C. ericetórum Poll. Heide-S. Kurze Ausläufer; Stengel länger als die starren Blätter; weibliche Ähren sitzend, eiförmig; Tragblätter kurzscheidig mit kurzer Spitze. ♃. 4, 5. Heidewiesen, V Maxdorf, Speyer; M Dürkheim, Neustadt, Kaiserslautern, Homburg, Eppenbrunn.

β. Spelzen schwarzbraun, stumpf oder ausgerandet, stachelspitzig.

199. C. montana L. Berg-S. Dichtrasig; Stengel zuletzt kürzer als die weichen Blätter, am Grund mit purpurnen Scheiden; weibliche Ähren sitzend, genähert, eiförmig; Tragblätter kurzscheidig, mit trockener oder kurzlaubiger Spitze. ♃. 4, 5. Wald, Heidewiesen; V Neustadt bis Forst.

γ. Spelzen braun mit grüner Mitte, spitz oder zugespitzt.

200. C. verna Vill. Frühlings-S. Ausläufer; Stengel am Grund wenig faserschopfig, länger als die starren Blätter; weibliche Ähren sitzend oder die unterste gestielt, länglich; Tragblätter kurzscheidig, unterstes mit kurzer Laubspreite; Schlauch kürzer als die lanzettlichen Spelzen, allmählich zugespitzt. ♃. 4. Trockene Wiesen; verbr.

201. C. longifólia Host. Langblättrige S. Dichtrasig; Stengel am Grund stark faserschopfig, kürzer als die schlaffen Blätter; weibliche Ähren länglicheiförmig, entfernt, unterste kurzgestielt; unterstes Tragblatt deutlich scheidig, laubig; Schlauch länger als die elliptischen Spelzen, vorn plötzlich verschmälert. ♃. 4, 5. Wald; verbr.

2. Schlauch kahl; Wurzelstock kriechend.

a. Weibliche Ähren sitzend; Blätter borstlich.

202. C. obtusata Liljeb. Niedrige S. Weibliche Ähren genähert, rundlich; Tragblätter nicht scheidig, unterstes laubig; Spelzen braun, spitz; Schlauch fast kugelig, glänzend. ♃. 4, 5. Heiden, Wald, Abhänge; V Roxheim, Grünstadt, Battenberg, Dürkheim; N Ebernburg.

b. Weibliche Ähren gestielt; Blätter flach, graugrün.

203. C. panícea L. Hirsen-S. Weibliche Ähren aufrecht, verlängert, ziemlich lockerblütig; Tragblätter langscheidig mit kurzer Laubspreite; Spelzen stumpf; Schlauch kugeligeiförmig, nervenlos, glatt. ♃. 4, 5. Feuchte Wiesen, Moore; verbr.

204. C. glauca Murr. Graugrüne S. Weibliche Ähren zuletzt nickend, verlängert, dichtblütig; Tragblätter kurzscheidig, mit längerer Laubspreite; Spelzen spitzlich; Schlauch schwachkantig, nervenlos, rauh. ♃. 5. Auen, Abhänge, Ufer; verbr.

B. Schlauch plattgedrückt, vorn lose über die Frucht gewölbt, meist abgerundet, mit kurzem gestutztem Fortsatz oder ganz kurzem 2zähnigem Schnabel; Tragblätter nicht oder nur kurz scheidig.

I. Endständige Ähre an der Spitze weiblich.

205. C. Buxbaúmii Whlb. Moor-S. Ausläufer; Stengel oben zwischen den Ähren rauh; unterste Scheiden netzfaserig gespalten, rötlich; Ähren kurzgestielt, aufrecht, unterste entfernt, länger gestielt; Tragblätter laubig; Spelzen in eine Spitze vorgezogen, braun mit grüner Mitte. ♃. 5. Moor; V Maxdorf, Wachenheim, Speyer, Kandel, Bienwald.

II. Endständige Ähre männlich.

1. Unterste weibliche Ähre kürzer als ihr Stiel; Spelzen rotbraun.

206. C. limosa L. Schlamm-S. Stengel rauh, kürzer als die Blätter der nichtblühenden Sprosse; Blätter rinnig gefaltet, am Rand rauh; Spelzen stumpf mit Stachelspitze; Schlauch längsnervig. ♃. 5. Moor; V Neustadt, Germersheim, zw. Bergzabern und Rheinzabern; M Trippstadt, Kaiserslautern, Landstuhl, Homburg, Kirkel, Eppenbrunn.

2. Unterste weibliche Ähren sitzend oder viel länger als ihr Stiel; Spelzen schwärzlich mit grüner Mitte.

a. Narben 2; Schlauch undeutlich geschnäbelt.

α. Weibliche Ähren alle sitzend, aufrecht; unterstes Tragblatt die Stengelspitze nicht erreichend; Spelzen stumpf.

207. C. stricta Good. Steife S. Dichtrasig; Stengel steif, oben rauh; blühende Stengel am Grund mit blattlosen gelbbraunen Scheiden; Scheiden netzfaserig gespalten; Blätter graugrün; Schlauch nervig. ♃. 5. Moor, Ufer; V, N verbr.; M Annweiler, Kaiserslautern, Dahn, Zweibrücken.

208. C. Goodenoúghii Gay. Gemeine S. Ausläufer; Stengel oben rauh; blühende Stengel ohne blattlose Scheiden am Grund; Scheiden nicht netzfaserig gespalten; Blätter graugrün, beim Trocknen sich nach innen einrollend; Schlauch nervenlos. ♃. 5. Feuchte Wiesen, Ufer; verbr.

β. Unterste weibliche Ähre gestielt, nickend; unterstes Tragblatt die Stengelspitze meist überragend; Spelzen verlängert, spitzlich.

209. C. acuta L. Scharfe S. Ausläufer; Stengel am Grund ohne blattlose Scheiden, tief herab rauh; Scheiden nicht netzfaserig zerspalten; Blätter grasgrün, beim Trocknen sich zurückrollend; Schlauch undeutlich nervig. ♃. 5. Gräben, Ufer; verbr.

b. Narben 3; Schlauch mit deutlichem 2zähnigem Schnabel; Spelzen in eine gesägte Spitze vorgezogen.

210. C. acutiformis Ehrh. Sumpf-S. Ausläufer; Scheiden netzfaserig gespalten; Stengel oben rauh; Blätter graugrün; Ähren aufrecht, untere kurzgestielt; Schlauch starknervig. ♃. 5, 6. Gräben, Ufer, Sumpf; verbr.

C. Schlauch ringsum gewölbt oder 3kantig oder auf dem Rücken gewölbt und beiderseits gekielt, über den freien Scheitel der Frucht fast stets in einen deutlichen Schnabel verschmälert.

I. Schlauch nervenlos, stumpf 3kantig, allmählich in einen

kurzen, gestutzten Schnabel verschmälert, wie die ganze Pflanze kahl.

211. C. péndula Huds. Grosse S. Stengel 3kantig, glatt, beblättert; Blätter flach, sehr breit, etwas blaugrün; untere Tragblätter langscheidig; untere Ähren länger gestielt, nebst der Endähre überhängend, sehr schlank, verlängert, dichtblütig; Spelzen rotbraun mit grüner Mitte; Schlauch hellgrün. ♃. 5, 6. Schattiger Wald; V Bienwald; M Annweiler, Dernbach.

II. Schlauch vielnervig, ringsum gewölbt, meist aufgeblasen, mit 2zähnigem Schnabel (bei 218 schnabellos); Tragblätter scheidig, laubig.

1. Schnabel undeutlich gekielt; Blattscheiden der Spreite gegenüber ohne Anhängsel.

a. Weibliche Ähren verlängert; Stengel beblättert.

aa. Schlauch kahl.

α. Spelzen in eine feingesägte Spitze vorgezogen; Stengel scharfkantig, oben rauh; Scheiden nicht netzfaserig.

212. C. Pseudocyperus L. Bastard-S. Wurzelstock rasig; weibliche Ähren zuletzt überhängend, genähert; 1 männliche Ähre; Schlauch lanzettlich, abstehend, länger als die Spelzen. ♃. 5, 6. Moorige Stellen; V Dürkheim, Forst, Germersheim, Bienwald; M Weissenburg, Sembach, Kaiserslautern, Blieskastel.

213. C. ripária Curt. Ufer-S. Wurzelstock kriechend; weibliche Ähren aufrecht, unterste entfernt, langgestielt; männliche Ähren mehrere; Schlauch kegelförmig, etwas kürzer als die Spelzen. ♃. 5, 6. Gräben, Ufer; V Dürkheim, Wachenheim, Oggersheim, Speyer, Wörth; M Zweibrücken.

β. Spelzen ohne vorgezogene Spitze, vorn häutig, kürzer als die Schläuche; Wurzelstock kriechend; männliche Ähren mehrere.

214. C. rostrata With. Flaschen-S. Stengel stumpfkantig, glatt, zwischen den Ähren rauh; Scheiden nicht netzfaserig gespalten; Blätter meist eingerollt; Schlauch fast kugelig, plötzlich in den Schnabel verschmälert. ♃. 5, 6. Gräben, Ufer; verbr.

215. C. vesicária L. Blasen-S. Stengel scharfkantig, auch unter den Ähren rauh; Scheiden netzfaserig gespalten; Blätter breiter, flach; Schlauch kegelförmig, allmählich in den Schnabel verschmälert. ♃. 5, 6. Gräben, Ufer; verbr.

bb. Schläuche behaart; Wurzelstock kriechend.

216. C. hirta L. Behaarte S. Blätter flach, nebst den Scheiden behaart; weibliche Ähren entfernt, untere gestielt mit langscheidigem Tragblatt, obere fast sitzend; Spelzen mit langer gesägter Spitze; Schlauch eikegelförmig. ♃. 5, 6. Feuchte Wiesen; verbr.

217. C. filiformis L. Faden-S. Blätter rinnig, nebst den Scheiden kahl; weibliche Ähren kurzgestielt, entfernt; Tragblätter kurzscheidig; Spelzen kurzstachelspitzig; Schlauch länglich. ♃. 5, 6. Moor; M verbr.

b. Weibliche Ähren kurz, eiförmig; Wurzelstock rasig; Blätter flach, gelblichgrün.

218. C. pallescens L. Bleiche S. Stengel zerstreutbeblättert; weibliche Ähren aufrecht, genähert, gestielt, dichtblütig; Tragblätter kurzscheidig, den Stengel überragend; Spelzen eiförmig, stachelspitzig, gelblichweiss mit grüner Mitte; Schlauch länglichelliptisch, schnabellos, vorn abgerundet, aufrecht abstehend; Blattscheiden behaart. ♃. 5. Feuchter Wald, Moor; verbr.

219. C. flava L. Gelbe S. Stengel am Grund beblättert; weibliche Ähren mit ihrem Stiel aus der Scheide der Tragblätter kaum vortretend; untere Tragblätter sehr lang, abstehend oder abwärtsgebogen; Spelzen stumpflich, rostbraun mit grüner Mitte; Schläuche allmählich in einen längeren abwärtsgebogenen oder plötzlich in einen kürzeren geraden Schnabel verschmälert, sparrig abstehend, die unteren zurückgekrümmt; Pflanze kahl. ♃. 5, 6. Sumpf; verbr.

2. Schnabel beiderseits deutlich gekielt, mit feingewimpertem Kiel, vorwärtsgerichtet; weibliche Ähren länglich; Tragblätter langscheidig; Blattscheiden der Spreite gegenüber mit einem aufrechten Anhängsel.

220. C. Hornschuchiana Hoppe. Braune S. Kurze Ausläufer; Blätter grasgrün; unteres Tragblatt kaum länger als seine Ähre; unterste Ähre oft weit entfernt, oberste genähert; Spelzen rostbraun, stumpf, ohne Stachelspitze. ♃. 5, 6. Feuchte Wiesen, Moor: V verbr.; M Annweiler, Kaiserslautern, Zweibrücken.

221. C. distans L. Entferntährige S. Dichtrasig; Blätter meergrün; Tragblätter länger als die Ähren; Ähren entfernt, besonders weit oft die unterste; Spelzen hellbraun, mit Stachelspitze; Schlauch deutlich nervig. ♃. 5, 6. Feuchte Orte; verbr.; M Zweibrücken, Kaiserslautern.

III. Schlauch durch die Frucht gedunsen, in einen Schnabel verschmälert; Narben 3; weibliche Ähre lockerblütig; Tragblätter langscheidig, die Stengelspitze erreichend oder überragend; Blätter breitlineal, kahl.

222. C. silvática Huds. Wald-S. Rasig; weibliche Ähren entfernt, langgestielt, überhängend; Schlauch gewölbt 3kantig, glatt, mit 2 Rippen, gekieltem 2spaltigem Schnabel. ♃. 6. Wald; verbr.

223. C. strigosa Huds. Magere S. Ausläufer; Blätter am Rand scharf; weibliche Ähren entfernt, gestielt, nickend; Schlauch 3kantig, länglich, nervig, nach vorn allmählich in den schiefabgeschnittenen Schnabel verschmälert. ♃. 5. V Bienwald.

Familie 12. JUNCÁCEAE. *Simsengewächse.*

1. Kapsel 3fächerig, Fächer vielsamig; Blätter walzig oder flach, schmallineal, kahl: . . . . **Juncus 1.**
2. Kapsel 1fächerig, 3samig; Blätter flach, lineal bis lanzettlich, meist am Rand gewimpert: . . . . **Lúzula 2.**

1. Juncus L. Simse.

A. Blüten einzeln auf den Ästen der Spirre, mit Vorblättern.

I. Spirre scheinbar seitenständig, vielblütig; Stengel ausser dem Hüllblatt ohne Laubblätter, am Grund mit schuppenartigen Scheiden; Laubblätter der nichtblühenden Sprosse einzeln, walzig, den Stengeln gleichgestaltet; Wurzelstock kriechend.

1. Grundständige Schuppen matt, braun: Staubblätter 3; Griffel kurz; Frucht gestutzt oder eingedrückt; Mark des Stengels ununterbrochen.

224. **J. effusus L. Flatter-S.** Stengel grasgrün, lebend glatt, glänzend, trocken feingerillt; Griffel in einer Vertiefung der vorn eingedrückten Frucht; Spirre locker oder zusammengedrängt. ♃. 6, 7. Feuchte Orte; verbr.

225. **J. Leérsii Marss. Knäuel-S.** Stengel graugrün, matt, oben scharfgerillt; Griffel auf einer Erhöhung der gestutzten Frucht; Spirre zusammengedrängt. ♃. 6. Feuchte Orte; verbr.

2. Grundständige Schuppen glänzend, schwarzrot; Staubblätter 6; Griffel länger; Frucht stachelspitzig; Mark des Stengels querfächerig unterbrochen.

226. **J. glaucus Ehrh. Graue S.** Stengel graugrün, gerillt. ♃. 6, 7. Feuchte Orte; verbr.

II. Spirre deutlich endständig; Stengel mit 1 od. mehreren Laubblättern; diese nebst dem Hüllblatt flach od. oberseits rinnig.

1. Wurzelstock aufrecht oder kriechend.

a. Stengel nur am Grund beblättert; Wurzelstock aufrecht.

227. **J. squarrosus L. Sparrige S.** Blätter abstehend, starr, rinnig; Spirre länger als das Hüllblatt; übrige Hochblätter ohne Laubspreite; Blütenhüllblätter braun, weissberandet, etwa so lang als die verkehrteiförmige Frucht. ♃. 7, 8. Feuchte sandige Orte; V Speyer, Bienwald; M verbr.

b. Stengel um die Mitte mit 1 oder mehreren rinnigen Blättern, zusammengedrückt; Blütenhüllblätter braun mit grüner Mitte, weissberandet; Wurzelstock kriechend.

228. **J. compressus Jacq. Rasen-S.** Blütenhüllblätter $^1/_2$ so lang als die fast kugelige Frucht; Griffel $^1/_2$ so lang als der Fruchtknoten. ♃. 7. 8. Feuchte Wiesen; verbr.

229. **J. Gerardi Lois. Salz-S.** Blütenhüllblätter fast so lang als die elliptische Frucht; Griffel so lang als der Fruchtknoten. ♃. 7, 8. Feuchte, bes. salzhaltige Orte; V Dürkheim bis Friesenheim.

2. Ohne Wurzelstock.

230. **J. Tenageja Ehrh. Sand-S.** Spirrenäste abstehend; Blütenhüllblätter stachelspitzig, braun mit grüner Mitte, weissberandet, so lang als die kugelige, sehr stumpfe Frucht; Griffel sehr kurz; Narbe pinselförmig. ☉ 6, 7. Feuchte, sandige Orte; V Friesenheim, Maxdorf, Neustadt, Hassloch, Speyer; M Ludwigswinkel.

231. J. bufónius L. Kröten-S. Spirrenäste aufrecht; Blütenhüllblätter grün, weissberandet, länger als die längliche stumpfe Frucht; Griffel deutlich; Narbe fadenförmig. ☉ 6, 7. Feuchte Orte, Wegränder; verbr.

B. Blüten in Köpfchen, ohne Vorblätter; Köpfchen oft zu Spirren angeordnet.

I. Laubblätter borstlich; Köpfchen einzeln.

232. J. capitatus Weig. Kopf-S. Stengel nur am Grund beblättert; Hüllblatt länger als das Köpfchen; Blüten sitzend; Blütenhüllblätter weisslich, später rotbraun, haarspitzig, länger als die eiförmige stumpfe Frucht. ♃. 6, 7. Feuchter Sandboden; V Maxdorf, Wachenheim, Hassloch, Speyer, Bienwald; M Dürkheim, Kaiserslautern bis Zweibrücken, Homburg, Kirkel, Fischbach.

II. Laubblätter walzig, hohl, mit Querscheidewänden; Köpfchen meist zahlreich in Spirren.

1. Laubblätter sehr schmal, fast borstlich, undeutlich querfächerig; Staubblätter 3 oder 6; Frucht stumpf.

233. J. supinus Mnch. Niedrige S. Stengel rasig, kriechend, wurzelnd oder flutend; Köpfchen oft mit einem Blätterschopf; äussere Blütenhüllblätter spitz, innere stumpf, kürzer als die längliche Frucht, grünlich; Staubblätter 3. ♃. 7, 8. Feuchter Sandboden, Gräben; V Maxdorf, Ludwigshafen, Hassloch, Speyer, Bienwald; M verbr.

var. Kochii F. Schultz. Blütenhüllblätter alle spitz, braun; Staubblätter 6; Frucht eingedrückt; M verbr. mit der Art.

2. Laubblätter derb, deutlich querfächerig; Staubblätter 6; Frucht spitz oder zugespitzt.

a. Blütenhüllblätter alle stumpf, gleichlang.

234. J. alpinus Vill. Alpen-S. Spirrenäste aufrecht; Blütenhüllblätter dunkelbraun, kürzer als die schwarzbraune Frucht, äussere mit kurzem Stachelspitzchen. ♃. 7, 8. Sumpfwiesen; V am Rhein, Maxdorf, Ruppertsberg, Hassloch.

235. J. obtusiflorus Ehrh. Stumpfblütige S. Spirrenäste gespreizt abstehend; Blütenhüllblätter grünlichgelb, so lang als die gelbbraune Frucht; Wurzelstock kriechend; Stengel am Grund mit spreitelosen Scheiden. ♃. 7, 8. Sumpf, Moor; V verbr.

b. Wenigstens äussere Blütenhüllblätter spitz oder zugespitzt, stachelspitzig.

α. Blätter lebend glatt, trocken nur fein längsstreifig; Blütenhüllblätter braun, kürzer als die Frucht.

236. J. lamprocarpus Ehr. Glanz-S. Blütenhüllblätter gleichlang, innere stumpf; Stengel zuweilen kriechend oder flutend. ♃. 7, 8. Sumpf, Gräben; verbr.

237. J. silváticus Reich. Wald-S. Blütenhüllblätter langzugespitzt, innere länger, vorn etwas auswärtsgebogen. ♃. 7, 8. Sumpf; verbr.

β. Blätter auch lebend stark längsstreifig; Blütenhüllblätter glänzendschwarz, so lang als die Frucht.

238. **J. atratus Krock. Schwarze S.** Spirre sehr vielköpfig. — ♃. 7, 8. Sumpf, Uferkies; V zw. Schifferstadt und Mutterstadt.

2. Lúzula Desv. Hainsimse.

1. Blüten einzeln, langgestielt auf den Ästen der 1fachen oder zusammengesetzten Spirre; Samen oben mit deutlichem Anhängsel; ohne Ausläufer.

239. **L. Forsteri DC. Schlanke H.** Fruchtstiele aufrecht; — Blätter lineal; Spirre 1fach oder untere Äste mit 2 Zweigen; Blütenhüllblätter lanzettlich, stachelspitzig, braun, in der Mitte dunkler; Anhängsel kürzer als der Same, gerade. ♃. 5, 6. Wald; N Lemberg.

240. **L. pilosa Willd. Behaarte H.** Untere Fruchtstiele zurückgebogen; Blätter lanzettlich; untere Äste der Spirre meist mit 2 Zweigen; Blütenhüllblätter lanzettlich, spitz, oft kurz stachelspitzig, braun, in der Mitte dunkler; Anhängsel so lang als der Same, gekrümmt. ♃. 4. Wald, Gebüsch; verbr.

2. Blüten auf den Ästen der stets zus.-gesetzten Spirre büschelig, kurzgestielt; wenn länger gestielt, Spirre 3fach verzweigt; Same mit kaum bemerkbarem Anhängsel; ohne Ausläufer.

241. **L. silvática Gaud. Wald-H.** Wurzelstock schräg; Blätter breitlineal, am Rand behaart; Spreite der Stengelblätter kürzer als die Scheiden; Deckblätter kürzer als die Spirre, nicht laubig; Blütenhüllblätter breitlanzettl. bis eiförmig, stachelspitzig, glänzendbraun, so lang als die elliptische hellbraune Frucht. ♃. 5, 6. Wald; M, N verbr.

242. **L. angustifólia Gcke. Silber-H.** Blätter lineal; untere Deckblätter der Spirre laubig, länger als die Spirre; Spirrenäste lang; Büschel 3—5blütig; Blütenhüllblätter lanzettlich, spitz, weiss oder rötlich. ♃. 6, 7. Wald, Gebüsch; verbr.

3. Blüten in kopfförmigen Ährchen sitzend; Ährchen gestielt, zu einer Spirre geordnet, zuweilen zus.-gedrückt; Blätter flach.

243. **L. campestris DC. Feld-H.** Wurzelstock mit kurzen Ausläufern; Stengel meist einzeln, bis 20 cm hoch; Ährchen 2—5, eiförmig, zuletzt überhängend; Blütenhüllblätter lanzettlich, zugespitzt; Staubbeutel viel länger als der Staubfaden. ♃. 4, 5. Wiesen, Wald; verbr.

244. **L. multiflora Lej. Vielblütige H.** Wurzelstock dichtrasig; Stengel zahlreich, bis 45 cm hoch; Ährchen 5—10, länglich, aufrecht; Blütenhüllblätter lanzettlich, zugespitzt, braun bis schwärzlich; Staubbeutel etwa so lang als der Staubfaden. ♃. 5, 6. Wiesen, Wald; verbr.

Familie 13. LILIÁCEAE. *Liliengewächse.*

A. 3—4 getrennte Griffel.

I. Griffel 4; Blütenhülle 8blätterig, grün; Staubblätter 8; unter der Blüte ein Quirl von 4 netzaderigen Blättern: **Paris 16.**

II. Griffel 3; Blütenhülle 6blättrig; Staubblätter 6.

1. Blütenhülle verwachsenblättrig; Fruchtknoten unterirdisch; Blätter zur Blütezeit nicht entwickelt: . **Cólchicum 1.**
2. Blütenhülle freiblättrig; Blüten in Trauben; Staubbeutel mit Längsspalte; Blätter zur Blütezeit vorhanden, 2zeilig, schwertfömig: . . . . **Tofjéldia 2.**

B. Griffel 1 mit 1 oder 3 Narben, oder 1 sitzende 3lappige Narbe.

A. Blätter schuppenförmig mit büscheligen nadelförmigen Zweigen in den Achseln; Blüten 2häusig; Staubblätter der verwachsenblättrigen Blütenhülle angewachsen: . . . . **Aspáragus 12.**

B. Mit Laubblättern.

I. Blütenhüllblätter 6, frei oder nur am Grund verwachsen.

1. Staubbeutel auf der Spitze des Fadens aufrechtstehend.

a. Narbe 3lappig. sitzend; Blütenhüllblätter ohne Honiggrube: . . . . **Túlipa 9.**

b. Griffel mit 3 fädlichen Narben; Blütenhüllblätter mit Honiggrube: . . . . **Fritillária 10.**

c. Griffel mit 1 Narbe; Blütenhüllblätter aussen grün, innen gelb, ohne Honiggrube: . . . . . **Gágea 8.**

2. Staubbeutel auf der Spitze des Fadens quer aufliegend.

a. Blütenstand doldig, vorm Aufblühen in häutiger Scheide: . . . . **Allium 4.**

b. Blüten in Trauben mit oder ohne Deckblätter.

aa. Blütenstiele ohne Gelenk; Zwiebel.

α. Blüttenhüllblätter mit Honigrinne; Stengel beblättert: . . . . **Lílium 11.**

β. Blütenhüllblätter ohne Honigrinne: Blätter grundständig.

αα. Blütenhüllblätter weiss mit grüner Mitte, bleibend; Staubblätter der Blütenachse eingefügt: . . . . **Ornithógalum 7.**

ββ. Blütenhüllblätter blau, abfallend; Staubblätter deren Grund eingefügt: . **Scilla 5.**

bb. Blütenstiele mit Gelenk: keine Zwiebel; Blätter grundständig; Blütenhülle weiss: **Anthéricum 6.**

II. Blütenhülle verwachsenblättrig, 6zähnig bis 6spaltig.

1. Zwiebel mit gipfelständigem, von grundständigen Blättern umgebenem Blütenschaft; Blüten in Trauben, blau oder bräunlich: . . . . **Múscari 3.**

2. Keine Zwiebel; Blütenhülle glockig, weiss oder grünlich.

a. Zahlreiche Blätter, in deren Achseln die 1- bis wenigblütigen Blütenstände; Staubblätter in der Mitte der Blütenhülle eingefügt: . . . . . **Polygónatum 13.**

b. Blätter 2; Blütenschaft mit Traube aus der Achsel eines Niederblattes; Staubblätter am Grund der Blütenhülle eingefügt: . . . . **Convallária 14.**

III. Blütenhülle 4teilig, weiss; Staubblätter 4; Blüten in Trauben: **Maiánthemum 15.**

1. Cólchicum L. Zeitlose.

245. C. autumnale L. Herbst-Z. Blüten zu 1—2, mit langer Röhre; Staubblätter im Schlund eingefügt; Saum rosa; Blätter mit der Kapsel im Frühjahr erscheinend, breitlanzettlich. ♃. 9, 10. Wiesen; verbr.

2. Tofjéldia Huds. Torflilie.

246. T. caliculata Whlbg. Behüllte T. Blätter mehrnervig; Blüten kurzgestielt mit 3lappiger Hülle unter der Blütenhülle, grünlichgelb, meist in ährenförmiger Traube. ♃. 6, 7. Wiesen, Moor; V Erpolzheim, Mutterstadt, Schifferstadt, Hanhofen, Hassloch, Deidesheim.

3. Múscari L. Träubel.

I. Traube locker; Blüten ziemlich langgestielt, fruchtbare abstehend, oberste unfruchtbare viel länger gestielt, aufrecht.

247. M. comosum Mill. Schopf-T. Blütenhülle kantig, bräunlich, der unfruchtbaren Blüten blau. ♃. 5, 6. Äcker, Weinberge; V, M verbr.

II. Traube dichtblütig; Blüten alle kurzgestielt, hängend; Blütenhülle blau mit weissem Saum.

1. Blütenschaft von 2—3 diesjährigen aufrechten Blättern umgeben.

248. M. botryoides Mill. Kleines T. Blätter nur so lang als der Schaft; Blütenhülle fast kugelig-eiförmig. ♃. 4, 5. Wiesen; V Frankenthal, Maxdorf, Mundenheim, Dürkheim, Gimmeldingen; M Hornbach; N Nahethal.

2. Blütenschaft von vielen vorjährigen ausgebreiteten Blättern umgeben.

249. M. racemosum Mill. Grosses T. Blätter länger als der Schaft, an der Spitze schmalrinnig; Blütenhülle eirund; Fruchtklappen an der Spitze ausgerandet. ♃. 4, 5. Weinberge, Grasgärten; V Mechtersheim.

250. M. neglectum Guss. Übersehenes T. In allen Teilen grösser als vor.; Blätter länger als der Schaft, gegen die Spitze breiterrinnig; Blütenhülle eilänglich; Fruchtklappen an der Spitze gestutzt. ♃. 4, 5. Äcker, Weinberge; V Maxdorf, Dürkheim, Neustadt, Landau, Bergzabern.

4. Állium L. Lauch.

A. Blätter elliptischlanzettlich, bogennervig mit schrägen Adern.

251. A. ursinum L. Bären-L. Stengel blattlos; grundständige Blätter 2, mit gedrehtem Stiel; Blütenhülle weiss, sternförmig; echte Zwiebel. ♃. 5. Auen, feuchter Wald; V Landau, Bienwald; M Annweiler, Kaiserslautern, Zweibrücken.

B. Blätter lineal bis lineallanzettlich, flach oder rinnig.

I. Staubblätter fädlich, zahnlos.

1. Hülle nicht länger als der Blütenstand; dieser ohne Brutzwiebeln.

252. **A. acutángulum Schrad. Kanten-L.** Blätter grundständig mit kurzen Scheiden, scharfgekielt: Blütenstand ziemlich flach; Blütenstiele länger als die Blütenhülle; diese glockenförmig, rosa, länger als die Staubblätter: Zwiebeln einem kriechenden Wurzelstock aufsitzend. ♃. 6—8. Feuchte Wiesen: V verbr.

2. Hülle mit lang ausgezogener Spitze, länger als der Blütenstand; dieser mit Brutzwiebeln; Blüten langgestielt.

253. **A. oleráceum L. Gemüse-L.** Blätter vielnervig, rinnig; Blütenhülle grünlichweiss oder rötlich, so lang als die Staubblätter. ♃. 7. Gebüsch, Raine; verbr.

254. **A. carinatum L. Gekielter L.** Blätter 3—5nervig, fast flach; Blütenhülle rosa, kürzer als die Staubblätter. ♃. 7. Gebüsch; V Speyer.

II. Innere Staubblätter verbreitert, mit 2 seitlichen Zähnen.

1. Blätter flach; Hülle kürzer als der Blütenstand; Blütenhülle länger als die Staubblätter; seitliche Zähne der Staubblätter lang, fädlich; Zwiebel mit gestielten Nebenzwiebeln.

255. **A. rotundum L. Runder L.** Blätter schmallineal; Blütenstand kugelig, ohne Brutzwiebeln: Blütenhülle purpurn. ♃. 7. Äcker, Weinberge; V Frankenthal, Dürkheim, Speyer, Edenkoben, Landau, Bergzabern; N Rockenhausen.

256. **A. Scorodóprasum L. Gras-L.** Blätter breitlineal, am Grund rauh; Blütenstand mit Brutzwiebeln: Blütenhülle dunkelpurpurn. ♃. 6, 7. Gebüsch, wüste Plätze, Wiesen; V Frankenthal, Speyer.

2. Blätter rinnig; Blütenhülle kürzer als die Staubblätter.

257. **A. sphaerocéphalum L. Kugel-L.** Blätter halb stielrund, flachrinnig; Blütenstand kugelig, ohne Brutzwiebeln; Hülle kurzzugespitzt; Blütenhülle rosa: Zwiebel mit gestielten Nebenzwiebeln. ♃. 6, 7. Äcker; V Kallstadt, Dürkheim, Speyer; N Winnweiler, Donnersberg.

258. **A. vineale L. Weinbergs-L.** Blätter fast stielrund, schmalrinnig: Blütenstand mit Brutzwiebeln, oft ohne Blüten; Hülle 1klappig, langzugespitzt, bald abfallend; Blütenhülle purpurn. ♃. 6, 7. Äcker, Weinberge; verbr.

5. Scilla L. Meerzwiebel.

259. **S. bifólia L. Zweiblättrige M.** Grundständige Blätter meist 2; Stengel rund: Blüten langgestielt, aufrecht, blau. ♃. 4, 5. Hecken, Wald; V verbr.: M Leiningen, Zweibrücken; N Kusel, Obermoschel, Nahethal.

6. Anthéricum L. Graslilie.

260. **A. Liliago L. Grosse G.** Blüten traubig; Griffel gekrümmt, so lang als die Blütenhülle. ♃. 6. Wald; M Dürkheim, Neustadt, Landau, Eppenbrunn, Kaiserslautern, Kirkel; N Waldmohr, Kusel, Donnersberg.

261. **A. ramosum L. Ästige G.** Blüten rispig, kleiner; Griffel

gerade, länger als die Blütenhülle. ♃. 7. Trockene Wiesen; V Frankenthal, Wachenheim, Schifferstadt, Landau; M zw. Dürkheim und Frankenstein, zw. Kaiserslautern und Landstuhl, Zweibrücken.

7. Ornithógalum L. Vogelmilch.

262. O. umbellatum L. Doldige V. Blüten in ebensträussiger Traube; Blütenstiele lang, nach dem Abblühen wagrecht abstehend; Blütenhüllblätter länglich, stumpf, weiss mit grünem Mittelstreif; Staubblätter fadenförmig; Frucht vorn gestutzt, ♃. 5. Wiesen, Äcker, Weinberge; verbr.

263. O. nutans L. Nickende V. Blüten in lockerer Traube, hängend, kurzgestielt; Blütenhüllblätter weiss mit breitem grünem Mittelstreif; Staubblätter bandartig flach, mit 2 seitlichen spitzen Zähnen; Frucht oben eingedrückt. ♃. 5. Gärten, Weinberge; V Speyer, Deidesheim.

8. Gágea Salisb. Goldstern.

1. Blütenstiele behaart; grundständ. Blätter 2, lineal; Zwiebeln 2.

264. G. arvensis Schult. Acker-G. Stengelblätter dichtgenähert; Blütenstand reichblütig, doldig zusammengedrängt; Blütenhüllblätter spitz. ♃. 4. Äcker; verbr.

265. G. saxátilis Koch. Felsen-G. Stengelblätter entfernt; Blüten einzeln endständig oder wenige locker gestellt; Blütenhüllblätter stumpf. ♃. 3. Felsen, Heiden; N Winnweiler, Rockenhausen, Donnersberg, Kirchheimbolanden, Ebernburg.

2. Blütenstiele kahl, doldig zusammengedrängt; nur 1 grundständiges Blatt; Stengelblätter allmählich an Grösse abnehmend.

266. G. pratensis Schult. Wiesen-G. Zwiebeln 3; grundständiges Blatt scharfgekielt, spitz; Blütenhüllblätter lineallänglich, stumpflich. ♃. 4. 5. Äcker, Wiesen; V Wachenheim; M Annweiler, Kaiserslautern, Zweibrücken.

267. G. lútea Schult. Gelber G. Zwiebel 1; grundständiges Blatt breitlineal, oben plötzlich kappenförmig zusammengezogen; Blütenhüllblätter lanzettlich, stumpf. ♃. 4, 5. Hecken, Wiesen, Wald; M Trippstadt; N Kusel, Waldmohr.

9. Túlipa L. Tulpe.

268. T. silvestris L. Wilde T. Stengel 1blütig; Blätter breitlineal; Blütenknospen überhängend; Blütenhüllblätter zugespitzt, gelb, aussen etwas rötlich, innere nebst Staubblättern am Grund behaart. ♃. 5. Hecken, Waldwiesen, Weinberge; V Speyer.

10. Fritillária L. Schachblume.

269. F. Meleagris L. Gefleckte Sch. Stengel meist 1blütig; Blätter lineal; Blüte nickend; Blütenhüllblätter elliptisch, stumpf, gelblichweiss, schachbrettartig gefleckt. ♃. 5. Wiesen, Auen; V Wachenheim, Neustadt.

11. Lilium L. Lilie.

270. L. Mártagon L. Türkenbund-L. Blätter elliptischlanzettlich, fast quirlständig; Blütenhüllblätter zurückgebogen, hellrot mit braunen Flecken. ♃. 6, 7. Wald; M Waldleinigen, Annweiler, Eppenbrunn; N Donnersberg.

12. Aspáragus L. Spargel.

271. A. officinalis L. Gemeiner S. Stengel rund; Blütenhülle glockenförmig, grünlich; Beere rot. ♃. 6. Ufer, Abhänge, Weinberge; V verbr.; M Kaiserslautern, Blieskastel, Homburg; ausserdem gebaut.

13. Polygónatum L. Weisswurz.

1. Blätter 2zeilig, umfassend, eiförmig oder elliptisch; Beere schwärzlich.

272. P. officinale All. Kantige W. Stengel kantig; Blüten zu 1—2; Blütenhülle walzig, etwas bauchig; Staubblätter kahl. ♃. 5, 6. Heiden, Abhänge; M verbr.

273. P. multiflorum All. Vielblütige W. Stengel rund; Blüten zu 3—5; Blütenhülle vorn trichterig erweitert, grünlichweiss, innen nebst Staubblättern behaart. ♃. 5, 6. Wald, Gebüsch; verbr.

2. Blätter quirlständig, sitzend, schmallanzettlich; Beere rot.

274. P. verticillatum All. Quirlblättrige W. Stengel kantig; Blüten zu 1—3; Blütenhülle walzig. ♃. 5, 6. Wald, Gebüsch; M Annweiler, Trippstadt, Elmstein, Eppenbrunn; N Wolfstein, Donnersberg.

14. Convallária L. Maiblume.

275. C. maialis L. Gemeine M. Blätter lanzettlich bis elliptisch; Blüten 1seitig überhängend; Blütenhülle kurzglockig mit zurückgebogenen Zähnen; Beere rot. ♃. 5. Wald, Gebüsch; verbr.

15. Maianthemum Web. Schattenblume.

276. M. bifólium DC. Zweiblättrige S. Stengel mit 2 wechselständigen, gestielten, herzeiförmigen, spitzen Blättern; Blüten klein, traubig; Beere zuletzt rot. ♃. 5, 6. Wald; verbr.

16. Paris L. Einbeere.

277. P. quadrifólia L. Vierblättrige E. Blätter fast sitzend, verkehrteiförmig, zugespitzt; Blüte gestielt, grün; Beere schwarz. ♃. 5, 6. Wald, Gebüsch; verbr.

Familie 14. AMARYLLIDÁCEAE. *Narzissengewächse.*

1. Blütenhüllblätter röhrig verwachsen; Saum ausgebreitet, 6teilig, am Schlund eine becherförmige Nebenkrone: . **Narcissus 1.**
2. Blütenhüllblätter frei, äussere und innere gleichgross, gleichgestaltet, ohne Nebenkrone: . . . . **Leucóium 2.**

1. Narcissus L. Sternblume.

278. N. poéticus L. Weisse S. Blütenhüllzipfel weiss, eiförmig; Nebenkrone sehr kurz, gelb, rotberandet. ♃. 4, 5. Wiesen; V Grünstadt, zw. Neustadt und Hassloch; wohl verwildert.

2. Leucóium L. Knotenblume.

279. L. vernum L. Frühlings-K. Stengel 2schneidig, 1blütig; Blätter reingrün; Blütenhüllblätter länglichelliptisch, weiss, an der verdickten Spitze grün; Griffel kantig. ♃. 3. Feuchter Wald, Gebüsch; V Speyer, Bienwald; M Trippstadt.

280. L. aestivum L. Sommer-K. Stengel vielblütig; Griffel fädlichkeulig; sonst wie vor. ♃. 5. Wiesen; V Speyer; M Trippstadt.

Familie 15. IRIDÁCEAE. *Schwertblumengewächse.*

1. Blütenhülle unregelmässig; Narbe vorn verbreitert; Stengel am Grund knollig; keine Gipfelblüte: . . . . **Gladíolus** 1.
2. Blütenhülle regelmässig, äussere Zipfel abstehend oder zurückgeschlagen, innere aufrecht; Narben kronblattartig; Wurzelstock kriechend; mit Gipfelblüte: . . . . **Iris** 2.

1. Gladíolus L. Siegwurz.

281. G. paluster Gaud. Sumpf-S. Knollenfasern netzig mit rundlichen oder eiförmigen Maschen; Blütenhülle purpurn, untere Zipfel mit weissen Streifen; Kapsel oben abgerundet. ♃. 6, 7. Heide- und Moorwiesen; V Schifferstadt.

2. Iris L. Schwertblume.

1. Äussere Blütenhüllzipfel am Grund mit gebarteter Mittellinie, zurückgeschlagen.

282. I. germánica L. Deutsche S. Stengel mehrblütig, länger als die Blätter; Deckblätter vorn und am Rand trockenhäutig; Blütenhülle violett; Staubbeutel so lang als der Staubfaden; Lappen der Narbe auseinandergehend. ♃. 5. Ursprünglich verwildert; Wiesen, Felsen; V Dürkheim; M Eisbachthal; N Nahethal.

2. Äussere Blütenhüllzipfel bartlos, abstehend.

283. I. Pseudácorus L. Wasser-S. Stengel vielblütig, so lang als die Blätter; Blütenhülle gelb, innere Zipfel kleiner als die Narben. ♃. 6. Ufer, Gräben; verbr.

284. I. sibírica L. Wiesen-S. Stengel rund, länger als die linealen Blätter; Blütenhülle violett, innere Zipfel grösser als die Narbe, äussere verkehrteiförmig mit kurzem Nagel. ♃. 6. Moore, Ufer; V Frankenthal, Maxdorf, Forst, Speyer, Germersheim, Rheinzabern; M Leiningerthal; N Donnersberg (Südfuss).

Familie 16. ORCHIDÁCEAE. *Kuckucksblumengewächse.*

A. Staubbeutel der Griffelsäule vollständig aufgewachsen; stets Knollen und Laubblätter.

I. Lippe gespornt (Sporn zuweilen nur ein kurzes Säckchen).
  1. Lippe 3lappig bis 3teilig (selten ungeteilt, dann nach vorn stark verbreitert); Knollen ganz, od. handförmig gespalten.
    a. Lippe lang riemenförmig, gedreht: **Himantoglossum 7.**
    b. Lippe nicht gedreht.
      α. Staubmassen ohne Beutelchen: . . **Gymnadénia 2.**
      β. Staubmassen auf 2 getrennten Haltern am Grund durch ein 2fächeriges Beutelchen verbunden: **Orchis 1.**
      γ. Staubmassen auf gemeinsamem Halter mit 1fächerigem Beutelchen: . . . . **Anacamptis 6.**
  2. Lippe ungeteilt oder nur 3zähnig, durch Drehung des Fruchtknotens untenstehend; Knollen an der Spitze 2teilig oder in eine Wurzel ausgehend: . . . **Platanthera 3.**
II. Lippe ungespornt; Knollen ganz.
  1. Blütenhüllblätter abstehend, äussere viel grösser als die inneren; Fruchtknoten wenig gedreht: . . . **Ophrys 4.**
  2. Blütenhüllblätter zusammenneigend, ungefähr gleich gross; Fruchtknoten deutlich gedreht: . . . . **Herminium 5.**

B. Staubbeutel ganz oder wenigstens mit dem oberen Teil frei über die Griffelsäule vorragend.
I. Mit grünen Laubblättern.
  1. Lippe quer eingeschnürt, 2gliedrig; Wurzelstock kriechend; Laubblätter allmählich in die Tragblätter übergehend.
    a. Fruchtkanten sitzend, gedreht, aufrecht; hinteres Glied der Lippe aufrecht; Griffelsäule schlank; Stengel oberwärts kahl oder zerstreut kurzhaarig: **Cephalanthera 8.**
    b. Fruchtknoten nicht gedreht, auf gedrehtem Stiel wagrecht oder nickend; hinteres Glied der Lippe abstehend; Griffelsäule kurz; Stengel oberwärts dicht kurzhaarig: **Epipactis 9.**
  2. Lippe nicht gegliedert; Hochblätter von den Laubblättern scharf getrennt.
    a. Wurzelstock kriechend.
      α. Lippe 2spaltig, länger als die übrigen Blütenhüllblätter; Fruchtknoten auf gedrehtem Stiel; Stengel mit 2 gegenständigen Laubblättern: . **Listera 11.**
      β. Lippe ungeteilt, kürzer als die äusseren Blütenhüllblätter; Fruchtknoten sitzend; Laubblätter grundständig, wechselständig: . . . . . **Goodyera 12.**
    b. Mit Knollen.
      α. Wurzeln knollig verdickt; Stengel rund; Blätter dunkelgrün; Traube spiralig gedreht: **Spiranthes 13.**
      β. Stengelgrund wie die Knospe des nächstjährigen Stengels zwiebelartig verdickt; Stengel 3kantig; Blätter gelbgrün; Traube nicht spiralig gedreht.
        αα. Lippe stumpf, verkehrteiförmig; Laubblätter 2, länglich: . . . . **Liparis 14.**
        ββ. Lippe zugespitzt oder spitz; Laubblätter 3—4, eiförmig bis länglich: . . . . . **Malaxis 15.**

II. Ohne grüne Laubblätter, bleich; Lippe ohne Sporn, 2lappig, durch Drehung des Stiels untenstehend; Wurzelstock unverzweigt mit zahlreichen Wurzeln: . . . . . **Neóttia 10.**

1. Orchis L. Kuckucksblume.

A. Blütenhüllblätter (ausser der Lippe) helmartig zusammengeneigt; Knollen ungeteilt; Deckblätter 1—3nervig, ohne Queradern.

I. Mittellappen der Lippe 2spaltig mit einem Spitzchen in der Mitte, wenig länger als die übrigen Blütenhüllblätter; Deckblätter viel kürzer als der Fruchtknoten; Sporn etwa halb so lang als dieser; Knollen eiförmig.

285. **O. purpúrea Huds. Purpur-K.** Mittellappen der Lippe nach vorn allmählich verbreitert mit gestutzten gezähnelten Abschnitten, Helm dunkler als die Lippe, meist schwarzbraun; Farbenzeichnung sehr wechselnd. ♃. 5, 6. Gebüsch; V Deidesheim; M Zweibrücken; N Bingert, Ebernburg, Odenbach.

286. **O. militaris L. Helm-K.** Mittellappen der Lippe aus linealem Grund plötzlich verbreitert, mit abgerundeten, fast ganzrandigen Abschnitten; Helm heller als die Lippe, weisslichrosa. ♃. 6, 7. Auen, Wiesen; V Frankenthal, Dürkheim, Speyer, Landau; M Zweibrücken.

II. Mittellappen der Lippe ganz, oder höchstens ausgerandet; Traube locker, eiförmig oder verlängert; Knollen rundlich.

287. **O. corióphora L. Wanzen-K.** Blütenhüllblätter spitz, schmutzigrotbraun, nach Wanzen riechend; Lippe abwärtsgebogen mit verkehrteiförmigem Mittellappen; Sporn halb so lang als der Fruchtknoten. ♃. 6. Wiesen; V Frankenthal, Dürkheim, Speyer.

288. **O. Mório L. Gemeine K.** Blütenhüllblätter stumpf, purpurn, grüngestreift; Lippe vorgestreckt, mit breitem, gestutztem Mittellappen; Sporn so lang als der Fruchtknoten. ♃. 5. Feuchte Wiesen; verbr.

B. Äussere Blütenhüllblätter abstehend oder zurückgeschlagen; selten helmartig zusammenneigend, dann Knollen tiefgeteilt.

I. Deckblätter 1—3nervig, ohne Queradern, purpurn, so lang als Sporn und Fruchtknoten; Knollen ungeteilt.

289. **O. máscula L. Manns-K.** Blätter länglich bis lanzettlich; Traube locker; Blütenhüllblätter spitz, purpurn; Lippe mit gerundeten Seiten-, gestutztem Mittellappen; Sporn aufwärtsgerichtet. ♃. 5, 6. Wiesen, Wald; V verbr.; M Annweiler, Kaiserslautern, Zweibrücken; N.

II. Deckblätter, wenigstens untere, 3—5nervig, mit Queradern, krautig.

1. Knollen ungeteilt.

290. **O. palustris Jacq. Sumpf-K.** Blätter sehr schmal lineallanzettlich, rinnig; Traube sehr locker; Blütenhüllblätter stumpf, purpurn; Mittellappen der Lippe ausgerandet; Deckblätter länger, Sporn kürzer als der Fruchtknoten. ♃. 6. Sumpfwiesen; V Oggersheim, Speyer, Landau.

2. Knollen geteilt; Mittellappen der Lippe schmäler als die gerundeten, oft gezähnten Seitenlappen.
a. Blütenhülle gelblichweiss; Knollen nur an der Spitze schwach 2—3lappig.

291. **O. sambúcina L. Holunder-K.** Blätter länglich oder lanzettlich, ungefleckt; Deckblätter länger als die Blüten; Sporn und Fruchtknoten gleichlang. ♃. 5. Gebirgswald; M Neustadt, Edenkoben, Annweiler, Klingenmünster; N Donnersberg, Lemberg.

b. Blütenhülle blassrosa bis purpurn; Knollen handförmig.
α. Traube anfangs kegelförmig; Deckblätter fast stets kürzer als die Blüten.

292. **O. maculata L. Gefleckte K.** Blätter über dem Grund verbreitert, braungefleckt, untere stumpf, obere klein, spitz, in die Deckblätter übergehend; Blütenhülle blassrosa; Sporn nicht länger als der Fruchtknoten. ♃. 6. Wiesen, Wald; verbr.

β. Traube walzig; wenigstens untere Deckblätter stets länger als die Blüten; Sporn kürzer als der Fruchtknoten.

293. **O. latifólia L. Breitblättrige K.** Blätter über dem Grund verbreitert, meist braungefleckt, an der Spitze flach; obere Deckblätter nicht länger als die Blüten; Blütenhülle purpurn. ♃. 6. Feuchte Wiesen; verbr.

294. **O. incarnata L. Fleischfarbige K.** Blätter vom Grund an verschmälert, lanzettlich, an der Spitze kapuzenförmig zusammengezogen, meist ungefleckt; obere Deckblätter länger als die Blüten. ♃. 6. Sumpfwiesen; V, M zerstr.

2. Gymnadénia R. Br. Händelwurz.

295. **G. conopea R. Br. Mücken-H.** Blütenhülle ausgebreitet, lila oder blassrötlich; äussere Blütenhüllblätter abstehend; Lappen der Lippe stumpf; Blätter lineal bis länglichlanzettlich; Sporn lang, dünn, fast 2mal länger als der Fruchtknoten; Knollen handförmig. ♃. 6, 7. Wiesen; verbr.

296. **G. odoratissima Rich. Wohlriechende H.** Sporn etwa so lang als der Fruchtknoten; Blüten kleiner, wohlriechend; sonst wie vor. ♃. 6, 7. Wiesen, Abhänge; V Grünstadt, Erpolzheim, Forst, Hassloch, Speyer; M Zweibrücken, Hornbach.

3. Platanthera Rich. Stendelwurz.

1. Lippe 3zähnig; Sporn viel kürzer als der Fruchtknoten; Deckblätter nicht kürzer als die Blüten; Knollen 2teilig.

297. **P. viridis Lindl. Grüne S.** Blätter eiförmig bis länglichlanzettlich, oben allmählich in die Deckblätter übergehend; Blütenhüllblätter helmartig zusammenneigend, hellgrün. ♃. 6, 7. Sumpfwiesen; V Frankenthal, Dürkheim, Speyer, Neustadt, Germersheim, Kandel; M Annweiler, Zweibrücken; N Kusel.

2. Lippe ungeteilt; Sporn länger als der Fruchtknoten; Deckblätter kürzer als die Blüten; Laubblätter meist 2 grosse, in

den Stiel verschmälerte, die übrigen klein, deckblattartig; Knollen an der Spitze in eine Wurzel ausgehend.

298. **P. bifólia Rchb. Zweiblättrige S.** Staubbeutelfächer gleichlaufend; Sporn fadenförmig, nach hinten zugespitzt; Blüten weiss oder gelblichweiss. ♃. 6. Lichte Wälder; verbr.

299. **P. montana Rchb. Fil. Bleichblütige S.** Staubbeutelfächer nach unten auseinander tretend; Sporn fadenförmig, nach hinten keulig verdickt; Blüten grünlichweiss. ♃. 6. Wald; V Deidesheim, Speyer, Bergzabern; M Annweiler; N Kusel.

4. Ophrys L. Ragwurz.

1. Lippe 3spaltig mit länglichem, tief 2spaltigem Mittellappen, ohne Anhängsel, flach.

300. **O. muscifera Huds. Mücken-R.** Blütenhülle grün, innere Blätter schmallineal, braun, sammetartig; Lippe purpurbraun, sammetartig mit 4eckigem kahlem bläulichem Fleck. ♃. 5, 6. Auen, Heidewiesen; V Maxdorf, Dürkheim, Neustadt, Speyer, Landau; M Zweibrücken.

2. Lippe ungeteilt, gross, gewölbt, verkehrteiförmig.

301. **O. aranifera Huds. Spinnenähnliche R.** Blütenhülle grün, innere Blätter breitlineal, stumpf, kahl; Lippe ohne Anhängsel, stumpf oder schwach ausgerandet, purpurbraun, sammetartig mit 2—4 kahlen gelblichen Längslinien. ♃. 5, 6. Heidewiesen; V Frankenthal, Maxdorf, Dürkheim, Neustadt, Schifferstadt, Landau; N Altenbamberg.

302. **O. fuciflora Rchb. Spinnen-R.** Blütenhülle rötlichweiss, innere Blätter 3eckig, sammetartig; Lippe an der Spitze mit einem oft 3lappigen kahlen aufwärts gebogenen Anhängsel, purpurbraun, sammetartig, in der Mitte gelblich kahl gezeichnet, am Rand pelzartig, gelb. ♃. 6, 7. Heidewiesen; V Frankenthal, Maxdorf, Wachenheim, Schifferstadt, Speyer, Landau; M Zweibrücken.

3. Lippe 3spaltig, gewölbt, mit 3lappigem, vorn mit abwärtsgebogenem Anhängsel versehenem Mittellappen.

303. **O. apifera Huds. Bienen-R.** Blütenhülle rötlich, innere Blätter lineal, pelzartig behaart; Seitenlappen der Lippe pelzartig gelb behaart, mittlerer purpurbraun, sammetartig, vorn etwas pelzartig behaart, an der umgeschlagenen Spitze kahl. ♃. 6, 7. Heidewiesen; V Frankenthal, Maxdorf, Wachenheim, Königsbach, Landau; M Zweibrücken.

5. Herminium R. Br. Einknolle.

304. **H. monorchis R. Br. Gemeine E.** Zur Blütezeit nur 1 Knolle, die 2. erst später an langem Stiel entstehend; Blätter meist 2 grundständige, kürzer als der Stengel, länglich, spitz; Traube verlängert, vielblütig; Deckblätter kürzer als die kleinen, grünlichgelben Blüten; Lippe tief 3spaltig. ♃. 5, 6. Triften; V Frankenthahl, Maxdorf, Dürkheim, Schifferstadt; M Zweibrücken; N Wolfstein.

6. Anacamptis Rich. Hundswurz.

305. A. **pyramidalis** Rich. **Pyramiden-H.** Knollen rundlich; Stengelblätter fast ohne Spreite: Traube dicht, anfangs breit pyramidal, später verlängert; Blütenhüllblätter spitz, purpurn; Sporn fädlich, nicht kürzer als der Frucktknoten; Mittellappen der Lippe länglich, am Grund mit 2 aufrechten Plättchen. ♃. 6, 7. Heidewiesen; V zw. Schifferstadt und Schauernheim, Speyer; M Zweibrücken, Ensheim.

7. Himantoglossum Spreng. Riemenzunge.

306. H. **hircinum** Spreng. **Bocks-R.** Knollen eiförmig; Deckblätter länger als der Fruchtknoten; Blütenhüllblätter blassgrün mit Bocksgeruch; Sporn sehr kurz; Mittellappen der Lippe sehr lang, lineal, vorn ausgerandet, gedreht. ♃. 5, 6. Raine, lichte Waldplätze; V Kallstadter Ziegelhütte, Edenkoben, Landau.

8. Cephalanthera Rich. Waldvöglein.

1. Fruchtknoten weichhaarig; Blütenhülle rosenrot.

307. C. **rubra** Rich. **Rotes W.** Blätter lanzettlich; Deckblätter länger als der Fruchtknoten; Blütenhüllblätter und Lippe zugespitzt. ♃. 6, 7. Lichte Wälder; V Edenkoben, Landau; M Annweiler, Johanneskreuz, Elmstein, Kaiserslautern, Eppenbrunn, Zweibrücken, Blieskastel; N Lauterecken.

2. Fruchtknoten kahl; Blütenhülle weiss oder gelblichweiss.

308. C. **grandiflora** Bab. **Weisses W.** Blätter eiförmig bis eilanzettlich, die oberen kleiner; Deckblätter länger als der Fruchtknoten; Blütenhüllblätter stumpf. ♃. 6. Wald; verbr.

309. C. **Xiphophyllum** Rchb. **Schmalblättriges W.** Blätter fast 2zeilig, lineallanzettlich, die oberen die Spitze des Stengels erreichend; Deckblätter viel kürzer als der Fruchtknoten; äussere Blütenhüllblätter spitz. ♃. 6. Lichte Wälder; M Annweiler, Weissenburg, Zweibrücken; N Waldmohr, Wolfstein, Donnersberg.

9. Epipactis Rich. Sumpfwurz.

1. Lippe stumpf.

310. E. **palustris** Crantz. **Gemeine S.** Blätter länglich bis lanzettlich; Deckblätter kürzer als die Blüten; vorderes Glied der Lippe rundlich, flach, welliggekerbt; äussere Blütenhüllblätter bräunlichgrün, innere rötlichweiss. ♃. 7. Feuchte Wiesen, Gebüsch; V verbr.; M Leinsweiler, Zweibrücken.

2. Lippe zugespitzt, vorderes Glied vertieft, am Grund meist mit 2 Höckern; Blätter meist länger als die Stengelglieder.

311. E. **latifólia** All. **Breitblättrige S.** Blätter eiförmig bis eilänglich; Höcker der Lippe glatt, oft undeutlich; Blütenhüllblätter grünlich, oft violett überlaufen. ♃. 7. Wald; ziemlich verbr.

312. E. **rubiginosa** Gaud. **Rostbraune S.** Blätter eilanzettlich bis lanzettlich; Höcker der Lippe faltig, kraus; Blütenhüllblätter

dunkelrotbraun. ♃. 7, 8. Wald, Abhänge, Auen; M Kaiserslautern, Zweibrücken; N Winnweiler.

10. Neóttia Rich. Nestwurz.

313. **N. Nidus avis Rich. Gemeine N.** Stengel mit anliegenden Schuppen, gelbbraun; Traube vielblütig, unten locker; Blütenhülle gelbbraun. ♃. 5, 6. Wald; verbr.

11. Listera R. Br. Zweiblatt.

314. **L. ovata R. Br. Eiförmiges Z.** Blätter eiförmig, gegenständig; Traube lang, vielblütig; Blütenhülle grün. ♃. 5, 6. Laubwald, Auen; verbr.

12. Goodyera R. Br. Netzblatt.

315. **G. repens R. Br. Kriechendes N.** Blätter breitgestielt, eiförmig, netzaderig; Traube 1seitswendig, vielblütig, dicht; Deckblätter länger als der Fruchtknoten; Blütenhülle grünlichweiss. ♃. 7, 8. Moosreicher Wald, Auen; M Hohenecken, Elmstein, Dahn.

13. Spiranthes Rich. Schraubenblume.

316. **S. aestivalis Rich. Sommer-S.** Blühender Stengel am Grund beblättert; Blätter lineallanzettlich, aufrecht; Blütenhülle weiss. ♃. 7. Sumpfwiesen; V Hanhofen.

317. **S. autumnalis Rich. Herbst-S.** Blühender Stengel nur scheidenartige Hochblätter tragend; Laubblätter eine Rosette neben demselben bildend, länglicheiförmig, spitz; Blütenhülle weiss. ♃. 8, 9. Wiesen; M Kaiserslautern, Dahn, Hornbach; N Donnersberg.

14. Líparis Rich. Glanzkraut.

318. **L. Loesélii Rich. Sumpf-G.** Laubblätter 2, länglich; Traube 1—10blütig; Deckblätter nicht länger als die Blütenstiele; äussere Blütenhüllblätter lineal, so lang als die stumpfe verkehrteiförmige Lippe. ♃. 6. Sumpf; V Mutterstadt, Landau, zw. Bergzabern und Rheinzabern.

15. Malaxis Sw. Weichkraut.

319. **M. paludosa Sw. Sumpf-W.** Laubblätter 3—4, eiförmig bis länglich; Traube vielblütig; Deckblätter so lang als die Blütenstiele; äussere Blütenhüllblätter eiförmig, so lang als die zugespitzte oder spitze Lippe. ♃. 7. Moor, Ufer; M Trippstadt, Eppenbrunn.

Familie 17. ARÁCEAE. *Arumgewächse.*

I. Blüten zwitterig.
   1. Hüllblatt und Laubblätter schwertförmig; Blütenhülle 6blättrig: **Acorus 1.**
   2. Hüllblatt flach; Blätter herzförmig, streifennervig; Blütenhülle fehlt: . . . . **Calla 2.**

II. Blüten 1geschlechtig, ohne Blütenhülle, unten die weiblichen, oben die männlichen, zu oberst verkümmerte; Hüllblatt zusammengerollt; Blätter spiessförmig, netzaderig: . . . . **Arum 3.**

1. Ácorus L. Kalmus.

320. A. Cálamus L. Gemeiner K. Wurzelstock kriechend; Blätter lineal, zugespitzt; Hüllblatt aufgerichtet. ♃. 6, 7. Gräben, Ufer; verbr.

2. Calla L. Schlangenwurz.

321. C. palustris L. Sumpf-S. Wurzelstock kriechend; Blätter 2zeilig, langgestielt, zugespitzt, oberer Teil der Scheide frei vorragend; Hüllblatt weisslich; Kolben kurz; Beere rot. ♃. 5, 6. Sumpf; M Trippstadt, Eppenbrunn, Kaiserslautern, Limbach, Kirkel.

3. Arum L. Aronswurz.

322. A. maculatum L. Gefleckte A. Wurzelstock knollig; Blätter mit langer Scheide; Kolben oben keulig, violett; Hüllblatt blassgrün; Beere rot. ♃. 4, 5. Wald, Gebüsch: ziemlich verbr.

Familie 18. LEMNÁCEAE. *Wasserlinsengewächse.*

1. Lemna L. Wasserlinse.

I. Stengelglieder mit je 1 Wurzel, am Grund ohne Schüppchen, ohne Gefässe.

1. Stengelglieder länglichlanzettlich, gestielt.

323. L. trisulca L. Dreifurchige W. Glieder zahlreich zusammenhängend, mit Mittelnerv, mit Ausnahme der Blütezeit untergetaucht. ♃. 5. Stehendes Wasser; verbr.

2. Stengelglieder rundlich bis verkehrteiförmig, ungestielt, nervenlos.

324. L. minor L. Kleine W. Glieder beiderseits flach, meist nur wenige zusammenhängend; schwimmend. ♃. 4—6. Stehendes Wasser; verbr.

325. L. gibba L. Bucklige W. Glieder unterseits starkgewölbt, meist einzeln, schwimmend. ♃. 4. Stehendes Wasser; V Frankenthal, Schifferstadt.

II. Stengelglieder mit je 1 Büschel von Wurzeln, am Grund mit 2 Schüppchen, mit Gefässen.

326. L. polyrrhiza L. Grosse W. Glieder rundlich, flach, ungestielt, mit handförmigen Nerven, schwimmend. ♃. 5, 6. Stehendes Wasser; verbr.

Familie 19. TYPHÁCEAE. *Rohrkolbengewächse.*

1. Blüten in walzigen Kolben, männliche am oberen, weibliche am unteren Teil; Blütenhülle borstenförmig; Griffel bleibend: **Typha 1.**
2. Blüten in kugelförmigen, 2zeilig traubig gestellten Köpfchen, männliche in den oberen, weibliche in den unteren; Blütenhülle aus 3 Schüppchen gebildet; Narben abfallend: **Spargánium 2.**

1. Typha L. Rohrkolben.

1. Stengelblätter den Stengel überragend; Kolben langwalzig.

327. T. latifólia L. Breitblättriger R. Blätter breit, flach, blaugrün; männliche Blüten dicht über den weiblichen, letztere ohne Deckblätter, Narbe lanzettlich, die Haare überragend. ♃. 6, 7. Sumpf, Gräben; verbr.

328. T. angustifólia L. Schmalblättriger R. Blätter schmal, etwas rinnig, grasgrün; männliche Blüten von den weiblichen meist etwas entfernt, letztere mit linealspatelförmigem Deckblatt; Narbe lineal. ♃. 6, 7. Sumpf, Gräben; V Frankenthal, Ludwigshafen, Dürkheim, Speyer.

2. Stengelblätter mit kurzer verkümmerter Spreite; Kolben fast eiförmig.

329. T. minima Funk. Kleiner R. Blätter der nichtblühenden Sprosse sehr schmal; männliche Blüten etwas entfernt. ♃. 5. Sumpf; V Schifferstadt.

2. Spargánium L. Igelkolben

1. Stengel meist aufrecht; Blätter am Grund 3kantig: männliche Köpfchen mehrere; Narben lineal.

330. S. ramosum L. Ästiger I. Seitenflächen der Blätter rinnig; Stengel mit mehreren Trauben, an jeder 1—2 weibliche Köpfchen; diese alle sitzend; Frucht kurzgeschnäbelt. ♃. 7, 8. Sumpf; verbr.

331. S. simplex Huds. Einfacher I. Seiten der Blätter flach; Stengel mit 1facher Traube, 2—4 weiblichen Köpfchen, die unteren gestielt; Frucht in einen langen Schnabel verschmälert. ♃. 6—8. Sumpf; verbr.

2. Stengel zart, meist flutend; Blätter flach; männliches Köpfchen 1; Narben länglich.

332. S. minimum Fr. Kleiner I. Weibliche Köpfchen 2—3, sitzend; Frucht kurzgeschnäbelt. ♃. 5—8. Moor; verbr.

Familie 20. NAIADÁCEAE. *Nixenkrautgewächse.*

1. Naias L. Nixenkraut.

333. N. maior Roth. Grosses N. Blattscheiden ganzrandig; Blätter breitlineal, ausgeschweift gezähnt; Blüten 2häusig. ⊙. 6—8. Stehendes Wasser; V Frankenthal, Ludwigshafen.

334. N. minor All. Kleines N. Blattscheiden wimperig gezähnelt; Blätter schmallineal, borstlich gezähnt, zurückgekrümmt; Blüten 1häusig. ⊙. 6—8. Stehendes Wasser; V Frankenthal, Ludwigshafen.

Familie 21. POTAMOGETONÁCEAE. *Laichkrautgewächse.*

1. Blüten 1geschlechtig, einzeln oder zu wenigen beisammen, endständig, aber von Seitenzweigen überragt, männliche mit

1 langgestielten Staubbeutel, weibliche mit 4 Fruchtknoten; Blätter ungezähnt, fädlichlineal, 1nervig, am Grund ohne Scheide, diese als freies vorragendes Blatthäutchen entwickelt, 2zeilig, obere paarweise gegenüberstehend: **Zannichéllia** 1.

2. Blüten zwitterig, in endständigen, oft von Zweigen überragten Ähren, mit 4 sitzenden Staubbeuteln, diese aussen mit blütenhüllartigen Anhängseln, und 4 Fruchtknoten; Blätter 1- bis vielnervig, meist mit langem freiem Blatthäutchen, 2zeilig, oft paarweise genähert: . . . . . **Potamogeton** 2.

1. Zannichéllia Mich. Halde.

335. Z. palustris L. **Sumpf-H.** Stengel flutend oder kriechend; Blätter 1nervig mit entfernten Queradern; Früchte kurzgestielt. ♃. 5—7. Quellbäche, Gräben; V verbr.

2. Potamogeton L. Laichkraut.

A. Blätter schmallineal, alle untergetaucht, am Grund mit langer röhriger Scheide; Blatthäutchen kurz.

336. P. pectinatus L. **Kammförmiges L.** Stengel ästig; Blätter 1nervig mit Queradern; Ähre langgestielt, oft unterbrochen; Frucht gekielt. ♃. 7, 8. Wasser; verbr.; fehlt M.

B. Blätter schmal oder breit, ohne Scheide, aber mit grossem freiem scheidenartigem (nur bei 343 sehr vergänglichem) Blatthäutchen.

I. Blätter lineal, alle untergetaucht.

1. Stengel rund oder zusammengedrückt, ungeflügelt.

a. Ährenstiele länger als die lockere Ähre.

α. Blätter 3—5nervig mit wenigen zarten Queradern.

337. P. pusillus L. **Kleines L.** Stengel rund; Blatthäutchen ungeteilt; Ähre oft unterbrochen, mit dünnem Stiel; Frucht schief elliptisch. ♃. 7. Wasser; verbr.

338. P. mucronatus Schrad. Stachelspitziges L. Stengel zusammengedrückt; Blatthäutchen 2spaltig; Ährenstiel oberwärts verdickt. ♃. 6—8. Wasser; V Speyer bis Frankenthal; M Kaiserslautern bis St. Ingbert; N Kirkel.

β. Blätter 1nervig ohne Queradern.

339. P. trichoides Cham. et Schl. Haarfeines L. Blätter borstlich; Frucht halbkreisrund. ♃. 7. Wasser; V Winden.

b. Ährenstiele so lang als die dichtblütige Ähre.

340. P. obtusifólius M. et K. Stumpfblättriges L. Stengel zusammengedrückt; Blätter stumpf oder kurz bespitzt, 3—5nervig mit deutlichen Queradern; Ähre 6—10blütig; Frucht stumpfgekielt, mit geradem Schnabel. ♃. 7, 8. Wasser; V Oggersheim, Speyer, Germersheim.

2. Stengel geflügelt, flach zusammengedrückt.

341. P. acutifólius Lk. Spitzblättriges L. Blätter zugespitzt haarspitzig, vielnervig; Ährenstiel nicht länger als die 4—6-blütige Ähre. ♃. 6—8. Wasser; V Oggersheim, Ludwigshafen, Speyer.

342. **P. compressus L. Plattes L.** Blätter stumpf, kurz stachelspitzig, vielnervig mit 3—5 stärkeren Nerven; Ährenstiel 2—3mal so lang als die 10—20blütige Ähre. ♃. 7, 8. Wasser; V Frankenthal, Speyer; M Kaiserslautern, Zweibrücken.

II. Blätter lanzettlich bis eiförmig, obere zuweilen schwimmend.

1. Blätter mit herzförmig stengelumfassendem Grund sitzend, alle untergetaucht.

343. **P. perfoliatus L. Durchwachsenes L.** Blätter rundlich bis länglicheiförmig, mit zahlreichen stärkeren und schwächeren Nerven, die obersten gegenständig; Blatthäutchen sehr vergänglich; Ährenstiele länger als die vielblütige Ähre. ♃. 6, 7. Wasser; V verbr.; fehlt M, N.

2. Untergetauchte Blätter sitzend oder ganz kurzgestielt, schwimmende, wenn vorhanden, gestielt.

a. Stengel zusammengedrückt 4kantig; Blätter mit 2 dem Rand genäherten Seitennerven, entfernten Queradern.

344. **P. crispus L. Krauses L.** Blätter alle untergetaucht, mit abgerundetem Grund sitzend, lineallänglich, kleingesägt, meist welligkraus; Ährenstiel länger als die wenigblütige Ähre. ♃. 6—8. Wasser; verbr.

b. Stengel rund; Blätter mit mehreren Seitennerven, genäherten Queradern.

α. Ährenstiele dicker als der Stengel, nicht kürzer als die vielblütige Ähre.

345. **P. lucens L. Glänzendes L.** Blätter alle untergetaucht, sehr kurzgestielt, lanzettlich bis elliptisch, stachelspitzig bis zugespitzt, feingesägt, glänzend. ♃. 7, 8. Wasser; verbr.

346. **P. gramineus L. Grasartiges L.** Blätter alle untergetaucht, lanzettlichlineal, am Rand etwas rauh, oder ausserdem noch schwimmende, langgestielte, eiförmige, lederige Blätter. ♃. 7, 8. Wasser; V Frankenthal.

β. Ährenstiele nicht dicker als der Stengel.

347. **P. rufescens Schrad. Rötliches L.** Blätter länglichlanzettlich, gegen den Grund verschmälert, am Rand glatt, schwimmende lederig, verkehrteiförmig, alle rot werdend. ♃. 6, 7. Wasser; V Speyer, Neustadt; M Sembach, Kaiserslautern, Zweibrücken, Homburg, Kirkel.

3. Blätter alle gestielt, obere stets schwimmend.

a. Alle Blätter durchscheinend, häutig.

348. **P. plantagineus Ducroz. Wegerichblättriges L.** Blattstiele halb so lang als die Spreite; schwimmende Blätter eiförmig, oberste am Grund schwachherzförmig, untergetauchte lanzettlich, alle am Rand glatt; Ährenstiele gleichdick. ♃. 6. Wasser; V zw. Schifferstadt und Schauernheim, Altlussheim.

b. Schwimmende Blätter lederig, undurchsichtig.

α. Blätter am Grund in den Stiel verschmälert; Frucht scharfgekielt.

349. **P. fluitans L. Flutendes L.** Blätter elliptisch bis länglichlanzettlich, 3—4mal so lang als breit, so lang als ihr Stiel,

schwimmende am Grund ohne Falte; Blattstiele oberseits gewölbt; Ährenstiele nach oben verdickt. ♃. 6—8. Fliessendes Wasser; V Germersheim; M Wilgartswiesen.

β. Blätter am Grund abgerundet, schwach herzförmig, selten verschmälert; Frucht stumpfgekielt.

350. **P. natans** L. **Schwimmendes L.** Schwimmende Blätter elliptisch oder länglich, 2—3mal so lang als breit, kürzer als ihr Stiel, am Grund schwach herzförmig mit einer Falte; Blattstiel oberseits flachrinnig; untere Blätter zur Blütezeit verwest; Frucht gross. ♃. 7, 8. Stehendes und langsam fliessendes Wasser; verbr.

351. **P. polygonifólius** Pourr. **Knöterichblättriges L.** Schwimmende Blätter elliptischlanzettlich, meist am Grund kurz verschmälert, mit gleichlangem Stiel, untere zur Blütezeit noch vorhanden; Frucht klein. ♃. 7, 8. Wasser; V Bienwald.

Familie 22. JUNCAGÍNEAE. *Dreizackgewächse.*

1. Blüten mehrzeilig in langer Traube, ohne Deckblätter, kurzgestielt; Blütenhüllblätter frei, abfallend; Fruchtknoten lineal, bei der Reife sich vom Grund aus in Früchtchen lösend; Blätter grundständig, schmallineal: . . . . **Triglochin 1.**
2. Blüten 2zeilig in kurzer Traube, mit Deckblättern, untere langgestielt; Blütenhüllblätter am Grund verwachsen, bleibend; Früchtchen am Grund zusammenhängend, aufgeblasen; Stengel beblättert: . . . . **Scheuchzéria 2.**

1. Triglochin L. Dreizack.

352. **T. palustris** L. **Sumpf-D.** Traube locker; Blütenstiele angedrückt; 3 lineale Früchtchen. ♃. 6, 7. Sumpfwiesen; verbr.

353. **T. marítima** L. **Salz-D.** Traube dicht; Blütenstiele aufrecht abstehend; 6 Früchtchen, unter der Spitze eingeschnürt. ♃. 6, 7. Salzboden; V Dürkheim bis Frankenthal.

2. Scheuchzéria L. Spinnling.

354. **S. palustris** L. **Sumpf-S.** Blätter schmallineal, rinnig, obere Deckblätter klein; Blütenstiele aufrecht. ♃. 6. Torfmoor; M Kaiserslautern bis Homburg, Ludwigswinkel.

Familie 23. BUTOMÁCEAE. *Blumenlieschgewächse.*

1. Bútomus L. Blumenliesch, Schwanenblume.

355. **B. umbellatus** L. **Doldiger B.** Blätter rinnig, 3seitig; Kronblätter rosenrot. ♃. 7, 8. Sumpf, Gräben, Ufer; verbr.

Familie 24. ALISMÁCEAE. *Froschlöffelgewächse.*

1. Staubblätter 6; Blüten zwitterig: . . . . **Alisma 1.**
2. Staubblätter zahlreich; Blüten 1geschlechtig, weibliche in den unteren, männliche in den oberen Quirlen: . **Sagittária 2.**

1. Alisma L. Froschlöffel.

356. A. Plantago L. Gemeiner F. Blätter grundständig, eiförmig, am Grund abgerundet bis seicht herzförmig; Blüten in quirliger Rispe; zahlreiche Fruchtknoten einen Quirl bildend; Kronblätter weiss oder blassrosa. ♃. 7, 8. Sumpf, Gräben; verbr.

2. Sagittária L. Pfeilkraut.

357. S. sagittifólia L. Gemeines P. Blätter grundständig, die ersten lineal, die späteren langgestielt, pfeilförmig; Blüten zu 3 in Quirlen, kurzgestielt; Krone weiss. ♃. 6, 7. Sumpf; V; fehlt M, N.

Familie 25. HYDROCHARITÁCEAE. *Froschbissgewächse.*

1. Hydrócharis L. Froschbiss.

358. H. Morsus ranae L. Gemeiner F. Blätter mit bogigen Nerven, gestielt, mit schwimmender herzförmig rundlicher Spreite, mit 2 Nebenblättern; Krone weiss; männliche Blüten mit 12 am Grund verwachsenen Staubblättern, weibliche mit 6 paarweise verbundenen unfruchtbaren Staubblättern. ♃. 7, 8. Gräben, Teiche, Altwasser; V verbr.; M Surbachthal bei Fischbach.

VI. Klasse. Dicotyleae. *Netzblättler.*

A. Juliflorae. Kätzchenblütler.

Familie 26. CUPULÍFERAE. *Hüllfrüchtige Bäume.*

A. Schuppen der männlichen Kätzchen am Grund stielartig verschmälert, die aufgewachsenen Blüten tragend; Narben 2; Frucht frei zwischen den mit den Vorblättern verwachsenen Kätzchenschuppen.
- I. Schuppen des Fruchtkätzchens aus 5 Blättern verwachsen, nach dem Ausfallen der Früchte an der Spindel stehen bleibend: . . . . **Alnus 1.**
- II. Schuppen des Fruchtkätzchens aus 3 Blättern verwachsen, daher 3lappig, mit den beiderseits geflügelten Früchten abfallend: . . . . **Bétula 2.**

B. Schuppen der männlichen Kätzchen mit gleichbreitem oder wenig schmälerem Grund sitzend; Narben 2 oder 3; Frucht von einer durch die Vorblätter gebildeten Hülle umgeben.
- I. Männliche Kätzchen dichtblütig, hängend, die Blüten den Kätzchenschuppen aufgewachsen; Narben 2; Frucht mit krautiger, oben offener, 3lappiger oder unregelmässig zerschlitzter Hülle.

1. Weibliche Kätzchen knospenförmig; Frucht mit unregelmässig zerschlitzter Hülle: . . . . **Córylus 3.**
2. Weibliche Kätzchen verlängert, hängend; Frucht mit 3lappiger Hülle: . . . . **Carpinus 4.**

II. Männliche Kätzchen eiförmig oder unterbrochen; Narben 3; Frucht in einen 4klappigen Becher eingeschlossen oder am Grund von einem Napf umgeben.

1. Männliche Kätzchen eiförmig, gestielt; Früchte 3kantig, zu 2 in den 4klappigen, aussen borstigen Becher eingeschlossen; Blätter ganz: . . . . **Fagus 5.**
2. Männliche Kätzchen hängend, länglich, unterbrochen; Frucht am Grund vom schuppigen Napf umgeben; Blätter fiederlappig: . . . . **Quercus 6.**

1. Alnus Gärtn. Erle.

359. A. glutinosa Gärtn. Schwarz-E. Rinde dunkel; weibliche Kätzchen gestielt; Blätter rundlich bis verkehrteiförmig, stumpf oder ausgerandet, schwachgezähnt, unterseits grün, ausser den Nervenwinkeln wie die jungen Zweige kahl, jung klebrig. ♄. 2, 3. Sumpfboden; verbr.

360. A. incana DC. Weiss-E. Rinde grau; weibliche Kätzchen fast sitzend; Blätter eiförmig, spitz, 2fach gesägt, unterseits grau, wie die jungen Zweige mehr oder minder behaart. ♄. 2, 3. V am Rhein; M Thäler bei Wachenheim.

2. Bétula L. Birke.

361. B. alba L. Weiss-B. Zweige meist mit Wachsdrüsen besetzt, (ausser jungen Pflanzen und Stockausschlägen) kahl; Blätter 3eckig-rautenförmig, mit spitzlichen Seitenecken, zugespitzt, scharf 2fachgesägt, kahl; Schuppen des Fruchtkätzchens mit kleinem 3eckigem Mittel-, länglichen Seitenlappen; Flügel der Frucht vorn bis zur Narbenspitze reichend. ♄. 4, 5. Wald, Gebüsch; verbr.

362. B. pubescens Ehrh. Duft-B. Zweige höchstens mit sehr spärlichen Wachsdrüsen, jüngere nebst Blättern und Blattstielen behaart; Blätter ei- bis rautenförmig, mit abgerundeten Seitenecken, spitz, ungleich- bis 2fachgesägt, selten später kahl; Schuppen des Fruchtkätzchens mit länglichem Mittel-, 4eckigen Seitenlappen. ♄. 4, 5. Wald, Moor; V Ellerstadt, Speyer, Bienwald; M verbr.

3. Córylus L. Hasel.

363. C. Avellana L. Gemeine H. Blätter der Zweige 2zeilig, rundlich herzförmig, zugespitzt, 2fachgesägt; Knospen abgerundet; männliche Kätzchen frei überwinternd. ♄. 2, 3. Wald; verbr.

4. Carpinus L. Weissbuche.

364. C. Bétulus L. Gemeine W. Blätter der Zweige 2zeilig, eiförmig länglich, 2fachgezähnt: Seitennerven etwas vertieft;

mittlerer Lappen der Fruchthülle mehrmal länger als die Frucht; Knospen spindelförmig, angedrückt; alle Kätzchen in Knospen eingeschlossen. ♄. 4, 5. Wald; verbr.

5. Fagus L. Buche.

365. **F. silvática L. Rot-B.** Blätter 2zeilig, elliptischeiförmig, flach, fast ganzrandig, zottig gewimpert, glänzend; Kätzchen gestielt, achselständig. ♄. 5. Waldbaum; verbr.

6. Quercus L. Eiche.

366. **Q. pedunculata Ehrh. Sommer-E.** Blätter sehr kurzgestielt, am Grund fast herzförmig, mit aufgebogenem Rand; weibliche Kätzchen gestielt, unterbrochen. ♄. 4, 5. Waldbaum; verbr.

367. **Q. sessiliflora Sm. Winter-E.** Blätter länger gestielt, am Grund meist keilförmig, flach: Fruchtkätzchen sitzend, dicht. ♄. 5. Waldbaum; verbr.; bes. M.

Familie 27. SALICÁCEAE. *Weidengewächse.*

1. Blütenhülle schüsselförmig; männliche Blüten mit 6 bis vielen Staubblättern; Kätzchenschuppen gezähnt oder geteilt; Blätter langgestielt, rundlich bis 3eckig; Knospen mit mehreren Schuppen: . . . . **Pópulus 1.**
2. Blütenhülle durch Honigdrüsen angedeutet; männliche Blüten mit 2, selten mehr Staubblättern; Kätzchenschuppen ungeteilt; Blätter kurzgestielt, lineal bis eiförmig; Knospen mit 1 Schuppe: **Salix 2.**

1. Pópulus L. Pappel.

1. Kätzchenschuppen gewimpert; Blätter nicht gesägt, nicht knorpelig berandet; 8 Staubblätter.

368. **P. alba. L. Silber-P.** Blätter rundlicheiförmig, unterseits schneeweiss filzig, die vordersten herzförmig, handförmig 5lappig; Kätzchenschuppen gezähnt. ♄. 3, 4. Auen, Wald; bes. V am Rhein; auch gepflanzt.

369. **P. trémula L. Zitter-P., Espe.** Blätter fast kreisrund, ausgefressen gezähnt, unterseits kahl (an Stockausschlägen zugespitzt, kurzhaarig); Kätzchenschuppen tiefeingeschnitten. ♄. 3, 4. Wald; verbr.

2. Kätzchenschuppen kahl, zerschlitzt; Blätter gesägt, am Rand knorpelig; 6—8 Staubblätter.

370. **P. nigra L. Schwarz-P.** Blätter rautenförmig, am Grund keilförmig, kahl; Narben 3eckig. ♄. 3. 4. Auen; V am Rhein; N an Glan und Nahe; oft gepflanzt.

2. Salix L. Weide.

A. Kätzchenschuppen hellgelb; Kätzchen auf beblätterten Zweiglein; Blattstiel vorn mit 1—2 Drüsen.

I. Kätzchenschuppen vor der Fruchtreife abfallend: Staubblätter 2; Fruchtknoten kurzgestielt; 1jährige Zweige rund; Blätter lanzettlich, langzugespitzt; Bäume.

371. S. **alba** L. **Silber-W.** Blätter angedrückt seidenhaarig; Kätzchenschuppen am Rand kraushaarig. ♄. 4, 5. Auen, Ufer; verbr.

372. S. **frágilis** L. **Bruch-W.** Blätter kahl, nur die ersten etwas seidig; Kätzchenschuppen an der Spitze behaart. ♄. 4, 5. Auen; verbr.

II. Kätzchenschuppen bis zur Fruchtreife bleibend; Staubblätter 3; Fruchtknoten länger gestielt; 1jährige Zweige gefurcht; Blätter länglichlanzettlich, spitz; Strauch.

373. S. **triandra** L. **Mandel-W.** Blätter dicht gezähnelt-gesägt, kahl, unterseits grün oder bläulich. ♄. 4, 5. Ufer; verbr.

B. Kätzchenschuppen an der Spitze schwarz oder rotbraun; Blattstiel drüsenlos; Staubblätter 2, oder in 1 verwachsen.

I. Zweige blaubereift; Kätzchen sitzend; Fruchtknoten kurzgestielt, kahl, zusammengedrückt.

374. S. **daphnoides** Vill. **Reif-W.** Baum oder grosser Strauch; Zweige grün oder rot; Blätter länglichlanzettlich, spitz, jung seidig, später kahl, oben glänzend, unten bläulich; Kätzchenschuppen sehr zottig; Staubblätter 2; Griffel lang. ♄. 3, 4. Ufer; V Wörth.

II. Zweige unbereift.

1. Fruchtknoten sitzend; grössere Sträucher; Zweige rutenförmig; Blätter lineal oder lanzettlich; Kätzchen sitzend.

375. S. **purpúrea** L. **Purpur-W.** Staubblätter in 1 verwachsen; Staubbeutel dunkelpurpurn; Fruchtknoten breit kegelförmig, stumpf, weissfilzig; Griffel fehlt fast; Narben 2, kurz; Blätter lanzettlich, meist kahl, matt, etwas bläulich. ♄. 4. Ufer; verbr.

376. S. **viminalis** L. **Korb-W.** Staubblätter 2; Staubbeutel gelb; Fruchtknoten schlank kegelförmig, spitz, seidenhaarig; Griffel und Narben lang, fadenförmig; Blätter lineal, langzugespitzt mit etwas umgebogenem Rand, unterseits dicht seidenhaarig. ♄. 4. Ufer; verbr.

2. Stiel des Fruchtknotens länger als die Honigdrüse.

a. Blätter lineal, unterseits dicht weissfilzig, matt; Staubblätter am Grund oder bis zur Mitte verwachsen; Kätzchenschuppen rotbraun.

377. S. **incana** Schrank. **Filz-W.** Grosser Strauch oder Baum; Kätzchenstiel mit kleinen Blättern; Fruchtknoten kahl, schmal kegelförmig mit scharf abgegrenztem Griffel. ♄. 4. Ufer; V Wörth.

b. Blätter elliptisch, eiförmig oder verkehrteiförmig.

aa. Blätter unterseits netzigrunzelig; Griffel kurz; Fruchtknoten filzig.

α. Einjährige Zweige und Knospen dicht kurzhaarig, grau.

378. S. **cinérea** L. **Graue W.** Strauch; Kätzchen sitzend; Blätter verkehrteiförmig, oberseits flaumig, unterseits dichtflaumig bis filzig, mit etwas umgebogenem Rand. ♄. 4. Ufer, Moore; verbr.

β. Einjährige Zweige kahl; Kätzchen fast sitzend.

379. S. **aurita** L. **Ohr-W.** Kleinerer Strauch; Blätter klein,

verkehrteiförmig, in eine kurze Spitze zusammengezogen, oberseits meist fein flaumig; Knospen flaumig; Fruchtknoten schlankkegelförmig. ♄. 4. Waldränder, Moore; verbr.

380. **S. cáprea L. Sahl-W.** Grösserer Strauch oder Baum; Blätter gross, breit- oder verkehrteiförmig, flach zugespitzt, oberseits meist kahl, unterseits dünnfilzig; Fruchtknoten aus dickerem Grund lang zugespitzt. ♄. 3, 4. Wald, Gebüsch; verbr.

bb. Blätter unterseits kahl; Griffel deutlich; Fruchtknoten kahl.

381. **S. nigricans Fr. Schwarzwerdende W.** Baum oder Strauch; diesjährige Zweige und Mittelnerv der Blätter oberseits kurzflaumig; Blätter lanzettlich bis eiförmig mit kurzer Spitze, oberseits etwas glänzend, unterseits bläulich; junge Blätter kurzflaumig; Kätzchenstiel meist kleinbeblättert; Fruchtknoten kegelförmig. ♄. 4. Auen, Ufer, Moor; V Ludwigshafen, Wörth.

cc. Blätter oberseits kahl, unterseits seidenhaarig; Griffel sehr kurz; Frucktknoten meist filzig.

382. **S. repens L. Kriech-W.** Niedriger Strauch; Stamm kriechend; Äste aufrecht, rutenförmig; Blätter elliptisch. ♄. 4, 5. Torfboden; V verbr.; M Kaiserslautern, Homburg, Kirkel, Ludwigswinkel.

Familie 28. URTICÁCEAE. *Nesselgewächse.*

I. Mit Brennhaaren; Blätter gegenständig; Blüten 1- und 2häusig in 1fachen oder verzweigten Ähren; Blütenhülle 4teilig: **Urtica 1.**

II. Ohne Brennhaare.

1. Stengel aufrecht; Blätter ungeteilt, wechselständig; Blüten zwitterig oder 1geschlechtig; Blütenhülle 4zähnig: **Parietária 2.**
2. Stengel windend; Blätter gegenständig; Blüten 2häusig, weibliche in zapfenförmigen Ähren; Staubblätter aufrecht: **Húmulus 3.**

1. Urtica L. Nessel.

383. **U. urens L. Brenn-N.** Blüten 1häusig; Ähren aufrecht, kürzer als der Blattstiel; Blätter eingeschnitten gezähnt. ☉. 6—9. Schutt, Gärten; verbr.

384. **U. dioeca L. Grosse N.** Blüten 2häusig; Ähren hängend, länger als der Blattstiel; Blätter grobgesägt. ♃. 7—9. Hecken, Gebüsch; verbr.

2. Parietária L. Glaskraut.

385. **P. erecta M. et K. Aufrechtes G.** Stengel aufrecht, meist 1fach; Blätter eiförmig bis elliptischlanzettlich; Blütenhülle der Zwitterblüten so lang als die Staubblätter. ♃. 6—9. Mauern, Schutt; V Seebach, Deidesheim, Neustadt, Speyer.

3. Húmulus L. Hopfen.

386. **H. Lúpulus L. Gemeiner H.** Blätter 3—5lappig, obere oft ungeteilt, rauh; männliche Blüten in lockeren Rispen. ♃. 7—9. Hecken; verbr.

Familie 29. ULMÁCEAE. *Ulmengewächse.*

1. Ulmus L. Ulme, Rüster.

387. U. montana With. Berg-U. Zweige dick, behaart; Knospen rostrot behaart; Blätter sehr kurzgestielt, gross, scharf 2fachgesägt, oberseits rauh; Same in der Mitte der Flügelfrucht. ♄. 3, 4. Wald; N Donnersberg; auch gepflanzt.

388. U. campestris Spach. Feld-U. Zweige dünn, kahl; Knospen kahl oder weisslich behaart; Blätter länger gestielt, kleiner, gekerbtgesägt, kahl, oberseits glatt; Same nahe dem Vorderrand des Flügels. ♄. 3, 4. Gebüsch, Abhänge; V am Rhein; auch gepflanzt.

Familie 30. CERATOPHYLLÁCEAE. *Hornblattgewächse.*

1. Ceratophyllum L. Hornblatt.

389. C. demersum L. Rauhes H. Blätter 1—2mal gabelspaltig, Zipfel lineal, dicht stacheliggezähnt; Frucht länglicheiförmig mit 2 grundständigen und 1 Endstachel, der nicht kürzer als die Frucht ist. ♃. 7—9. Stehendes Wasser; verbr.

390. C. submersum L. Glattes H. Blätter 3mal gabelspaltig, Zipfel lineal, zerstreut stachelichgezähnt; Frucht rundlicheiförmig, ohne grundständige Stacheln; Endstachel kürzer als die Frucht. ♃. 7—9. Gräben, Teiche; V Lambsheim, Speyer.

B. Monochlamýdeae. Einhüllblütige.

Familie 31. ARISTOLOCHIÁCEAE. *Osterluzeigewächse.*

1. Stengel aufrecht; Blüten zu mehreren achselständig; Blütenhülle langröhrig mit 1 grossen lippenartigen Zipfel; Staubbeutel 6, dem kurzen Griffel angewachsen: **Aristolóchia 1.**
2. Stengel kriechend; Blüten endständig; Blütenhülle mit 3 gleichen Zipfeln; Staubblätter 12, frei; Griffel 6: **Asarum 2.**

1. Aristolóchia L. Osterluzei.

391. A. Clematitis L. Gemeine O. Blätter tiefherzförmig, gestielt; Blütenhülle grünlichgelb. ♃. 5, 6. Raine, Hecken; V Dürkheim bis Landau, Speyer; M Zweibrücken, Homburg.

2. Ásarum L. Haselwurz.

392. A. europaeum L. Braune H. Laubblätter 2, fast gegenständig, langgestielt, nierenförmig; Blüten kurz gestielt, innen purpurbraun. ♃. 4, 5. Wald; verbr.

Familie 32. SANTALÁCEAE. *Santelgewächse.*

1. Thesium L. Leinblatt.

1. Blütenhülle trichterförmig, nach dem Verblühen zu einem kurzen Knöpfchen eingerollt, kürzer als die Frucht.

393. **T. intermédium Schrad. Mittleres L.** Wurzelstock kriechend: Blätter gelbgrün, lineal bis lineallanzettlich, schwach 3nervig. ♃. 6. Wiesen; V Gerolsheim, Ludwigshafen, Schifferstadt, Bienwald; M Fuss des Gebirgs, Kaiserslautern bis Dahn, Waldmohr; N Kreuznach.

2. Blütenhülle mit walziger Röhre, nach dem Verblühen gerade oder eingebogen, nicht kürzer als die Frucht; Wurzelstock kurz, mit Stengelbüscheln.

394. **T. pratense Ehrh. Wiesen-L.** Blätter schwach 3nervig; Traube oft zusammengesetzt; Blütenstiele allseitig wagrecht abstehend; Blütenhülle meist 5zählig, so lang als die Frucht. ♃. 6, 7. Wiesen; V Grünstadt, Battenberg; N Nahethal.

395. **T. alpinum L. Alpen-L.** Blätter 1nervig; Traube meist 1fach; Blütenstiele meist 1seitig aufrecht abstehend; Blütenhülle meist 4zählig, so lang oder länger als die Frucht. ♃. 6, 7. Steinige Wiesen, Auen; V Bienwald; M verbr.; N Donnersberg.

Familie 33. LORANTHÁCEAE. *Mistelgewächse.*

1. Viscum. Mistel.

396. **V. album L. Weisse M.** Blätter gegenständig, länglich, stumpf, lederig; Blüten endständig gehäuft, von den Zweigen übergipfelt; Blütenhülle gelblichgrün; Beere weiss. ♄. 3—5. Auf Bäumen; verbr.

C. Choripétalae. Freikronblättrige.

Familie 34. POLYGONÁCEAE. *Knöterichgewächse.*

1. Blütenhülle 6blättrig, grün, oder rot überlaufen; innere Blütenhüllblätter (Klappen) nach der Blüte vergrössert, die Frucht einschliessend; Staubblätter 6; Narben pinselförmig; Blüten zwitterig oder 1geschlechtig: . . . . **Rumex 1.**
2. Blütenhülle 4—5teilig; Zipfel gleichgross, häufig weiss oder rosa gefärbt; Staubblätter 5—8; Griffel 2—3; Narbe kopfig: **Polygonum 2.**

1. Rumex L. Ampfer.

A. Blüten zwitterig; Blätter nicht spiessförmig.

I. Klappen zur Fruchtzeit deutlich länger als breit (die Zähne nicht mitgerechnet); Scheinquirle fast stets entfernt.

1. Klappen meist gezähnt, mit den Zähnen von eiförmigem oder eilanzettlichem Umriss, mit Schwielen.

a. Blätter am Grund verschmälert, lanzettlich.

397. **R. maritimus L. See-A.** Blätter nach oben allmählich kleiner werdend; Scheinquirle dicht genähert, von den Tragblättern überragt; Zähne länger als die Klappen. ⊙. 7, 8. Ufer; V Speyer bis Bobenheim, Eppstein, Dürkheim; M Kaiserslautern.

398. **R. paluster Sm. Sumpf-A.** Scheinquirle entfernt; Zähne

kürzer als die Klappen. ⊙. 7, 8. Ufer; V Oggersheim, Frankenthal, Speyer.

b. Wenigstens die unteren Blätter am Grund herzförmig.

399. R. obtusifólius L. Stumpfblättriger A. Äste aufrecht; Blütenstand bis zur Mitte beblättert, unterbrochen; Klappen schwachgezähnt, selten ganzrandig. ♃. 7. Wiesen, Wege; verbr.

2. Klappen ganzrandig, lineallänglich, stumpf.

400. R. conglomeratus Murr. Knäuel-A. Blütenstand fast bis zur Spitze beblättert; Äste bogig aufsteigend; Blütenstiele unter der Mitte gegliedert; alle Klappen mit Schwielen. ♃. 7. Ufer, Gräben; verbr.

401. R. nemorosus Schrad. Hain-A. Blütenstand nur unten beblättert; Äste aufrechtabstehend; Blütenstiele dicht über dem Grund gegliedert; nur 1 Klappe mit Schwiele. ♃. 7. Ufer, feuchte Wälder; verbr.

II. Klappen zur Fruchtzeit so breit als lang, eiförmig oder 3eckig, ganzrandig; Blütenstand oberwärts blattlos, dicht.

1. Wenigstens 1 Klappe mit Schwiele; Blattstiel oberseits flach; Blätter derb.

402. R. crispus L. Krauser A. Blätter am Rand wellig, untere fast herzförmig; Klappen stumpf, fast herzförmig, meist nur 1 mit Schwiele. ♃. 7. Wiesen, Wege; verbr.

403. R. Hydrolápathum Huds. Teich-A. Blätter flach, am Grund verschmälert; Klappen eiförmig, zugespitzt, meist alle mit Schwiele. ♃. 7. 8. Ufer, Altwasser; verbr.

2. Klappen schwielenlos, häutig.

404. R. aquáticus L. Wasser-A. Untere Blätter herzeiförmig, spitz. ♃. 7, 8. Ufer, Gräben; V Landau; M Zweibrücken, Limbach.

B. Blüten 2häusig oder zwitterig und männlich; Blätter spiess- bis pfeilförmig.

I. Äussere Blütenhüllblätter zur Fruchtzeit aufrecht; Klappen schwielenlos.

405. R. Acetosella L. Kleiner A. Blätter lanzettlich bis lineal; Blüten 2häusig; innere Blütenhüllblätter eiförmig, klein. ♃. 5—7. Raine, Äcker; verbr.

406. R. scutatus L. Schild-A. Blätter rundlich, spiessförmig; Blüten zwitterig und männlich; innere Blütenhüllblätter rundlichherzförmig. ♃. 6—8. Felsen, Geröll; V Bergzabern; N Ebernburg, Neu- und Altenbamberg.

II. Äussere Blütenhüllblätter zur Fruchtzeit zurückgeschlagen; wenigstens 1 Klappe mit Schwiele; Blüten 2häusig.

407. R. Acetosa L. Sauer-A. Stengel beblättert, oben ästig; Blätter länglicheiförmig, pfeilförmig, Ecken zugespitzt, abwärtsgerichtet; Nebenblattröhre geschlitzt gezähnt. ♃. 5—7. Wiesen, Wald; verbr.

2. Polýgonum L. Knöterich.

A. Blätter lineal, lanzettlich bis eiförmig, am Grund verschmälert, selten herzförmig.

I. Blüten einzeln oder büschelig in der Achsel von Laubblättern; Scheide zerschlitzt; Blütenhülle grün, nur vorn am Rand weiss oder rot.

408. **P. aviculare L. Vogel-K.** Stengel liegend oder aufrecht, ästig; Blätter lineal bis elliptisch, sehr kurz gestielt. ⊙. 7—9. Wege, Äcker; verbr.

II. Blüten büschelig in den Achseln von Hochblättern, Scheinähren bildend; Scheide nicht zerschlitzt, meist gewimpert; Blüten weiss, rosa bis purpurn, selten grün.

1. Einjährig; Scheinähren an Hauptstengel und Ästen endständig; 6 Staubblätter.

a. Scheinähren unterbrochen.

409. **P. Hydrópiper L. Pfeffer-K.** Blätter länglichlanzettlich, beiderseits verschmälert; Scheide kurzgewimpert, fast kahl; Blütenhülle meist 4teilig, drüsigpunktiert, grünlich, am Rand weiss oder rot. ⊙. 7—9. Gräben, feuchte Stellen; verbr.

410. **P. mite Schrank. Milder K.** Blätter länglichlanzettlich, beiderseits verschmälert; Scheide langgewimpert, kurzhaarig; Blütenhülle meist 5teilig, schwachdrüsig, rötlich; Frucht matt. ⊙. 7—9. Gräben; verbr.

b. Scheinähre dicht.

411. **P. Persicária L. Floh-K.** Stengel kahl; Blätter lanzettlich, meist schwarzgefleckt; Scheide eng anliegend, langgewimpert, kurzhaarig; Ährenstiele und Blüten drüsenlos; Blütenhülle rosa oder grünlichweiss. ⊙. 7—9. Schutt, Gräben, Feld; verbr.

412. **P. lapathifólium L. Ampfer-K.** Stengel kahl; Blätter länglich bis lanzettlich; Scheide locker, meist kahl, kurz- und feingewimpert; Ährenstiele und Blüten drüsig; Blütenhülle meist grünlichweiss. ⊙. 7—9. Schutt, Gräben; verbr.

2. Zweijährig; Scheinähre dicht.

413. **P. amphíbium L. Wasser-K.** Blätter länglich, am Grund abgerundet, entweder schwimmend, kahl, oder an der Luft, kurzhaarig; Luft- und Schwimmblätter oft am gleichen Wurzelstock; Scheinähre endständig am Hauptstengel, oft auch noch an Seitenzweigen; Ährenstiele gefurcht; 5 Staubblätter. ♃. 6—9. Sumpf; verbr.

414. **P. Bistorta L. Wiesen-K.** Landpflanze; Blätter kahl, untere länglicheiförmig, gestutzt oder herzförmig, in den geflügelten Blattstiel übergehend, unterseits graugrün; Scheinähren einzeln endständig an seitlich am Wurzelstock entspringenden Sprossen; Blüte rosa; 8 Staubblätter. ♃. 5, 6. Feuchte Wiesen; verbr.

B. Blätter herzförmig 3eckig bis pfeilförmig; Stengel windend; Blüten in unterbrochenen Scheinähren; Blütenhülle grünlich, zur Fruchtzeit vergrössert.

415. **P. Convólvulus L. Winden-K.** Stengel kantig; Blütenstiele nahe unter der Blütenhülle gegliedert; äussere Blütenhüllzipfel am Rücken stumpf gekielt; Frucht matt. ⊙. 7—9. Äcker, Gärten; verbr.

416. **P. dumetorum L. Hecken-K.** Stengel feingerillt; Blüten-

stiele unter der Mitte gegliedert; äussere Blütenhüllzipfel zur Fruchtzeit breit häutig geflügelt; Frucht glänzend. ⊙. 7—9. Hecken, Gärten; verbr.

Familie 35. CHENOPODIÁCEAE. *Gänsefussgewächse* (1—4). Familie 36. AMARANTÁCEAE. *Fuchsschwanzgewächse* (5—7).

A. Blätter pfriemlich; Blüten einzeln mit 2 Vorblättern in den Blattachseln, zwitterig.
  I. Frucht in unveränderter Blütenhülle; Stengel ausgebreitet ästig; Staubblätter meist 3: . . . . **Polycnemum 7.**
  II. Frucht in knorpeliger Blütenhülle, deren quere flügelige Anhängsel sternförmig ausgebreitet sind: . . . . **Sálsola 1.**
B. Blätter breit, lanzettlich bis eiförmig oder 3eckig; Blüten in Knäueln.
  I. Blüten ohne Vorblätter, zwitterig; Knäuel achselständig, mehrblütig; Blütenhülle nicht mit dem Fruchtknoten verwachsen, 5blättrig; Staubblätter 5, dem Grund der Blütenhülle eingefügt.
    1. Blütenhülle zur Fruchtzeit trocken: . . **Chenopódium 2.**
    2. Blütenhülle zur Fruchtzeit fleischig, rot: . . **Blitum 3.**
  II. Blüten mit 2 Vorblättern, 1häusig oder vielehig.
    1. Vorblätter der weiblichen Blüten nach der Blüte vergrössert, die Frucht einschliessend, eiförmig bis 3eckig; Blütenhüll- und Staubblätter 5 oder 4; weibliche Blüten meist ohne Blütenhülle: . . . . **Atriplex 4.**
    2. Vorblätter nicht vergrössert, schmallanzettlich; Blütenhüll- und Staubblätter 5 oder 3.
      a. Frucht nicht aufspringend: . . . . . **Albérsia 5.**
      b. Frucht ringsum aufspringend: . . . **Amarantus 6.**

1. Sálsola L. Salzkraut.

417. **S. Kali L. Gemeines S.** Blätter an der Spitze dornig. ⊙. 7, 8. Sandige Plätze; V Ludwigshafen, Ellerstadt, Speyer.

2. Chenopódium L. Gänsefuss.

A. Blütenstände dicht knäuelförmig, sitzend in den Achseln kleinerer Blätter an besonderen Seitenzweigen, sowie an der Spitze des Hauptstengels; Blütenhülle nie mehlig bestäubt.

418. **C. rubrum L. Roter G.** Stengel oft rot, aufrecht oder ausgebreitet; Blätter beiderseits grün, glänzend, rautenförmig-3eckig, fast spiessförmig, buchtig gezähnt. ⊙. 7—9. Schutt, Wege; verbr.

419. **C. glaucum L. Grauer G.** Stengel aufrecht; Blätter unterseits dicht weissbestäubt, länglich, stumpf, entfernt buchtig gezähnt; oberste Knäuel ohne Tragblätter, genähert. ⊙. 7—9. Schutt, Wege; V verbr.; M Zweibrücken.

B. Blütenstände locker, oder dicht mit teilweise gestreckten Achsen, in der Achsel der Laub- oder Hochblätter.

I. Einjährig.

1. Blütenhülle und Blätter nicht mehlig bestäubt.

a. Blätter länglich bis eiförmig, ganzrandig.

420. C. polyspermum L. Vielsamiger G. Stengel 1fach mit lockeren, reichen Blütenständen in den Achseln der Laubblätter, oder ästig mit dichteren, ährenförmigen Blütenständen an den Zweigen; Blätter nach oben allmählich kleiner werdend; Blütenhülle zur Fruchtzeit offen. ☉. 7—9. Bebautes Land; verbr.

b. Blätter rautenförmig-3eckig bis spiessförmig, buchtig gezähnt, oberwärts rasch abnehmend.

421. C. úrbicum L. Stadt-G. Blätter am Grund keilförmig, spitz, glänzend; Blütenstände unterbrochen ährenförmig, steif aufrecht. ☉. 8, 9. Wege; V Dürkheim; M Kaiserslautern.

422. C. híbridum L. Unechter G. Blätter herzförmig, in eine lange Spitze vorgezogen, dünn; Blütenstände abstehend, locker ausgebreitet, selten ährenförmig. ☉. 7—9. Schutt; verbr.

2. Blütenhülle, meist auch Blätter, mehlig bestäubt.

a. Blätter oberseits glänzend, unterseits kahl oder wenig bestäubt.

423. C. murale L. Mauer-G. Stengel ausgebreitet ästig; Blätter eirautenförmig, ungleich spitzgezähnt; Blütenstände meist neben einem Zweig in der Blattachsel, locker ausgebreitet, abstehend. ☉. 7—9. Wege; verbr.

b. Blätter matt.

aa. Blätter ganzrandig, eirautenförmig.

424. C. Vulvária L. Stinkender G. Stengel niederliegend, Äste aufstrebend; Blätter beiderseits mehlig bestäubt; Blütenstände unterbrochen ährenförmig. ☉. 7—9. Schutt, Mauern; verbr.

bb. Blätter gezähnt oder gelappt, nur die oberen ganzrandig.

α. Blätter länger als breit.

425. C. album L. Weisser G. Blätter lanzettlich bis eirautenförmig, ausgebissen gezähnt, mit vorwärtsgerichteten Zähnen; Blütenstände unterbrochen ährenförmig oder locker ausgebreitet. ☉. 7—9. Schutt, Wege, Äcker; verbr.

426. C. ficifólium Sm. Feigen-G. Untere Blätter fast spiessförmig 3lappig mit länglichem Mittellappen, stumpf; Blütenstände unterbrochen ährenförmig. ☉. 7—9. Wege; V Frankenthal, Ludwigshafen, Maxdorf, Speyer.

β. Blätter ungefähr so breit als lang.

427. C. opulifólium Schrad. Schneeball-G. Blätter rundlichrautenförmig, sehr stumpf, ausgebissen gezähnt; Blütenstände unterbrochen ährenförmig. ☉. 7—9. Schutt; V Ungstein, Speyer, Landau, Kandel, Schweighofen; M Zweibrücken; N Ebernburg.

II. Ausdauernd.

428. C. Bonus Henricus L. Guter Heinrich. Blätter herzförmig,

3eckig, spiessförmig; Blütenstände eine dichte, blattlose, endständige Traube bildend. ♃. 5—9. Schutt, Wege; verbr.

3. Blitum L. Erdbeerspinat.

429. **B. virgatum L. Ruten-E.** Alle Blütenknäuel in der Achsel von Laubblättern; Blätter kurzgestielt, länglich-3eckig, tiefgezähnt. ⊙. 6—9. Schutt; V Speyer; M Karlsberg bei Homburg.

4. Átriplex L. Melde.

I. Vorblätter nur am Grund verwachsen, krautig.

1. Nur unterste Blätter spiessförmig; Vorblätter rautenförmig.

430. **A. oblongifólium W. et K. Längliche M.** Untere Blätter 3eckiglanzettlich, mittlere lanzettlich; Vorblätter rautenförmig, ganzrandig. ⊙. 7, 8. Wege, Raine; V Dürkheim, Speyer; N Kreuznach.

431. **A. pátulum L. Ruten-M.** Mittlere Blätter lanzettlich oder länglich, in den Stiel verschmälert; Vorblätter spiessförmig-rautenförmig. ⊙. 7, 8. Wege, Feld; verbr.

2. Untere und mittlere Blätter spiessförmig; Vorblätter 3eckig.

432. **A. hastatum L. Spiess-M.** Untere und mittlere Blätter oft gegenständig, am Grund gestutzt, 3eckig; Vorblätter meist gezähnt. ⊙. 7, 8. Wege, Schutt; verbr.

II. Vorblätter bis zur Mitte verwachsen, knorpelig.

433. **A. róseum L. Rosen-M.** Blüten in unterbrochenen beblätterten Scheinähren; Blätter eiförmig, buchtiggezähnt, obere sitzend. ⊙. 7, 8. Wege, Schutt; V Frankenthal.

5. Albérsia Kth. Albersie.

434. **A. Blitum Kth. Gemeine A.** Stengel liegend oder aufsteigend; Blätter eirautenförmig, ausgerandet, oft eine kurze blattlose Rispe an der Spitze des Stengels; Vorblätter kürzer als die Blütenhülle; 3 Staubblätter. ⊙. 7, 8. Schutt, Äcker; verbr.

6. Amarantus L. Fuchsschwanz.

435. **A. silvester Desf. Wilder F.** Stengel aufrecht, Äste aufsteigend; Blätter klein eirautenförmig, nur unterste schwach ausgerandet; Blütenstände in den Achseln der Laubblätter; Vorblätter so lang als die Blütenhülle; 3 Staubblätter. ⊙. 7, 8. Schutt; V Gönnheim, Mutterstadt, Speyer.

436. **A. retroflexus L. Bogiger F.** Stengel aufrecht, kurzhaarig; Blätter eiförmig, zugespitzt; Blütenstände in den Blattachseln und eine endständige dichte blattlose Rispe bildend; Vorblätter fast dornigstachelspitzig, 2mal so lang als die grüne Blütenhülle; 5 Staubblätter. ⊙. 7—9. Schutt, Wege; V verbr.; N Münster a/St.

7. Polycnemum L. Knorpelkraut.

437. **P. arvense L. Acker-K.** Vorblätter kaum so lang als die Blütenhülle. ⊙. 7—9. Sandige Äcker; V Frankenthal, Dürk-

heim, Meckenheim, Klingenmünster, Weissenburg; M Zweibrücken; N Donnersberg, Steinalbthal.

438. **P. maius A. Br. Grosses K.** Vorblätter länger als die Blütenhülle. ⊙. 7—9. Sandige Äcker; V Rheingönnheim, Dürkheim; N Donnersberg.

Familie 37. CARYOPHYLLÁCEAE. *Nelkengewächse.*

A. Blätter mit häutigen Nebenblättern.

A. Blätter wechselständig; Kronblätter 5, so gross als die Kelchblätter, weiss; Staubblätter 5; Wickel end- und seitenständig: **Corrigiola 1.**

B. Blätter gegenständig.

I. Blätter länglich bis verkehrteiförmig.

1. Kronblätter fädlich oder fehlen; Blütenknäuel achselständig.

a. Kelchzipfel krautig, flach; Tragblätter der Blütenstände oft klein oder fehlend; Blüten gelbgrün: **Herniária 2.**

b. Kelch knorpelig; Tragblätter gleichgross: **Illécebrum 3.**

2. Kronblätter ausgerandet; Kelchzipfel gekielt; Blütenstand reichblütig, locker: . . . . **Polycarpon 4.**

II. Blätter lineal bis pfriemlich; Staubblätter 5 oder 10; Kronblätter vorhanden; Kelch freiblättrig.

a. Griffel 5; Frucht 5klappig; Kronblätter weiss: **Spérgula 6.**

b. Griffel 3; Frucht 3klappig; Kronblätter rosa: **Spergulária 7.**

B. Blätter ohne Nebenblätter.

A. Blumenkrone fehlt; Kelch am Grund röhrig; Frucht 1samig: **Scleranthus 5.**

B. Blumenkrone meist vorhanden; Frucht mehrsamig.

I. Kelch freiblättrig; Krone weiss.

1. Kronblätter ungeteilt; wenn fehlend, Blätter pfriemlich oder schmallineal.

a. Griffel sowie Kelch- und Kronblätter 4 oder 5.

α. Blätter pfriemlich: . . . . **Sagina 8.**

β. Blätter lanzettlich: . . . . **Mönchia 16.**

b. Griffel 2 oder 3; Kelch- und Kronblätter 4 oder 5.

α. Blätter lineal bis lanzettlich, am Grund nicht stielartig verschmälert, 1- oder 3nervig: . . **Alsine 9.**

β. Blätter eiförmig, sehr klein, sitzend: **Arenária 11.**

γ. Blätter eiförmig, in der Mitte des Stengels bis 2 cm gross, gestielt: . . . . **Möhringia 10.**

2. Kronblätter vorn kleingezähnt; Blütenstiele doldig zusammengedrängt: . . . . **Holósteum 12.**

3. Kronblätter 2spaltig bis 2teilig.

a. Stengel 4kantig oder rund, dann Blätter ei- bis herzförmig, zugespitzt.

α. Griffel 3: . . . . **Stellária 13.**

β. Griffel 5: . . . . **Maláchium 14**

b. Stengel rund; Blätter lineallänglich bis elliptisch oder eiförmig; Griffel 5, selten 3: . . . . **Cerástium 15.**

II. Kelch röhrig verwachsen.
1. Griffel 2.
a. Kelch glockig, kurz und weit, mit trockenhäutigen Streifen, am Grund ohne Hochblätter; Kronblätter allmählich in den Nagel verschmälert, ohne Krönchen: **Gypsóphila** 17.
b. Kelch bauchig, 5kantig geflügelt, ohne Hochblätter; Kronblätter ohne Krönchen: . . . . . . **Vaccária** 21.
c. Kelch walzig, ohne Kanten; Kronblätter mit deutlich abgesetztem Nagel.
aa. Kelch am Grund von Hochblättern umgeben; Kronblätter ohne Krönchen.
α. Kelch durch breite häutige Randstreifen verbunden: . . . . **Túnica** 18.
β. Kelch ohne Randstreifen, grün: **Dianthus** 19.
bb. Kelch ohne Hochblätter; Kronblätter mit Krönchen: **Saponária** 20.
2. Griffel 3.
a. Kronblätter allmählich in den Nagel verschmälert; Kelch aufgeblasen, netzaderig; Fruchtknoten 1fächerig, zu einer Beere werdend: . . . . **Cucúbalus** 23.
b. Kronblätter mit deutlich abgesetztem Nagel.
α. Fruchtknoten am Grund 3fächerig: . . **Silene** 22.
β. Fruchtknoten 1fächerig: . . . . **Melándryum** 25.
3. Griffel 5.
a. Kronblätter mit Krönchen, länger als die Kelchzähne; Griffel vor den Kelchblättern.
aa. Fruchtknoten 1fächerig.
α. Frucht mit 10 Zähnen aufspringend; Kronblätter 2spaltig: . . . . **Melándryum** 25.
β. Frucht mit 5 Zähnen aufspringend; Kronblätter ungeteilt oder 4spaltig: . . . . . **Coronária** 26.
bb. Fruchtknoten am Grund 5fächerig: **Viscária** 24.
b. Kronblätter ohne Krönchen, kürzer als die blattartigen Kelchzähne; Griffel mit den Kelchblättern abwechselnd: **Agrostemma** 27.

1. Corrigíola L. Hirschsprung.

439. C. litoralis L. Ufer-H. Stengel niederliegend, ästig, kahl; Blätter lineal, keilig; Kelchzipfel breit weisshäutig berandet. ⊙. 6—9. Sandige Ufer; N Nahethal.

2. Herniária L. Bruchkraut.

440. H. glabra L. Kahles B. Stengel niederliegend, ästig; Blätter und Stengel meist kahl. ♃. 6—9. Sandige Wege, Raine; verbr.

441. H. hirsuta L. Behaartes B. Stengel niederliegend, ästig; Blätter und Kelch steifhaarig gewimpert. ♃. 6—9. Sandige Wege, Raine; V Ellerstadt, Dürkheim, Speyer.

3. Illécebrum L. Knorpelblume.

442. **I. verticillatum L. Quirlige K.** Stengel niederliegend; Blätter verkehrteiförmig, stumpf, obere Paare gedrängt; Wickel achselständig, dicht; Blüte weiss; Kelchzipfel begrannt. ⊙. 6—9. Feuchter Sandboden; M Südgrenze gegen Bitsch.

4. Polycarpon L. Nagelkraut.

443. **P. tetraphyllum L. Vierblättriges N.** Stengel aufrecht oder aufsteigend; Blätter länglich verkehrteiförmig, durch die Blattpaare der Achselsprosse scheinbar quirlständig; Trugdolden endständig, reichblütig; Blüten weiss; Kelchzipfel spitz, weissberandet. ⊙. 7—9. Wegränder; V Dannstadt, Schifferstadt, Hassloch, Speyer.

5. Scleranthus L. Knäuelkraut.

444. **S. annuus L. Jähriges K.** Stengel aufrecht oder liegend; Trugdolden achsel- und endständig; Kelchzähne spitz, schmal weissberandet, zuletzt abstehend. ⊙. 6—9. Äcker; verbr.

445. **S. perennis L. Ausdauerndes K.** Stengel aufsteigend; Trugdolden meist endständig; Kelchzähne stumpf, breit weissberandet, zuletzt zusammenneigend. ♃. 5—9. Sandige Äcker, Raine, Wald; verbr.

6. Spérgula L. Sperk.

1. Blätter unterseits gefurcht.

446. **S. arvensis L. Acker-S.** Stengel zerstreut behaart oder drüsig; Äste niederliegend oder aufsteigend; Kronblätter stumpf; Same mit sehr schmalem Flügelrand. ⊙. 6, 7. Äcker; verbr.

2. Blätter unterseits nicht gefurcht; Stengel kahl, 1fach oder mit aufsteigenden Ästen.

447. **S. pentandra L. Fünfmänniger S.** Kronblätter spitz, sich nicht deckend; meist 5 Staubblätter; Flügelrand des Samens so breit als dieser, rein weiss. ⊙. 4, 5. Sandige Orte; V Deidesheim, Bergzabern; M Zweibrücken.

448. **S. vernalis Willd. Frühlings-S.** Kronblätter stumpf, sich deckend; meist 10 Staubblätter; Flügelrand 1/2 so breit als der Same, bräunlich. ⊙. 5. Sandige Orte; V Bienwald; M verbr.

7. Spergulária Camb. Schuppenmiere.

449. **S. rubra Presl. Rote S.** Kurzhaarig, oberwärts drüsig; Blätter stachelspitzig; Tragblätter der Blüten meist mit Spreite; Kelchblätter grün mit schmalem trockenhäutigem Rand; Krone rosa. ⊙, ♃. 5—8. Sandboden; verbr.

450. **S. salina Presl. Salz-S.** Kahl; Blätter fleischig, stumpf oder spitzlich; Tragblätter oft kürzer oder spreitelos; Kapsel 1½ mal so lang als der Kelch; Same meist ungeflügelt; Krone rosa. ⊙, ⊙. 5—9. Salzhaltiger Boden; V Dürkheim.

8. Sagina L. Mastkraut.

1. Stengel meist aufrecht; Blüten 4zählig; äussere Kelchblätter kurz stachelspitzig; Krone sehr klein.

451. **S. apétala L. Kronloses M.** Blätter am Grund gewimpert; Blütenstiele stets aufrecht, nebst den Kelchblättern meist kahl. ⊙. 5—9. Äcker; verbr.

452. **S. ciliata Fr. Gewimpertes M.** Blätter am Grund nicht oder wenig gewimpert; Blütenstiele nach der Blüte hakenförmig gebogen, zuletzt wieder aufrecht, nebst dem Kelch meist drüsigflaumig. ⊙. 5—9. Äcker, Raine; verbr.

2. Stengel liegend oder aufsteigend.

453. **S. procumbens L. Liegendes M.** Blätter meist kahl; Blütenstiele nach der Blüte hakenförmig gebogen, zuletzt aufrecht; Blüten meist 4zählig; Kelchblätter stumpf, zuletzt wagrecht abstehend; Krone 3—4 mal kürzer als der Kelch. ♃. 5—9. Äcker; verbr.

454. **S. nodosa Fenzl. Knotiges M.** Blätter kurzstachelspitzig, obere viel kürzer mit kurzen büscheligen Zweigen in den Achseln; Blütenstiele stets aufrecht, meist kahl; Blüten 5zählig; Krone 2mal so lang als der Kelch. ♃. 7. Moore, feuchte Wiesen; V Speyer; M Dürkheim, Erfenbach.

9. Alsine L. Meirich.

1. Kelchblätter grün, höchstens schmal weissberandet; Stengel aufrecht, vom Grund an ästig.

455. **A. tenuifólia Whlb. Zarter M.** Kahl; Stengel lockerästig; Kelchblätter eilanzettlich, kürzer als die Frucht. ⊙. 6—8. Sandige Äcker; V verbr.; M Kaiserslautern; N Donnersberg.

456. **A. viscosa Schreb. Klebriger M.** Drüsigbehaart; Stengel dicht-aufrecht-ästig; Kelchblätter schmallanzettlich, länger als die Frucht. ⊙. 6, 7. Sandige Äcker; V Ellerstadt, zw. Bergzabern und Kandel.

2. Kelchblätter trockenhäutig oder knorpelig mit nur schmalem grünem Mittelnerv.

457. **A. Jacquini M. et K. Büschel-M.** Stengel mit den Ästen steifaufrecht; Blütenstand büschelig zusammengezogen; Blütenstiele meist kürzer als der Kelch; Kelchblätter ungleich, 3mal so lang als die Krone. ⊙. 7, 8. Heidewiesen; V Frankenthal, Dürkheim.

10. Möhringia L. Moosmiere.

458. **M. trinérvia Clairv. Dreinervige M.** Blätter eiförmig, spitz, obere kurz-, untere langgestielt; Kronblätter kürzer als der Kelch. ⊙. 5, 6. Wald; verbr.

11. Arenária L. Sandkraut.

459. **A. serpyllifólia L. Quendel-S.** Blätter sitzend, eiförmig, zugespitzt; Stengel kahl oder oberwärts drüsig; Kronblätter kürzer als der Kelch. ⊙. 7, 8. Äcker, Schutt, Mauern; verbr.

12. Holósteum L. Spurre.

460. H. umbellatum L. Doldige S. Blätter sitzend, länglich-eiförmig, stumpflich, bläulichgrün, kahl; Blütenstiele nach dem Abblühen herabgeschlagen; Kelchblätter spitz, $^1/_2$ so lang als die Krone; 3—5 Staubblätter. ⊙. 4, 5. Äcker; verbr.

13. Stellária L. Sternkraut, Miere.

I. Stengel rund; Blätter lineal oder ei- bis herzförmig; Kelch am Grund abgrundet.

1. Blätter nicht herzförmig.

461. S. viscida M. B. Kleb-M. Blätter lineal; Blütenstiele, Kelch und Blattrand klebrig weichhaarig; Kronblätter fast 2mal so lang als der Kelch; Fruchtstiele stets aufrecht, länger als der Kelch. ⊙. 4—6. Feuchte Triften; V Roxheimer Altrhein, Mutterstadt; vorübergehend Dürkheimer Saline.

462. S. média Vill. Hühnerdarm. Stengel 1reihig behaart; Blätter eiförmig, kurzzugespitzt; Kronblätter höchstens so lang als der Kelch. ⊙. 3—12. Äcker, Wege, Gärten; verbr.

2. Wenigstens untere Blätter herzförmig.

463. S. némorum L. Hain-M. Stengel oben zottig; Kelch kahl; Kronblätter 2mal so lang als der Kelch; 3 Griffel. ♃. 5—7. Feuchter Wald; verbr.

II. Stengel 4kantig, kahl; Blätter lineal bis lanzettlich; Griffel 3.

1. Kelch und Fruchtknoten am Grund abgerundet; Blätter am Grund nicht verschmälert oder doch nahe am Grund am breitesten.

a. Deckblätter krautig; Kelch nervenlos; Kronblätter 2spaltig.

464 S. Holóstea L. Stern-M. Blätter lanzettlich, langzugespitzt, am Grund rauh; Krone fast 2mal so lang als der Kelch. ♃. 5. Gebüsch, Laubwald; verbr.

b. Deckblätter trockenhäutig; Kelchblätter 3nervig; Kronblätter 2teilig.

465. S. gramínea L. Gras-M. Stengel schlaff ausgebreitet; Blätter lineal, wie die Tragblätter am Rand gewimpert; Kronblätter so lang als der Kelch. ♃. 5—7. Gebüsch, Waldwiesen; verbr.

466. S. glauca With. Blaugrüne M. Stengel steif aufrecht; Blätter blaugrün, wie die Tragblätter kahl; Kronblätter länger als der Kelch. ♃. 6. Gräben; V Frankenthal, Maxdorf, Neustadt, Speyer, Bergzabern; M Kaiserslautern, Eusserthal.

2. Kelch und Fruchtknoten am Grund allmählich verschmälert; Blätter in oder über der Mitte am breitesten; Kelchblätter 3nervig; Krone tief 2spaltig.

467. S. uliginosa Murr. Sumpf-M. Blätter am Grund etwas gewimpert; Deckblätter kahl; Kronblätter kürzer als der Kelch. ♃. 6, 7. Gräben, Sümpfe; verbr.

14. Maláchium Fr. Weichling.

468. **M. aquáticum Fr. Wasser-W.** Stengel oben drüsenhaarig; Kelch kurz drüsenhaarig; Kronblätter länger als der Kelch; Griffel 5. ♃. 6—8. Gebüsch, Gräben, Ufer; verbr.

15. Cerástium L. Hornkraut.

A. Kronblätter etwa so lang als die Kelchblätter; Stengel nicht eigentlich rasig.

I. Deckblätter durchaus krautig, an der Spitze gebartet; Kronblätter am Grund gewimpert: ohne alle Laubsprosse.

469. **C. glomeratum Thuill. Geknäueltes H.** Blätter rundlicheiförmig; Fruchtstiele nicht länger als der Kelch; drüsig oder drüsenlos. ⊙. 5—8. Äcker, Wege; verbr.

470. **C. brachypétalum Desp. Kleinblütiges H.** Blätter länglicheiförmig, Fruchtstiele 2—3mal länger als der Kelch; meist abstehend rauhhaarig, selten drüsig. ⊙, ⊚. 5, 6. Sandboden; verbr.

II. Wenigstens obere Deckblätter an der Spitze trockenhäutig.

1. Stengel ohne Laubsprosse, nicht wurzelnd; stets drüsig; Blätter länglich oder eiförmig.

471. **C. semidecandrum L. Sand-H.** Alle Deckblätter fast zur Hälfte trockenhäutig; Blütenstiele nach dem Abblühen abstehend bis zurückgeschlagen; Kronblätter kürzer als der Kelch. ⊙, ⊚. 4, 5. Heiden, Äcker; verbr.

472. **C. glutinosum Fr. Klebriges H.** Deckblätter schmal trockenhäutig, untere oft ganz krautig; Blütenstiele nach dem Abblühen aufrecht; Kronblätter nicht kürzer als der Kelch. ⊙, ⊚. 4, 5. Heidewiesen, Raine: V Dürkheim, Neustadt, Landau.

2. Stengel wurzelnd, im Herbst Laubsprosse treibend, daher fast rasig.

473. **C. triviale Link. Gemeines H.** Blätter länglich; Stengel aufsteigend, kurzhaarig, selten drüsig. ♃. 5—10. Wiesen, Raine; verbr.

B. Kronblätter meist 2mal so lang als der Kelch; Stengel rasig mit zahlreichen Laubsprossen.

474. **C. arvense L. Acker-H.** Stengel und Blätter mit geraden steifen Härchen; Blätter lanzettlich bis lineallanzettlich; Deckblätter am Rand trockenhäutig; Blütenstiele nach dem Abblühen aufrecht. ♃. 4, 5. Raine, Wege; verbr.

16. Mönchia Ehrh. Vierling.

475. **M. erecta Fl. Wett. Aufrechter V.** Stengel 1—2blütig; Blüten 4zählig; Kronblätter kürzer als die breit trockenhäutigen Kelchblätter; Staubblätter 4. ⊙. 4. 5. Heidewiesen; V Bergzabern, Kandel; M Kaiserslautern, Zweibrücken; N Rathsweiler, Kusel.

17. Gypsóphila L. Gipskraut.

476. **G. muralis L. Mauer-G.** Ohne Laubsprosse; Stengel aufrecht, ästig, unten kurzhaarig; Blüten einzeln; Kelch ohne Hochblätter; Krone hellrot mit dunkleren Adern. ⊙. 7—9. Äcker; verbr.

18. Túnica Scop. Felsennelke.

477. **T. prolifera Scop. Sprossende F.** Blätter lineal; Hochblätter kahl, trockenhäutig, braun, unterste kürzer als die folgenden, kaum begrannt, obere länger als die Kelchröhre, abgerundet; Blüten dichtgedrängt; Krone rosa, sehr klein. ☉. 7—9. Raine; V verbr.

19. Dianthus L. Nelke.

I. Hochblätter mit der krautigen Spitze so lang als die Kelchröhre, rauhhaarig oder wenigstens am Rand gewimpert; Blüten lockerbüschelig.

478. **D. Arméria L. Rauhe N.** Blätter lineal; Vorblätter rauhhaarig; Kronblätter purpurn, klein. ☉. 7, 8. Gebüsch; verbr.

II. Hochblätter kahl, trockenhäutig, braun; Blüten dichtgedrängt.

479. **D. Carthusianorum L. Karthäuser-N.** Blätter lineal; Scheiden 4mal länger als die Blattbreite; unterste Hochblätter länger als die folgenden, oberste kürzer als die Kelchröhre, alle begrannt; Krone purpurn. ♃. 7, 8. Wiesen, Raine; verbr.

III. Hochblätter krautig oder nur am Rand trockenhäutig, mit der Granne höchstens $^1/_2$ so lang als die Kelchröhre; Blüten einzeln oder locker gehäuft.

1. Stengel kurzhaarig.

480. **D. deltoides L. Heide-N.** Blätter lineallanzettlich, untere stumpf; Stengel lockerästig; Hochblätter 2, langbegrannt; Kronblätter purpurn mit dunklem Querstreifen. ♃. 6—9. Raine, Triften; verbr.

2. Stengel kahl.

481. **D. caésius L. Pfingst-N.** Laubsprosse einen lockeren Rasen bildend; Stengel meist 1blütig; Blätter lineal, stumpf, blaugrün; Hochblätter sehr kurzbegrannt, $^1/_4$ so lang als die Kelchröhre; Kronblätter am Schlund bärtig, tiefgezähnt, rosa. ♃. 5, 6. Felsen; N Donnersberg, Ebernburg.

482. **D. superbus L. Pracht-N.** Stengel meist einzeln, 2- bis mehrblütig; Blätter lineallanzettlich, spitz; Hochblätter kurzbegrannt, $^1/_4$ so lang als die Kelchröhre; Kronblätter fast bis zum Grund zerschlitzt, rosa. ♃. 7, 8. Feuchte Wiesen; verbr.; M seltener.

20. Saponária L. Seifenkraut.

483. **S. officinalis L. Gemeines S.** Stengel aufrecht; Blätter lanzettlich, spitz, 3nervig; Kelch kahl oder behaart, selten drüsig; Krone hellfleischrot. ♃. 7, 8. Raine, Ufer; verbr.

21. Vaccária Med. Kuhkraut.

484. **V. segetalis Gcke. Acker-K.** Stengel kahl, oben ästig; Blätter am Grund zusammengewachsen, blaugrün, spitz; Blüten langgestielt; Krone rosa. ☉. 6. Äcker; verbr.

22. Silene L. Leimkraut.

I. Kronblätter ohne Schlundkranz.

485. S. **Otites** Sm. **Ohrlöffel-L.** Stengel oben kahl; untere Blätter spatelig, obere lineal, spitz; Blüten in quirlig-traubiger, reichblütiger Rispe, 2häusig; Kelch glockig, 10rippig, nicht netzaderig, kahl; Kronblätter ungeteilt, grünlichgelb. ♃. 5—7. Raine, steinige Wiesen; V verbr.; M Wachenheim.

486. S. **inflata** Sm. **Aufgeblasenes L.** Blätter lanzettlich bis elliptisch, zugespitzt, bläulichgrün, kahl; Blütenstand ebensträussig-rispig; Kelch eiförmig, aufgeblasen, mit 20 netzaderig verbundenen Nerven; Kronblätter 2spaltig, weiss. ♃. 7, 8. Wiesen, Raine, Geröll; verbr.

II. Kronblätter mit Schlundkranz.

1. Blüten wechselständig in traubenartigen Wickeln.

487. S. **gállica** L. **Französisches L.** Stengel, Blätter und Kelch behaart; untere Blätter verkehrteiförmig, obere lanzettlich, spitz; Kelch mit lanzettlichen, spitzen Zähnen, eiförmig; Kronblätter ausgerandet bis 2lappig, weiss oder rötlich. ⊙. 6, 7. Äcker; M Kaiserslautern, Limbach.

2. Blüten überhängend, in Rispen.

488. S. **nutans** L. **Nickendes L.** Stengel und Blätter weichhaarig; untere Blätter spatelig, obere lanzettlich, spitz; Blüten während des Aufblühens hängend; Kelch fast keulig; Kronblätter 2spaltig, weiss. ♃. 5—9. Raine, trockene Wiesen; verbr.

3. Blüten ebensträussig-rispig.

a. Kelch 30rippig.

489. S. **cónica** L. **Kegeliges L.** Blätter lineallanzettlich, spitz; Kelch kegelig, behaart; Kronblätter ausgerandet, rosa. ⊙. 6, 7. Äcker; V verbr.

b. Kelch 10rippig.

490. S. **noctiflora** L. **Nacht-L.** Stengel oberwärts drüsig-weichhaarig; untere Blätter länglich, zugespitzt, obere lanzettlich, spitz; Kelch bauchigröhrig; Kronblätter tief 2spaltig, rötlichweiss; Kapselzähne umgerollt. ⊙. 6—9. Äcker; verbr.

491. S. **Arméria** L. **Garten-L.** Stengel und Blätter kahl; Blätter sitzend, eiförmig, spitz, bläulichgrün; Blüten büschelig gehäuft; Kelch länglich, kahl; Kronblätter ausgerandet, rosa. ⊙. 7, 8. Felsige buschige Orte; M Annweiler, Kaltenbach, Bergzabern, Dahn, Kaiserslautern; N Nahethal; auch gepflanzt und verwildert.

23. Cucúbalus L. Taubenkropf.

492. C. **báccifer** L. **Beeren-T.** Stengel schlaff, klimmend; Blätter gestielt, länglich bis eiförmig, kurzhaarig; Kronblätter 2spaltig, weiss, mit kurzem Schlundkranz; Frucht schwarz. ♃. 7—9. Gebüsch; V Frankenthal, Ludwigshafen.

24. Viscária Röhl. Pechnelke.

493. V. vulgaris Röhl. Gemeine P. Stengel unter den oberen Knoten klebrig; Blätter lineallanzettlich: Blütenstand traubigrispig, fast quirlig; Kelch walzig, 10rippig; Kronblätter ungeteilt, rot. ♃. 5, 6. Raine, trockene Abhänge; verbr.

25. Melándryum Röhl. Feldnelke.

494. M. rubrum Gcke. Rote F. Stengel weichhaarig, drüsenlos; Blätter zugespitzt, untere eiförmig, obere länglich; Krone purpurn; Griffel behaart; Kapselzähne umgerollt. ♃. 5—9. Wiesen; verbr.

495. M. album Gcke. Weisse F. Stengel oberwärts drüsigweichhaarig; untere Blätter länglich, obere lanzettlich; Krone weiss; Griffel kahl; Kapselzähne aufrecht. ⚇. 6—9. Äcker, Raine; verbr.

26. Coronária L. Kranzrade.

496. C. Flos Cuculi A. Br. Kuckucks-K. Stengel angedrücktbaarig; untere Blätter länglichspatelig, obere lanzettlich, spitz; Blüten locker gehäuft; Kronblätter 4spaltig, rosa. ♃. 5—7. Wiesen; verbr.

27. Agrostemma L. Rade.

497. A. Githago L. Korn-R. Stengel zottig; Blätter lineal, spitz; Blüten langgestielt; Kronblätter ungeteilt, trübpurpurn. ⊙. 6, 7. Äcker; verbr.

Familie 38. PORTULACÁCEAE. *Portulakgewächse.*

1. Krone 4—6blättrig; Staubblätter 8—15; Blüten in endständigen übergipfelten Knäueln: Blätter wechselständig: **Portulaca 1.**
2. Kronröhre trichterig, 1seitig geschlitzt; Staubblätter 3; Wickel 2—5blütig, oft übergipfelt; Blätter gegenständig: **Móntia 2.**

1. Portulaca L. Portulak.

498. P. oleráceа L. Gemeiner P. Stengel niederliegend, ästig; Blätter länglichkeilförmig, fleischig; Krone gelb; Kelchzipfel stumpfgekielt. ⊙. 7—9. Wege, Gärten, Weinberge; verbr.

2. Móntia Mich. Quellkraut.

499. M. minor Gmel. Kleines Q. Stengel aufrecht; Same matt, höckerig. ⊙. 5—8. Feuchte Äcker; verbr.

500. M. rivularis Gmel. Bach-Q. Stengel flutend oder rasig über das Wasser emporwachsend; Same glänzend, feinpunktiert. ♃. 5—9. Quellen, Bäche; M, N verbr.

Familie 39. RANUNCULÁCEAE. *Hahnenfussgewächse.*

A. Blätter gegenständig; Blütenhülle kronartig; Früchtchen zahlreich, 1samig: . . . . **Clématis 1.**

B. Blätter wechselständig, zuweilen eine Hülle unter der Blüte.
A. Blüten regelmässig; Kronblätter ohne Sporn.
I. Fruchtknoten 1, Griffel 1; Kelch und Krone weiss; Beere: **Actaea 18.**
II. Fruchtknoten mehrere, getrennt.
1. Blütenhülle 1fach, Kelch kronartig.
a. Unter der Blüte eine 3blättrige Hülle.
aa. Hülle quirlig, zerteilt.
α. Kelchblätter 6, violett, gross: . . **Pulsatilla 4.**
β. Kelchblätter 5—11, weiss (bisweilen rot angelaufen) oder gelb: . . . . . . **Anemone 5.**
bb. Hülle ungeteilt, kelchartig, dicht unter der Krone: **Hepática 3.**
b. Keine Hülle unter der Blüte.
aa. Früchtchen 1samig; Blätter 1- bis mehrfachgefiedert: **Thalictrum 2.**
bb. Früchtchen mehrsamig; Blätter nierenförmig: **Caltha 11.**
2. Kelch und Krone; Kronblätter oft klein und eigentümlich gestaltet.
a. Kronblätter ohne Honiggrübchen; Früchtchen 1samig; Kelch abfallend; Blätter bis 3fachgefiedert, Zipfel lineal: . . . . **Adonis 6.**
b. Kronblätter nicht kleiner als die Kelchblätter, am Grund mit Honiggrübchen; Früchtchen 1samig.
aa. Kelchblätter gespornt; Kronblätter langgenagelt; Fruchtboden langwalzig: . . . . . **Myosurus 7.**
bb. Kelchblätter ungespornt; Kronblätter kurzgenagelt; Fruchtboden meist gewölbt.
α. Kelchblätter meist 3; Kronblätter 8—10, gelb: **Ficária 10.**
β. Kelch- und Kronblätter 5.
αα. Honigdrüse ohne Honigschuppe; Blüten weiss; Wasserpflanzen: . . . . . **Batráchium 8.**
ββ. Honigdrüse mit Honigschuppe; Blüten gelb oder weiss; Land- und Sumpfpflanzen: **Ranúnculus 9.**
c. Kronblätter kürzer als die Kelchblätter, in Honigdrüsen umgewandelt; Früchtchen mehrsamig.
α. Kronblätter flach, nebst Kelch gelb; Blätter handförmig geteilt, Abschnitte breit: . . **Tróllius 12.**
β. Kronblätter 2lippig; Kelch hellblau; Blätter 2—3fachfiederteilig, Abschnitte lineal: . . . **Nigella 14.**
γ. Kronblätter röhrig; Kelch grün; Blätter fussförmig: **Hellèborus 13.**
B. Blüten regelmässig; Kronblätter 5, gespornt; Früchtchen mehrsamig: . . . . **Aquilégia 15.**
C. Blüten unregelmässig; Kronblätter in Honigdrüsen umgebildet; Kelch kronartig gefärbt; Früchtchen mehrsamig; Blüten traubig.

I. Oberes Kelchblatt und Kronblätter gespornt: **Delphinium 16.**
II. Oberes Kelchblatt helmförmig gewölbt, 2 Kronblätter langgestielt: . . . . **Aconitum 17.**

1. Clématis L. Waldrebe.

501. C. Vitalba L. Gemeine W. Stengel mittels der Blattstiele rankend; Blätter 1fachgefiedert; Blütenrispen achselständig; Blütenhülle beiderseits filzig, weiss; Griffel der Früchtchen lang, behaart. ♄. 7, 8. Auen, Hecken; verbr.

2. Thalictrum L. Wiesenraute.

I. Stengel feingestreift; Blätter im Umriss 3eckig; Blättchen nur wenig länger als breit, 3zähnig bis 3spaltig; Blüten und Staubblätter nickend, nicht büschelig gedrängt; Staubbeutel bespitzt.

1. Verzweigungen des Blattstiels fast stielrund.

502. T. silváticum L. Wald-W. Wurzelstock kriechend; Stengel gerade; Blättchen rundlich, kahl, unterseits graugrün; Rispenäste aufrecht abstehend. ♃. 6. Wald; M Kaiserslautern.

2. Verzweigungen des Blattstiels kantig.

503. T. Jacquinianum Koch. Gebogene W. Stengel meist aufrecht vom Wurzelstock entspringend, dicht über den Schuppen mit Laubblättern, an den Knoten gerade, oft oberwärts zwischen diesen gebogen; Laubblattbereich länger als die Rispe; Rispenäste aufrecht abstehend; erste Verzweigungen des Blattstiels etwas vorgestreckt; Blättchen gerundet oder etwas keilförmig, grün, dünn. ♃. 6, 7. Wiesen, Gebüsch; V Dürkheim.

504. T. minus Koch. Kleine W. Stengel am Grund meist aufsteigend, beschuppt, mit etwas davon entfernten Laubblättern, im Laubblattbereich an den Knoten zickzackförmig gebogen; Laubblattbereich kürzer als die Rispe; Rispenäste sparrig abstehend; Blättchen in der Gestalt sehr schwankend, am Grund gerundet und keilförmig, auch lanzettlich zugespitzt, meist derb, blaugrün, bereift. ♃. 6. Triften; V Dürkheim; M Zweibrücken.

II. Stengel gefurcht; Blätter im Umriss länglich-3eckig, Blättchen deutlich länger als breit; Wurzelstock kriechend.

505. T. galioídes Nestl. Labkrautähnliche W. Verzweigungen des Blattstiels ohne Nebenblättchen; Blättchen lineal bis länglich, keilförmig, ungeteilt, oder endständige mit wenigen abstehenden Lappen, am Rand zurückgerollt, oberseits meist glänzend, unterseits heller; Rispe verlängert; Blüten einzeln; Staubblätter nickend, Staubbeutel bespitzt; Früchtchen länglich. ♃. 7. Heidewiesen; V Frankenthal, Speyer, Germersheim.

506. T. flavum L. Gelbe W. Hinterste Verzweigungen des Blattstiels mit Nebenblättchen; Blättchen verkehrteiförmig, vorn 3spaltig; Rispe verlängert oder fast ebensträussig; Blüten büschelig gehäuft; Staubblätter aufrecht; Staubbeutel nicht bespitzt; Früchtchen rundlich. ♃. 7. Auen, Sumpf; V verbr.; N Nahethal.

3. Hepática Dill. Leberblümchen.

507. **H. triloba Gil. Blaues L.** Blätter herzförmig, 3lappig; Blüten einzeln in der Achsel von Niederblättern, mit abstehend behaartem Stiel; Kelchblätter 8—10, meist blau. ♃. 3, 4. Laubwald; V Dürkheim, Grünstadt; M Hartenburg; N Donnersberg.

4. Pulsatilla Tourn. Schelle.

508. **P. vernalis Mill. Frühlings-S.** Grundblätter überwinternd, 1fachgefiedert, Blättchen eiförmig 3spaltig; Kelchblätter glockig, nickend, aussen violett, innen weiss. ♃. 4, 5. Trockene Wiesen; M Eppenbrunn, Fischbach.

509. **P. vulgaris Mill. Kuh-S.** Grundblätter im Herbst absterbend, 3fach fiederteilig, Zipfel lineal; Kelchblätter von der Mitte an abstehend, blauviolett. ♃. 4. Heidewiesen; V Grünstadt, Maxdorf, Neustadt, Speyer, Landau; M Annweiler, Kaiserslautern, Zweibrücken; N Kreuznach, Donnersberg.

5. Anemone L. Windröschen.

1. Wurzelstock kurz; Blütenstengel mit Grundblättern.

510. **A. silvestris L. Wald-W.** Stengel und Blätter abstehend behaart; Grundblätter handförmig 3—5zählig, Zipfel länglich bis rautenförmig, eingeschnitten; Hüllblätter gestielt; Kelch weiss oder etwas rötlich, aussen behaart. ♃. 5. Heidewiesen; V Niedesheim, Grünstadt, Ludwigshafen, Schifferstadt, Speyer, Neustadt, Landau; M Ensheim.

2. Wurzelstock kriechend; Blütenstengel ohne Grundblätter.

511. **A. nemorosa L. Gemeines W.** Hüllblätter 2mal so lang als ihr Stiel, nebst dem Blütenstiel etwas behaart; Blüten meist einzeln; Kelchblätter meist 6, weiss oder rötlich, kahl. ♃. 3, 4. Laubwald; verbr.

512. **A. ranunculoides L. Gelbes W.** Hüllblätter mehrmal länger als ihr Stiel, kahl; Blüten zu 1—3; Kelch gelb, aussen nebst dem Blütenstiel etwas behaart. ♃. 4. Laubwald; V Speyer, Landau, Bienwald; M Trippstadt, Würzbach; N Donnersberg.

6. Adonis L. Blutströpfchen.

1. Kronblätter 12—16; Früchtchen behaart.

513. **A. vernalis L. Frühlings-B.** Kelch weichhaarig; Kronblätter länglich, ausgebreitet, glänzend hellgelb. ♃. 4, 5. Heidewiesen; V Schifferstadt.

2. Kronblätter 6—8; Früchtchen kahl.

514. **A. flámmea Jacq. Flammen-B.** Kelch rauhhaarig; Kronblätter länglich, scharlachrot, am Grund meist mit schwarzem Fleck; Früchtchen oben mit abgerundetem Höcker; Griffel an der Spitze schwarz. ⊙. 6, 7. Äcker; V Dürkheim, Maxdorf, Frankenthal, Neustadt, Landau; M Zweibrücken.

515. **A. aestivalis L. Sommer-B.** Kelch kahl; Kronblätter eiförmig, scharlachrot oder strohgelb, mit oder ohne schwarzen

Fleck; Früchtchen oben mit spitzem Höcker, unten mit spitzem Zahn; Griffel gleichfarbig. ⨀. 6. Äcker; V verbr.

7. Myosurus L. Mäuseschwanz.

516. M. minimus L. Kleiner M. Blätter grundständig, lineal, kürzer als der 1blütige Stengel; Krone gelbgrün. ⨀.5. Äcker; verbr.

8. Batráchium E. Mey. Froschkraut.

I. Stengel kriechend; Blätter alle nierenförmig, stumpf 3—5lappig.

517. B. hederáceum E. Mey. Epheu-F. Kronblätter wenig länger als der Kelch; Früchtchen und Blütenachse kahl. ♃.5—7. Quellen, Gräben, Teichränder; V Speyer; M Kaiserslautern, Zweibrücken, Kirkel; N Kusel.

II. Stengel untergetaucht; untergetauchte Blätter oder alle vielteilig.

1. Blätter im Umriss rundlich oder nierenförmig; Zipfel im Wasser allseitig abstehend.

a. Blattzipfel wiederholt 3teilig, erst in den letzten Graden gabelig verzweigt.

518. B. aquátile E. Mey. Wasser-F. Untergetauchte Blätter gestielt, länger als die Stengelglieder; Schwimmblätter meist vorhanden, herznierenförmig, 3—5lappig; Kronblätter verkehrteiförmig; Staubblätter zahlreich, länger als das Fruchtknotenköpfchen; Früchtchen stumpf, kaum geschnäbelt, rauhhaarig. ♃. 6—9. Stehendes Wasser; verbr.

519. B. paucistamineum Tausch. Haarblättriges F. Untergetauchte Blätter sitzend oder gestielt, kürzer als die Stengelglieder, aus dem Wasser genommen zusammenfallend; Schwimmblätter selten vorhanden, tief 3teilig, Abschnitte keilförmig; Kronblätter länglich; Staubblätter 8—15, länger oder etwas kürzer als das Fruchtknotenköpfchen; Früchtchen stumpf, kaum geschnäbelt, rauhhaarig oder kahl. ♃. 6—9. Stehendes Wasser; verbr.

b. Blätter nur am Grund 3teilig; Zipfel gabelig verzweigt.

520. B. divaricatum Wimm. Sparriges F. Blätter alle untergetaucht, viel kürzer als die Stengelglieder; Zipfel auch ausserhalb des Wassers spreizend; Kronblätter verkehrteiförmig; Staubblätter zahlreich, länger als das Fruchtknotenköpfchen; Früchtchen kurzgeschnäbelt, rauhharig. ♃. 6—8. Stehendes Wasser; V Frankenthal, Maudach, Speyer.

2. Blätter im Umriss länglich; Zipfel lang gleichlaufend vorgestreckt.

521. B. flúitans Wimm. Flutendes F. Blätter fast alle untergetaucht, 3teilig, dann wiederholt gabelig, länger als die Stengelglieder; Staubblätter zahlreich, kürzer als das Fruchtknotenköpfchen; Früchtchen kahl. ♃. 6, 7. Fliessendes Wasser; verbr.

9. Ranúnculus L. Hahnenfuss.

A. Kronblätter weiss oder rötlich; Honigdrüse mit Schuppe.

522. R. platanifólius L. Platanenblättriger H. Stengel

hoch, mehrblütig, mit Laubblättern; Blätter tief 3spaltig; Mittellappen am Grund mit den seitlichen breit verbunden, länglich keilförmig, alle langzugespitzt, grob eingeschnitten gesägt; Blütenstiele kahl. ♃. 5—7. Wald; V Bienwald; M zw. Eusserthal und Neustadt, zw. Annweiler und Edenkoben, Aschbacher Thal bei Kaiserslautern, Waldfischbach, Dahn; N Donnersberg, Nahethal.

B. Kronblätter gelb.

A. Krone blassgelb; Honigdrüse ohne Schuppe; Blütenachse verlängert; Früchtchen sehr zahlreich, klein, mit kurzem Spitzchen.

523. R. sceleratus L. Gift-H. Blätter nebst Stengel kahl, 3teilig, Abschnitte verkehrteiförmig, vorn eingeschnittengekerbt; Kelch zurückgeschlagen. ☉. 5--10. Gräben, Ufer; V verbr.; M Annweiler, Kaiserslautern.

B. Krone gold- oder dunkelgelb; Honigdrüse mit Schuppe; Blütenachse gewölbt.

I. Blätter ungeteilt, lanzettlich.

524. R. Flámmula L. Brennender H. Stengel aufsteigend oder niederliegend; Blätter elliptischlanzettlich bis lineal; Früchtchen mit kurzem Spitzchen. ♃. 6—9. Gräben, feuchte Wiesen; verbr.

525. R. Lingua L. Grosser H. Stengel aufrecht, mit unterirdischen Ausläufern; Blätter verlängertlanzettlich, zugespitzt; Früchtchen mit breitem sichelförmigem Schnabel. ♃. 7. Gräben, Altwasser; V verbr.; M Kaiserslautern.

II. Wenigstens die Stengelblätter handförmig eingeschnitten bis geteilt.

1. Früchtchen glatt oder nur am Rand mit Höckerchen.

a. Abschnitte der Grundblätter ungestielt; Kelch anliegend.

aa. Blütenstiel rund.

α. Früchtchen sammethaarig.

526. R. auricomus L. Gold-H. Stengel am Grund mit mehreren ungeteilten gekerbten bis gespaltenen kahlen Laubblättern; Stengelblätter fingerig geteilt, Zipfel lineal, gezähnt oder ganz; Schnabel der Früchtchen vom Grund an hakig; Blüten oft verkümmert. ♃. 4, 5. Hecken, Waldrand; verbr.

β. Früchtchen kahl.

527. R. acer L. Scharfer H. Stengel und Blätter angedrücktbehaart; Stengel mehrblütig; Blätter gestielt, handförmiggeteilt, Abschnitte tief eingeschnitten gezähnt; Schnabel viel kürzer als das Früchtchen. ♃. 5, 6. Wiesen, Wald; verbr.

bb. Blütenstiel kantig gefurcht.

528. R. nemorosus DC. Wald-H. Grundblätter handförmig 3teilig; Abschnitte breit verkehrteiförmig, keilig, seitliche nur wenig tiefer eingeschnitten als der mittlere; Stengel unterwärts anliegend oder abstehend behaart; Blüten rotgelb; Früchtchen mit eingerolltem Schnabel. ♃. 6, 7. Wald; V Forst; M Annweiler, Kaiserslautern, Pirmasens, Zweibrücken; N.

529. R. polyánthemus L. Vielblütiger H. Grundblätter handförmig 3teilig, seitliche Abschnitte fast ebenso tief geteilt als der Einschnitt zwischen ihnen und dem mittleren; Abschnitte 2—3spaltig eingeschnitten gezähnt, Zipfel lineallanzettlich bis länglich; Stengel unterwärts abstehend behaart; Blüten goldgelb; Früchtchen mit ziemlich geradem kurzhakig gekrümmtem Schnabel. ♃. 6, 7. Wald; V verbr.; M Wachenheim, Kaiserslautern, Zweibrücken; N Kusel.

b. Abschnitte der Grundblätter gestielt; Kelch nicht anliegend.

aa. Grundblätter 3zählig, Abschnitte gestielt; wurzelnde Ausläufer; Kelch abstehend.

530. R. **repens** L. **Kriechender H.** Stengel weichhaarig; Früchtchen mit kurzem geradem Schnabel. ♃. 5—9. Feuchte Wiesen, Wege; verbr.

bb. Grundblätter mit länger gestieltem mittlerem Abschnitt; ohne Ausläufer; Kelch zurückgeschlagen.

531. R. **bulbosus** L. **Knolliger H.** Stengel am Grund knollig verdickt, unten abstehend, oben anliegend behaart; Abschnitte der Blätter fast fiederteilig; Früchtchen mit kurzem gekrümmtem Schnabel, glatt. ♃. 5—7. Raine, Äcker, Wiesen; verbr.

532. R. **sardous** Crantz. **Blasser H.** Stengel nicht verdickt, abstehend behaart; Blattabschnitte fast fiederteilig; Krone hellgelb; Früchtchen mit geradem Schnabel, oft längs dem Rand mit Höckerchen. ☉. 5—8. Feuchte Äcker und Wiesen; V Gauersheim, Maxdorf, Dürkheim, Neustadt, Speyer, Landau; M Annweiler, Blieskastel; N Donnersberg, Kusel.

2. Früchtchen erhaben netzigrunzelig oder stachelig, mit langem oft etwas gekrümmtem Schnabel.

533. R. **arvensis** L. **Acker-H.** Blätter 3zählig, Blättchen gestielt, 3- bis vielspaltig, Zipfel lineallanzettlich; Blütenstiele rund; Kelch locker anliegend; Krone hellgelb; Früchtchen nur 4—8. ☉. 5—7. Äcker; verbr.

10. Ficária Dill. Feigwurz.

534. F. **ranunculoides** Rth. **Scharbocks-F.** Wurzeln knollig; Blätter ungeteilt, rundlichherzförmig, untere geschweift, obere eckig; Stengel liegend; in den unteren Blattachseln Brutzwiebeln. ♃. 4, 5. Wald, Wege, Zäune; verbr.

11. Caltha L. Dotterblume.

535. C. **palustris** L. **Sumpf-D.** Stengel ästig; Blätter gekerbt; Kelch dottergelb. ♃. 4, 5. Feuchte Wiesen; verbr.

12. Tróllius L. Goldknöpfchen.

536. T. **europaeus** L. **Europäisches G.** Stengel aufrecht, 1blütig; Blätter handförmig 3zählig, Abschnitte tief eingeschnittengezähnt; Kelchblätter zusammenschliessend, hellgelb; Kronblätter klein, so lang als die Staubblätter, dunkelgelb. ♃. 5, 6. Feuchte Wiesen; V Speyer.

13. Helléborus Adans. Nieswurz.

537. **H. foétidus L. Stinkende N.** Stengel aufrecht, holzig; Laubblätter derbkrautig, Blättchen schmallanzettlich, vorn angedrücktgesägt; Blütenstand endständig; Kelch glockig, grün, rotberandet. ♄. 3, 4. Wald, steinige buschige Abhänge; V Grünstadt, Dürkheim; N Kirchheimbolanden bis Kusel.

14. Nigella L. Schwarzkümmel.

538. **N. arvensis L. Feld-S.** Stengel fast kahl; Blüten gestielt, ohne Hülle; Kelchblätter mit langem Nagel, zugespitzt, weiss, vorn bläulich, unterseits grüngestreift. ⊙. 7—9. Äcker; V verbr.; N Nahethal.

15. Aquilégia L. Akelei.

539. **A. vulgaris L. Gemeine A.** Blätter 2fach 3zählig, Blättchen 3lappig bis 3spaltig, gekerbt; Kronblätter ausgerandet, blau; Sporn an der Spitze hakig eingerollt. ♃. 6, 7. Wald, Gebüsch; verbr.

16. Delphínium L. Rittersporn.

540. **D. Consólida L. Feld-R.** Traube wenigblütig; Deckblätter häutig, viel kürzer als die fadenförmigen Blütenstiele; Kelch meist kornblumenblau; Frucht kahl. ⊙. 6—9. Feld; verbr.

17. Aconitum L. Eisenhut.

541. **A. Lycóctonum L. Gelber E.** Blattabschnitte wenig tief eingeschnitten; Blüten blassgelb; Sporn der Kronblätter eingerollt; Helm bis 3mal so hoch als breit. ♃. 7, 8. Wald; V Bienwald; M Kaiserslautern, Elmstein, Eusserthal, Dahn; N Donnersberg, Wolfstein.

18. Actaea L. Christophskraut.

542. **A. spicata L. Ähriges C.** Blätter 3zählig, Blättchen 2fachgefiedert; Traube kurz; Beere schwarz. ♃. 7, 8. Bergwald; ziemlich verbr.; fehlt V.

Familie 40. NYMPHAEÁCEAE. *Seerosengewächse.*

1. Kelchblätter 4; Kronblätter weiss, zahlreich, allmählich in die Staubblätter übergehend; diese am Grund mit dem Fruchtknoten verwachsen: . . . . **Nymphaea 1.**
2. Kelchblätter 5, grünlichgelb; Kronblätter kürzer, goldgelb; Staubblätter dem Fruchtknoten nicht angewachsen: **Nuphar 2.**

1. Nymphaea L. Seerose.

543. **N. alba L. Weisse S.** Blätter rundlich, tiefherzförmig, unterste Nerven auseinandergehend; innere Staubfäden nicht breiter als die Staubbeutel; Narbenstrahlen 8—24, gelb, schmal; Frucht-

knoten fast bis zur Spitze mit Staubblättern bedeckt. ♃. 5—8. Seen, Gräben; V verbr.

544. **N. cándida Presl. Kleine S.** Blätter rundlich, tiefherzförmig, unterste Nerven bogig zusammenneigend; auch die innersten Staubfäden breiter als die Staubbeutel; Narbenstrahlen 6—14, rot, breit, mit 3 Furchen; Fruchtknoten oben verschmälert und frei von Staubblättern. ♃. 5—8. Seen, Gräben; M Sembach, Kaiserslautern; N Kusel, Waldmohr, Wolfstein, Winnweiler.

2. Nuphar Sm. Teichrose.

545. **N. lúteum Sm. Gelbe T.** Blätter eiförmig, tiefherzförmig; Narbenscheibe ganzrandig oder schwachgekerbt, Strahlen nicht bis zum Rand auslaufend. ♃. 5—8. Seen, Gräben; V verbr.; M Kaiserslautern, Homburg; N Glanthal.

Familie 41. BERBERIDÁCEAE. *Sauerdorngewächse.*

1. Bérberis L. Sauerdorn.

546. **B. vulgaris L. Gemeiner S.** Äste rutenförmig; Blätter dornig ausgebildet, meist 3teilig; in ihren Achseln büschelige Laubtriebe mit verkehrteiförmigen, ungeteilten, wimperiggesägten Blättern; an diesen Trieben endständige Trauben; Blüten gelb; Beere länglich, rot. ♄. 5, 6. Auen; V Dürkheim, Neustadt, Edenkoben, Landau; M Annweiler.

Familie 42. PAPAVERÁCEAE. *Mohngewächse.*

1. Frucht eine mehrkammerige Kapsel; Narbe sitzend, vielstrahlig; Krone rot, selten weiss; Milchsaft weiss: **Papaver 1.**
2. Frucht eine 1fächerige Schote; Narbe 2lappig; Krone gelb oder rot; Milchsaft gelb.
   a. Griffel deutlich; Frucht kahl; Blüten doldig: **Chelidónium 2.**
   b. Griffel undeutl.; Frucht behaart; Blüten einzeln: **Glaúcium 3.**

1. Papaver L. Mohn.

1. Blätter 1—2fachtiederspaltig, nicht umfassend, behaart; Krone rot.

a. Fruchtknoten borstig; Staubfäden vorn verbreitert.

547. **P. Argemone L. Sand-M.** Stengel und Blätter abstehend rauhhaarig; Frucht keulenförmig mit aufrechten Haaren; Kronblätter länglich. ⊙. 5, 6. Äcker; verbr.

548. **P. hibridum L. Bastard-M.** Frucht rund mit gekrümmt abstehenden Haaren. ⊙. 5—7. Äcker; V Grünstadt, Forst, Mechtersheim, Speyer; N zwischen Kusel und Wolfstein, Kreuznach.

b. Fruchtknoten kahl; Staubfäden vorn nicht verbreitert.

549. **P. Rhoeas L. Feld-M.** Frucht verkehrteiförmig, am Grund abgerundet; Narbenlappen übereinandergreifend. ⊙. 6—9. Äcker; verbr.

550. **P. dúbium L. Zweifelhafter M.** Frucht keulig, am

Grund verschmälert; Narbenlappen getrennt. ⊙. 6, 7. Äcker; verbr.
2. Blätter ungeteilt, stengelumfassend, kahl.

551. P. **somníferum** L. **Schlaf-M.** Blätter eingeschnitten gesägt; Staubfäden vorn verbreitert; Frucht kugelig oder eiförmig; Krone weiss oder lila. ⊙. 7, 8. (Orient.) Gebaut und verwildert.

2. Chelidónium L. Schellkraut.

552. C. **maius** L. **Gemeines S.** Blätter tief fiederspaltig, Abschnitte abgerundet, buchtiggelappt; Kelch fast kahl; Staubfäden vorn etwas verbreitert; Krone gelb. ♃. 5—9. Schutt, Hecken; verbr.

3. Glaúcium L. Hornmohn.

553. G. **corniculatum** Curt. **Roter H.** Untere Blätter gestielt, obere sitzend, länglich eiförmig, fiederspaltig; Frucht borstig steifhaarig; Krone rot oder gelb. ⊙. 6. Äcker; V Oggersheim, Zell.

Familie 43. FUMARIÁCEAE. *Erdrauchgewächse.*

1. Blüten regelmässig, ungespornt; Kronblätter 4, innere 3spaltig; Staubblätter 4; Frucht eine schotenförmige Kapsel; Blüten einzeln oder doldig: . . . . **Hypécoum** 1.
2. Blüten unregelmässig; ein äusseres Kronblatt gespornt; Staubblätter 6, vier mit halben Staubbeuteln; Blüten traubig.
   a. Frucht eine längliche, vielsamige Schote: . . **Corydalis** 2.
   b. Frucht eine 1samige kugelige Schliessfrucht: **Fumária** 3.

1. Hypécoum L. Gelbäuglein.

554. H. **péndulum** L. **Hängendes G.** Blätter 2fachfiederteilig, Zipfel lineal; Mittellappen der inneren Kronblätter rundlich, gestielt, länger als die seitlichen; Krone gelb. ⊙. 6, 7. Äcker; V Ellerstadt.

2. Corydalis DC. Lerchensporn.

1. Stengel am Grund knollig; Traube aufrecht, vielblütig.

555. C. **cava** Schw. et K. **Hohlwurzeliger L.** Stengel am Grund ohne Schuppe, mit 2 Laubblättern; Knolle hohl; Deckblätter eilanzettlich, ganz; Krone purpurn oder weiss; Fruchtstiel kürzer als die Frucht. ♃. 4, 5. Wald, Gebüsch; V Kleinkarlbach, Speyer, Landau; M Trippstadt, Würzbach, Hornbach, Blieskastel; N Kreuznach bis Kusel.

556. C. **sólida** Sm. **Gefingerter L.** Stengel mit 1 Schuppe unter den 2 Laubblättern; Deckblätter fingerförmig eingeschnitten; Krone purpurn; Fruchtstiel so lang als die Frucht. ♃. 4. Wald, Gebüsch; V Kallstadt, Dürkheim, Neustadt; M Zweibrücken; N Donnersberg, Winnweiler.

2. Stengel nicht knollig.

557. C. **lútea** DC. **Gelber L.** Stengel ästig; Blattstiel un-

berandet; Deckblätter haarspitzig; Krone goldgelb. ♃. 7—9. Mauern, Felsen; verwildert; M Pirmasens.

3. Fumária L. Erdrauch.

1. Kelchblätter 1/3 so lang als die Krone; Deckblätter 1/2 so lang als der Fruchtstiel; Frucht vorn abgerundet oder eingedrückt; Blätter hellgrün.

558. **F. officinalis L. Gemeiner E.** Blattzipfel lanzettlich; Krone purpurn; Frucht querbreiter, vorn etwas ausgerandet. ⊙. 5—9. Äcker; verbr.

2. Kelchblätter 5—10mal kürzer als die Krone; Deckblätter fast so lang als der kurze, dicke Fruchtstiel; Frucht kugelig oder kurzzugespitzt; Blätter graugrün.

559. **F. Vailliántii Lois. Buschiger E.** Stengel ausgebreitet; Blattzipfel lanzettlich; Kelchblätter sehr klein, schmäler als der Blütenstiel; Krone blassrosa; Frucht kugelig, sehr stumpf. ⊙. 6—9. Äcker, Schutt; V verbr.; M Zweibrücken.

560. **F. parviflora Lam. Zarter E.** Stengel meist aufrecht; — Blattzipfel sehr schmallineal; Kelchblätter so breit als der Blütenstiel; Frucht kurzzugespitzt. ⊙. 6—9. Äcker; V Grünstadt, Dürkheim, Frankenthal, Ludwigshafen; N Nahe- und Glanthal.

Familie 44. CRUCÍFERAE. *Kreuzblümler.*

A. Frucht eine Schote, mehr als 3mal so lang als breit.

A. Krone gelb.

I. Frucht mit deutlichen Nerven.

1. Blätter mit verschmälertem Grund, ungeteilt, behaart; Frucht 4kantig, behaart.
   a. Narbe tief 2lappig: . . . . **Cheiranthus 1.**
   b. Narbe ungeteilt oder ausgerandet: . **Erysimum 11.**
2. Mittlere und obere Blätter umfassend, kahl, meist leierförmig gefiedert; Frucht mit starkem Mittelnerv der Klappen, kahl.
   a. Frucht abgerundet 4kantig; obere Blätter vom Grund an verbreitert: . . . . **Barbarea 3.**
   b. Frucht mit gewölbten Klappen; obere Blätter vom Grund an rascher oder langsamer verschmälert: **Brássica 12.**
3. Blätter mit schmalem Grund, meist fiederteilig.
   a. Frucht 2klappig aufspringend.
      aa. Frucht ungeschnäbelt oder mit walzigem oder kegeligem Schnabel.
         α. Samen 1reihig.
            αα. Klappen 3nervig: . . . . **Sisymbrium 8.**
            ββ. Klappen 1nervig: . . . . **Erucastrum 14.**
         β. Samen 2reihig: . . . . . . **Diplotaxis 15.**
      bb. Frucht mit 2schneidigem Schnabel: **Sinapis 13.**
   b. Frucht lederig hart, in 1samige Stücke zerfallend: **Raphanistrum 32.**

II. Frucht nervenlos; Blätter fast gefiedert: . . **Nastúrtium 2.**

B. Krone weiss, gelblichweiss oder violett; Frucht stets 2klappig aufspringend; Narbe ungeteilt oder ausgerandet.

I. Blätter gestielt, herzförmig; Frucht rundlich-4kantig: **Alliária 10.**

II. Stengelblätter mit herzförmigem Grund sitzend oder umfassend, ungeteilt, höchstens gezähnt.

1. Würzelchen auf der Seite der Keimblätter.

a. Samen in jedem Fach 2reihig; Schote lineal, Klappen gewölbt: . . . . **Turritis 4.**

b. Samen in jedem Fach 1reihig; Schote lineal, Klappen flach oder wenig gewölbt: . . . . . . **Arabis 5.**

2. Würzelchen auf dem Rücken der Keimblätter; Schote lineal, seitlich zus.-gedrückt, schmalwandig: **Stenophragma 9.**

III. Stengelblätter mit schmalem Grund, meist gefiedert; Frucht nervenlos.

1. Stengel mit Grundblättern: . . . . . **Cardámine 6.**

2. Stengel am Grund blattlos; Wurzelstock mit zahnförmigen Niederblättern: . . . . **Dentária 7.**

B. Frucht ein Schötchen, höchstens 3mal so lang als breit.

A. Schötchen der Quere nach zerfallend, 2samig, unteres Glied stielartig, oberes kugelig oder eiförmig: . . **Rapistrum 31.**

B. Schötchen nie der Quere nach zerfallend.

I. Schötchen rings gewölbt oder seitlich, der Scheidewand gleichlaufend, flachgedrückt.

1. Schötchen flachgedrückt; Blätter meist grundständig.

a. Kronblätter ganzrandig; Stengel beblättert: **Draba 18.**

b. Kronblätter gespalten; Stengel blattlos: **Eróphila 19.**

2. Schötchen gewölbt.

a. Blätter von Sternhaaren grau.

α. Fruchtfächer 2samig; Kronblätter gelb: **Alyssum 16.**

β. Frucht 6- und mehrsamig; Kronblätter weiss: **Bertéroa 17.**

b. Blätter kahl oder mit einzelnen Haaren bestreut.

aa. Schötchen 2klappig.

α. Schötchen länglich oder elliptisch, nervenlos; Blüten gelb: . . . . **Nastúrtium 2.**

β. Schötchen birnförmig; Blüten gelblichweiss: **Camelina 20.**

bb. Schötchen geschlossen bleibend.

α. Krone gelb: . . . . **Néslea 29.**

β. Krone weiss: . . . . **Calepina 30.**

II. Schötchen quer zur Scheidewand flachgedrückt.

1. Krone weiss oder rosa.

a. Trauben vielblütig, nicht durch Laubsprosse zur Seite gedrängt.

aa. Fächer mehrsamig.

α. Klappen wenigstens vorn geflügelt.

αα. Blätter ungeteilt; Stengel beblättert; Kronblätter gleich, weiss; Staubblätter ohne Anhängsel: . . . . **Thlaspi 21.**

ββ. Blätter fiederteilig, fast nur grundständig; 2 Kronblätter vergrössert; Staubblätter am Grund mit häutigem Anhängsel: **Teesdálea 22.**

β. Klappen der 3eckigen Frucht ungeflügelt: **Capsella 26.**

bb. Fächer 1samig.

α. Traube schon anfangs verlängert; Blüten nicht strahlend: . . . . **Lepidium 25.**

β. Traube anfangs ebensträussig; Blüten strahlend: **Iberis 23.**

b. Traube wenigblütig, vom Laubspross zur Seite gedrängt und übergipfelt: . . . . **Corónopus 27.**

2. Krone gelb; Trauben rispig gehäuft.

a. Schötchen 2fächerig, an Grund und Spitze tief eingeschnürt; Fächer flach, fast kreisrund, nicht aufspringend: **Biscutella 24.**

b. Schötchen 1fächerig, aus schmalem Grund vorn gestutzt oder ausgerandet, hängend, 1samig, nicht aufspringend: . . . . **Isatis 28.**

1. Cheiranthus L. Goldlack.

561. Ch. Cheiri L. Gemeiner G. Blätter kurzgestielt, lanzettlich, spitz, ganzrandig, untere mit 1—2 Zähnen, mit 1fachen, anliegenden Haaren besetzt. ♃. 5. 6. Mauern; V Zell, Dürkheim, Deidesheim, Neustadt; N Nahethal.

2. Nastúrtium R. Br. Sumpfkresse.

1. Krone weiss, fast 3mal so lang als der Kelch.

562. N. officinale R. Br. Gebräuchliche S. Stengel am Grund kriechend, hohl; Blätter gefiedert, untere 3zählig; Schoten sichelförmig gekrümmt, gewölbt. ♃. 6—9. Quellen, Bäche; verbr.

2. Krone hellgelb, so lang als der Kelch.

563. N. palustre DC. Gemeine S. Blätter fiederspaltig; Schoten länglich. ⊙. 6—9. Sumpf; verbr.

3. Krone sattgelb, länger als der Kelch.

564. N. silvestre R. Br. Wald-S. Blätter tief fiederteilig bis gefiedert; Schoten lineal, so lang als ihr Stiel. ♃. 6—8. Gräben, Raine, Ufer; V, N verbr.; M Zweibrücken.

565. N. amphibium R. Br. Wasser-S. Blätter länglich, untere kammartig oder leierförmig eingeschnitten, selten alle ganz; Schote elliptisch, 2—3mal kürzer als ihr Stiel. ♃. 5—7. Ufer; V, N, verbr.; M Kaiserslautern.

3. Barbarea R. Br. Winterkresse.

566. B. vulgaris R. Br. Gemeine W. Untere Blätter 2—4paarig leierförmig, obere ungeteilt, gezähnt; Kronblätter goldgelb; Schote meist aufrecht abstehend, breiter als ihr Stiel. ⊙. 5—7. Gräben, feuchte Orte; verbr.

4. Turritis Dill. Turmkraut.

567. **T. glabra L. Kahles T.** Stengel aufrecht, über 1 m hoch, meist 1fach, kahl; Grundblätter gezähnt, zerstreuthaarig, zur Blütezeit meist abgewelkt; Stengelblätter pfeilförmig, lanzettlich, spitz; Krone gelblichweiss; Schoten steifaufrecht, Samen in jedem Fach 2reihig. ⊙. 6, 7. Raine, Waldränder, Felsen; verbr.

5. Árabis L. Gänsekresse.

A. Stengelblätter kurzgestielt.

568. **A. arenosa Scop. Sand-G.** Stengel und Blätter rauhhaarig; Grundblätter rosettig, jederseits 6—9 Zähne oder spitz-3eckige Abschnitte; Stengelblätter gezähnt bis fiederteilig, Endlappen schmal; Krone meist lila; Schoten abstehend, fast flach. ⊙, ⊙. 6, 7. Felsen, Geröll; M Neustadt bis Frankenstein, Elmstein, Bergzabern, Dahn; N Nahethal.

B. Stengelblätter am Grund herz- oder pfeilförmig umfassend.

I. Krone gelblichweiss; Schoten auf aufrechten Stielen abwärts gekrümmt.

569. **A. Turrita L. Turm-G.** Stengel reichbeblättert; Blätter nebst Stengel mit ästigen Haaren bekleidet, gezähnt, tiefherzförmig mit gerundeten Öhrchen, untere elliptisch, obere länglich; Same geflügelt. ⊙. Felsen; N Donnersberg, Nahethal.

II. Krone weiss; Schoten aufrecht oder abstehend.

1. Stengel und Blätter kahl, etwas bereift.

570. **A. pauciflora Grcke. Armblütige G.** Wurzelstock kurz kriechend; alle Blätter ganzrandig; Grundblätter in den langen Stiel verschmälert; Stengelblätter länglich; Krone klein; Schoten auf abstehenden kurzen Stielen fast aufrecht. ♃. 5, 6. Gebüsch; N Donnersberg, Nahethal, Rathsweiler.

2. Stengel und Blätter mehr oder weniger behaart.

a. Schoten abstehend, entfernt; Traubenachse hin und her gebogen.

571. **A. auriculata Lam. Geöhrte G.** Untere Blätter in den Stiel verschmälert, obere elliptisch, schwachgezähnt oder ganzrandig. ⊙. 5. Sonnige Abhänge; V Grünstadt, Dürkheim.

b. Schoten aufrecht, genähert; Traubenachse steif.

α. Öhrchen und Stengelblätter dem Stengel anliegend.

572. **A. Gerardi Bess. Rain-G.** Blätter lanzettlich bis eiförmig; Same netzig punktiert. ⊙. 5. Feuchte Wiesen; V Fussgönnheim, Jockgrim.

β. Öhrchen und Stengelblätter abstehend.

573. **A. hirsuta Scop. Rauhe G.** Untere Blätter am Grund gestutzt, obere herzförmig mit gerundeten Öhrchen, rauh; Same schwachpunktiert. ⊙, ♃. 5, 6. Wiesen; V Dürkheim, Neustadt, Speyer; M Wilgartswiesen; N Donnersberg, Nahethal.

574. **A. sagittata DC. Pfeil-G.** Stengelblätter herzpfeilförmig, obere und Stengel oberwärts ziemlich kahl. ⊙. 5, 6. Wiesen, Abhänge; V Frankenthal, Wachenheim, Maudach.

6. Cardámine L. Schaumkraut.

I. Kronblätter kürzer als der Kelch oder fehlend; Blattstiel pfeilförmig geöhrt.

575. **C. impátiens L. Zartes S.** Blätter vielpaarig gefiedert, Endblättchen grösser; Blättchen der unteren Blätter 3—5spaltig. ⊙. 5—7. Wald; V Bienwald, Wörth; M Frankenstein, Annweiler, Kaiserslautern, Bergzabern; N Donnersberg, Nahe- und Glanthal.

II. Kronblätter länger als der Kelch; Blattstiel ungeöhrt.

1. Kronblätter 2mal so lang als der Kelch, aufrecht, weiss.

576. **C. silvática Lk. Wald-S.** Ohne Rosette; Schoten mit abstehenden Stielen fast aufrecht; Griffel so lang als die Breite der Schote. ⊙. 5, 6. Bergwald; M verbr.

577. **C. hirsuta L. Rauhes S.** Grundblätter rosettig; meist mehrere aufrechte wenigblättrige Stengel; Staubblätter meist 4; Schoten auf aufrechten Stielen; Griffel kürzer als die Breite der Schote. ⊙, ⊙. 5, 6. Feuchter Wald, Wiesen; V verbr.; M Annweiler; N Donnersberg, Nahethal.

2. Kronblätter fast 3mal so lang als der Kelch, ausgebreitet.

578. **C. pratensis L. Wiesen-S.** Grundblätter rosettig; Stengel hohl; Krone lila, 2mal so lang als die Staubblätter; Staubbeutel gelb; Schoten aufrecht abstehend, flach; Griffel kurz. ♃. 4, 5. Feuchte Wiesen; verbr.

579. **C. amara L. Bitteres S.** Ohne Rosette; Stengel markig, unterwärts behaart; Krone weiss, wenig länger als die Staubblätter; Staubbeutel dunkelviolett; Schoten abstehend, flach; Griffel lang. ♃. 4, 5. Ufer, feuchter Wald; verbr.

7. Dentária L. Zahnwurz.

580. **D. bulbifera L. Zwiebel-Z.** Blätter zahlreich, 2—3paarig-gefiedert, obere ungeteilt; häufig in den Blattachseln schwärzliche Brutknospen; Krone bläulichlila. ♃. 5. Wald; N Lemberg.

8. Sisýmbrium L. Rauke.

1. Blätter schrotsägezähnig bis fiederteilig.

581. **S. officinale Scop. Gemeine R.** Blätter 2—3paarig fiederteilig, Seitenabschnitte länglich, gezähnt, Endabschnitt pfeilförmig; Äste sparrig abstehend; Schoten der Traubenachse aufrecht angedrückt, 3nervig, vorn allmählich pfriemlich verschmälert, meist behaart. ⊙. 6—9. Schutt, Wege; verbr.

582. **S. Loesélii L. Barben-R.** Stengel rauhhaarig; Endlappen der Blätter spiessförmig zugespitzt, starkgezähnt; Kelch abstehend; Schoten 2mal so lang als ihr Stiel, auf abstehendem Stiel einwärts gebogen mit 3nervigen Klappen, ungeschnäbelt. ⊙. 6—9. Schutt; V. Landau.

2. Blätter 2—3fachfiederteilig, Zipfel lineal.

583. **S. Sophia L. Sophien-R.** Krone kürzer als der Kelch, hellgelb; Schoten walzig mit 1nervigen Klappen, abstehend, aufwärts gebogen. ⊙, ⊙. 7—9. Feld, Raine; verbr.

9. Stenophragma Celk. Schmalwand.

584. **St. Thalianum Celk. Acker-S.** Stengel unterwärts rauhhaarig; Blätter sitzend, länglich, entferntgezähnt, mit gabeligen Härchen bestreut; Schoten bogig aufrecht, kaum länger als ihr Stiel, gewölbt. ☉, ⊙, 4, 5. Äcker; verbr.

10. Alliária Rupp. Lauchhederich.

585. **A. officinalis Andrzj. Gemeiner L.** Grundblätter nierenförmig; Stengelblätter ausgeschweift gezähnt; Schoten abstehend, viel länger als der gleichdicke Stiel. ☉. 5, 6. Gebüsch; verbr.

11. Erýsimum L. Hederich.

1. Mittlere Blätter länglichlanzettlich, geschweiftgezähnt; Blüten gelb.

586. **E. cheiranthoides L. Lack-H.** Blütenstiel 2—3mal so lang als der Kelch; Krone dunkelgelb; Frucht auf abstehendem, $^1/_2$ so langem Stiel aufrecht, fast kahl. ☉. 6—9. Äcker; verbr.

587. **E. crepidifólium Rchb. Bleicher H.** Blütenstiel kürzer als der Kelch; Krone 2mal so lang als der Kelch, hellschwefelgelb; Frucht aufrecht oder nur wenig abstehend, gleichfarbig grau. ☉. 6. Kalkfelsen, Schutt; N Ebernburg.

2. Mittlere Blätter am Grund tiefherzförmig umfassend; Blüten weiss oder weissgelb.

588. **E. orientale R. Br. Weisslicher H.** Blätter länglicheiförmig, ganzrandig, kahl; Schoten abstehend, Klappen 1nervig; Samen in jedem Fach 1reihig. ☉. 5—8. Äcker; V verbr.; M Kaiserslautern, Zweibrücken; N Nahe- und Glanthal.

12. Brássica L. Kohl.

589. **B. nigra Koch. Schwarz-K.** Untere Blätter leierförmig, Endlappen gerundet; obere lanzettlich, ungeteilt; Fruchtstiele fädlich; Schoten 1nervig, 4kantig, kahl, Schnabel abgesetzt, kurz. ☉. 6, 7. Ufer; V von Speyer abwärts.

13. Sinapis L. Senf.

590. **S. arvensis L. Acker-S.** Blätter buchtiggezähnt, untere fast leierförmig, obere sitzend; Kelch wagrecht abstehend; Schote steifhaarig oder kahl. ☉. 6, 7. Äcker; verbr.

591. **S. Cheiranthus Koch. Lack-S.** Blätter tief fiederspaltig bis gefiedert; Kelch aufrecht. ☉. 5, 6. Feld, Raine; verbr.

14. Erucastrum Presl. Hundsrauke.

592. **E. Pollichii Sch. et Sp. Acker-H.** Blätter tief buchtigfiederspaltig, Abschnitte länglich, stumpfgezähnt; Traube unterwärts mit Deckblättern; Kelch aufrecht; Schote in der Blüte sitzend, gewölbt, kurzgeschnäbelt, Klappen 1nervig; Samen in jedem Fach 1reihig. ☉, ☉, 4—10. Äcker; verbr.

15. Diplotaxis DC. Doppelsame.

1. Schote in der Blüte gestielt; Stengel am Grund halbstrauchig.

593. **D. tenuifólia** DC. **Schmaler D.** Blätter kahl, fiederspaltig, Abschnitte lineal; Blütenstiele 2—3mal so lang als die Blüte. ♃. 6—9. Wege, Mauern; V verbr.; M Homburg.

2. Schote in der Blüte sitzend; Stengel krautig; Blätter buchtig gezähnt bis fiederspaltig.

594. **D. muralis** DC. **Mauer-D.** Blütenstiel nicht kürzer als die Blüte; Kronblätter rundlichverkehrteiförmig, rasch in den kurzen Nagel verschmälert. ☉, ⊙, ♃. 5—10. Schutt; V Dürkheim, Oggersheim, Ludwigshafen, Schifferstadt, Ruppertsberg.

595. **D. viminea** DC. **Dünner D.** Blütenstiel kürzer als die Blüte; Kronblätter länglichverkehrteiförmig, allmählich in den Nagel verschmälert. ⊙. 6, 7. Äcker, Schutt; V Ludwigshafen.

16. Alyssum L. Steinkraut.

596. **A. montanum** L. **Berg-S.** Stengel etwas strauchig, aufstrebend; Blätter lanzettlich, grau; Fruchttraube verlängert; Krone goldgelb, 2mal so lang als der abfallende Kelch; Schötchen grau. ♃. 5—9. Felsen, Heidewiesen: V Speyer; N Nahethal.

597. **A. calicinum** L. **Kelch-S.** Stengel krautig, aufstrebend; Blätter lanzettlich; Krone hellgelb, später weiss; Kelch bleibend; Schötchen grau. ⊙. 5, 6. Raine; verbr.

17. Bertéroa DC. Germsel.

598. **B. incana** L. **Grauer G.** Stengel aufrecht, nebst Blättern und Schötchen sternhaarig grau; Blätter lanzettlich; Kronblätter 2spaltig; Schötchen elliptisch, flachgewölbt. ⊙. 6—9. Äcker. Mauern. P verbr.; M Annweiler; N Münster.

18. Draba L. Hungerblume.

599. **D. muralis** L. **Mauer-H.** Ohne Laubsprosse; Stengelblätter sitzend, halbumfassend, rundlicheiförmig, gezähnt; Blütenstiele wagrecht abstehend; Kronblätter weiss; Schötchen kahl. ⊙. 5. Felsen, steinige Abhänge; V Dürkheim, Oggersheim; N Donnersberg, Kreuznach.

19. Eróphila DC. Hungerblümchen.

600. **E. verna** E. May. **Frühlings-H.** Stengel blattlos; Blätter lanzettlich, ganzrandig oder gezähnt; Blütenstiele aufrecht abstehend; Kronblätter weiss. ⊙. 3, 4. Raine, Äcker; verbr.

20. Camelina Crantz. Leindotter.

601. **C. sativa** Koch. **Gemeiner L.** Stengel meist etwas rauhhaarig; unterwärts dichtbeblättert; Blätter länglichlanzettlich, mit pfeilförmigem Grund sitzend; Trauben verlängert. ⊙. 6, 7. Äcker, Raine; V verbr.; M Kaiserslautern, Zweibrücken.

602. C. **dentata** Pers. **Gezähnter L.** Ziemlich kahl; Blätter entfernt, untere gestielt, obere lineallänglich, buchtiggezähnt oder fiederspaltig; Traube kürzer. ⊙. 6, 7. Leinäcker; verbr., aber seltener als vor.

21. Thlaspi L. Pfennigkraut.

1. Ohne Laubsprosse.

603. T. **arvense** L. **Feld-P.** Stengel kantig; Blätter gegen den Grund verschmälert, pfeilförmig, grasgrün; Schötchen bis zum Grund breitgeflügelt. ⊙. 5—9. Äcker, Raine; verbr.

604. T. **perfoliatum** L. **Durchwachsenes P.** Stengel rund; Blätter mit breitem Grund herzförmig, bläulichgrün; Flügel des Schötchens gegen den Grund sehr schmal. ⊙. 4, 5. Äcker, Raine; V verbr.; M Zweibrücken.

2. Mit Laubsprossen; Fruchttraube verlängert.

605. T. **montanum** L. **Berg-P.** Laubsprosse am Grund ausläuferartig verlängert; Schötchen rundlich-verkehrtherzförmig, am Grund abgerundet; Fächer 2samig. ♃. 4, 5. Steinige Abhänge; N Lemberg.

606. T. **alpestre** L. **Alpen-P.** Laubsprosse kurz; Schötchen länglich-verkehrteiförmig, am Grund verschmälert; Fächer 2—8-samig. ♃. 4, 5. Steinige Abhänge; N Donnersberg, Kreuznach, Kusel.

22. Teesdálea R. Br. Rahle.

607. T. **nudicaulis** R. Br. **Sand-R.** Blätter fast nur in grundständiger Rosette, leierförmig-fiederspaltig; äussere Kronblätter 2mal so lang, innere so lang als der Kelch; Staubblätter mit rundlichen Schüppchen am Grund; Schötchen rundlich, vorn schmalgeflügelt. ⊙. 4, 5. Sandige Raine; verbr.

23. Iberis L. Bauernsenf.

608. I. **amara** L. **Bitterer B.** Blätter keilförmig, vorn stumpfgezähnt; Krone weiss; Fruchttraube etwas verlängert; Schötchen mit 3eckigen vorgestreckten Lappen. ⊙. 6—8. Äcker; V verbr.; M Zweibrücken; N Nahethal.

24. Biscutella L. Brillenschote.

109. B. **laevigata** L. **Glatte B.** Grundblätter länglich, ganzrandig; Stengelblätter 2—3, lineal; Frucht kahl. ♃. 4—6. Heidewiesen; N Nahethal.

25. Lepídium L. Kresse.

I. Stengelblätter herz- oder pfeilförmig umfassend; alle Blätter ungeteilt.

610. L. **Draba** L. **Pfeil-K.** Stengel angedrücktbehaart, oben ebensträussig ästig mit blattlosen Blütenästen; Blätter länglich, am verschmälerten Grund pfeilförmig umfassend; Schötchen breit

herzförmig, spitz, flügellos; Griffel fast so lang als das Schötchen. ♃. 5, 6. Schutt; V Grünstadt, Speyer.

611. **L. campestre R. Br. Feld-K.** Stengel kurzhaarig, oberwärts mit am Grund beblätterten Ästen; Blätter lineallänglich. ⊙. 6, 7. Raine, Schutt; verbr.

II. Stengelblätter nicht pfeilförmig umfassend.

1. Schötchen auf abstehendem Stiel, kaum geflügelt.

a. Obere oder alle Blätter lineal bis schmallanzettlich.

612. **L. ruderale L. Schutt-K.** Untere Blätter 1—2fachgefiedert; Krone fehlt meist; nur 2 Staubblätter; Schötchen schmalgeflügelt, stumpf. ⊙. 6, 7. Schutt, Raine; V, N verbr.; M Sembach.

613. **L. graminifólium L. Gras-K.** Stengelblätter ungeteilt oder unterste fiederspaltig; Schötchen eiförmig, spitz. ⊙. 6—10. Wege, Raine; V verbr.; N. Nahe- und Glanthal.

b. Blätter lanzettlich, untere gestielt, feingesägt.

614. **L. latifólium L. Breit-K.** Trauben rispig gehäuft; Schötchen rundlich, weichhaarig. ⊙. 6—10. V Dürkheim (Saline).

26. Capsella Med. Hirtentäschel.

615. **C. Bursa pastoris Mönch. Gemeines H.** Blätter selten ganzrandig, meist buchtiggezähnt bis fiederspaltig; zuweilen statt der Krone 4 Staubblätter; Schötchen verkehrt-3eckig, vielsamig. ⊙. 4—9. Äcker, Wege; verbr.

616. **C. petraea Fr. Stein-H.** Stengel zerstreutbeblättert, ästig; Blätter gefiedert, Fiedern am Grund verschmälert; Krone wenig länger als der Kelch; Schötchen länglich, stumpf; Fächer 2samig. ⊙. 4, 5. Felsige Abhänge; V Kallstadt.

27. Corónopus Hall. Feldkresse.

617. **C. Ruéllii All. Gemeine F.** Stengel niederliegend, ästig; Blätter tieffiederteilig; Blütenstiele kürzer als die Blüten; Schötchen am Grund herzförmig, spitz, netzigrunzelig. ⊙. 7, 8. Wege: V verbr.; N Nahethal.

28. Ísatis L. Waid.

618. **I. tinctória L. Färber-W.** Blätter blaugrün, kahl; Stengelblätter pfeilförmig umfassend. ⊙. 5, 6. Raine, Abhänge, Felsen; V verbr.; N Nahethal.

29. Néslea Desv. Dötterlein.

619. **N. paniculata Desv. Rispen-D.** Blätter lanzettlich, untere gestielt, obere tiefpfeilförmig sitzend, behaart; Frucht kugelig, runzelig, 1fächerig 1samig, mit Griffel. ⊙. 6, 7. Feld; V Ellerstadt, Speyer.

30. Calepina Desv. Wendich.

620. **C. Corvini Desv. Pfeil-W.** Grundblätter buchtig fiederspaltig, obere länglich, pfeilförmig; Frucht auf 3mal so langem

Stiel aufrecht, rundlich, kurzzugespitzt, 1fächerig, 1samig. ⊙, ⊙. 5, 6. Weinberge; V zw. Landau und Neustadt.

31. Rapistrum DC. Repsdotter.

621. **R. rugosum All. Runzel-R.** Blätter leierförmig; Griffel nicht kürzer als das obere Glied der Frucht. ⊙. 6, 7. Saatfelder; V Oggersheim, Deidesheim, Speyer, Wörth.

32. Raphanistrum Tourn. Hederich.

622. **R. Lámpsana Gaertn. Acker-H.** Stengel mit den Blättern unten steifhaarig, oben kahl; Blätter leierförmig, obere lanzettlich; Kelch aufrecht; Krone weiss oder hellgelb mit violetten Adern; Schote perlschnurartig eingeschnürt. ⊙. 6—8. Äcker, Schutt; verbr.

Familie 45. RESEDÁCEAE. *Waugewächse.*

1. Reseda L. Wau.

623. **R. Lutéola L. Färber-W.** Blätter lineallanzettlich, ungeteilt, am Grund 1zähnig; Trauben verlängert; Blütenstiel kürzer als der Kelch; Kelch- und Kronblätter je 4; Krone gelb; Staubblätter 20—30. ⊙. 7, 8. Schutt; V verbr.

624. **R. lútea L. Gelber W.** Blätter 3spaltig bis 2fach-3spaltig; Blättchen lanzettlich; Blütenstiel so lang als der Kelch; Kelch- und Kronblätter je 6; Kelchzipfel lineallanzettlich. ⊙. 6—9. Schutt; V, N verbr.; M Kaiserslautern, Zweibrücken.

Familie 46. CISTÁCEAE. *Cistrosengewächse.*

1. Heliánthemum Gärtn. Sonnenröschen.

625. **H. Fumana Mill. Zwerg-S.** Halbstrauchig, niederliegend; Blätter wechselständig, ohne Nebenblätter, fast pfriemenförmig; Blüten einzeln, achselständig; Krone goldgelb; Fruchtstiel zurückgekrümmt. ♃. 6, 7. Heidewiesen; V Grünstadt, Dürkheim.

626. **H. Chamaecistus Mill. Gemeines S.** Blätter gegenständig, länglich bis länglichelliptisch, stumpf, am Rand etwas umgerollt, meist beiderseits behaart oder unterseits graufilzig, mit Nebenblättern; Blüten in endständigen Trauben; Krone gelb. ♄. 6—8. Triften; verbr.

Familie 47. HYPERICÁCEAE. *Hartheugewächse.*

1. Hypéricum L. Hartheu, Johanniskraut.

A. Kelchblätter ganzrandig, nicht drüsig gezähnt, höchstens zerstreut drüsig punktiert; Stengel kantig; Krone gelb.
I. Stengel aufrecht, stark.
1. Stengel 2kantig; Kelchblätter spitz, 2mal so lang als der Fruchtknoten.

627. **H. perforatum** L. **Gemeines H.** Blätter länglichelliptisch, dicht- und fein durchscheinend punktiert. ♃. 7, 8. Weg- und Waldränder; verbr.

2. Stengel 4kantig; Kelchblätter nur so lang als der Fruchtknoten.

628. **H. quadrángulum** L. **Vierkantiges H.** Stengel 4kantig; Blätter elliptisch, deutlich netzaderig, zerstreut durchscheinend punktiert; Kelchblätter elliptisch, stumpf. ♃. 7, 8. Waldschläge, Wiesen; verbr.

629. **H. tetrápterum** Fr. **Vierflügeliges H.** Stengel mit 4 geflügelten Kanten; Blätter eiförmig, undeutlich netzaderig, dicht durchscheinend punktiert; Kelchblätter lanzettlich, zugespitzt; Kronblätter kleiner als vor. ♃. 7, 8. Ufer, Gräben; verbr.

II. Stengel niederliegend, fadenförmig.

630. **H. humifusum** L. **Liegendes H.** Stengel 2kantig; Blätter eilänglich, nur obere durchscheinend punktiert; Kelchblätter länglich, stumpf, ganzrandig oder mit einzelnen sitzenden Drüsen bestreut. ♃. 6—9. Waldschläge, Äcker; verbr.

B. Kelchblätter drüsig gezähnt; Stengel rund; Krone gelb oder rötlich.

I. Kelchblätter lanzettlich, spitz, mit gestielten Drüsen.

631. **H. montanum** L. **Berg-H.** Stengel kahl; Blattquirle entfernt, ohne Achselsprosse; Blätter herzeiförmig, sitzend. unterseits kurzhaarig; Blüten fast kopfig gedrängt. ♃. 7, 8. Wald: ziemlich verbr.

632. **H. hirsutum** L. **Rauhes H.** Stengel und Blätter weichhaarig; Blattquirle weniger entfernt, meist mit Achselsprossen: Blätter kurzgestielt; Blüten in verlängerter Rispe. ♃. 7, 8. Wald; verbr.

II. Kelchblätter eiförmig oder verkehrteiförmig, stumpf; Drüsen sitzend oder kurzgestielt.

633. **H. pulchrum** L. **Schönes H.** Stengel aufrecht, kahl; Blätter herzeiförmig, sitzend, stumpf, unterseits grau; Krone rötlich überlaufen. ♃. 7, 8. Wald: verbr.

Familie 48. ELATINÁCEAE. *Tännelgewächse.*

1. Elatine L. Tännel.

634. **E. hexandra** DC. **Stiel-T.** Blätter gegenständig, länglichelliptisch, Blattstiel kürzer als das Blatt; Blüten gestielt, meist 3zählig mit 6 Staubblättern, rötlichweiss. ⊙. 6—8. Sumpf; V Frankenthal, Speyerdorf, Hanhofen; M Kaiserslautern, zwischen Homburg und St. Ingbert, Fischbach.

Familie 49. TAMARICÁCEAE. *Tamariskengewächse.*

1. Myricária Desv. Tamariske.

635. **M. germánica** Desv. **Deutsche T.** Äste aufrecht: Blätter blaugrün; Trauben endständig; Krone blassrosa: Staubblätter verwachsen. ♄. 5, 6. Kiesbänke des Rheins; V Maxau, Ludwigshafen.

Familie 50. VIOLÁCEAE. *Veilchengewächse.*

1. Víola L. Veilchen.

A. Mittlere Kronblätter seitlich abstehend, am Grund bebartet.

A. Wurzelstock ohne braune Niederblätter, an der Spitze eine Blattrosette tragend, in deren Achseln die Blütenstiele mit je 2 Vorblättern entspringen; Kelchblätter stumpf.

I. Narbe in ein flaches Schnäbelchen erweitert; Fruchtstiele aufrecht.

636. V. palustris L. Sumpf-V. Wurzelstock weitkriechend; Blätter kahl, herznierenförmig, stumpf; Nebenblätter eiförmig, zugespitzt, kurzgefranst; Krone blasslila. ♃. 5, 6. Moor, feuchter Wald; verbr.

II. Narbe in ein herabgebogenes Schnäbelchen verschmälert; Fruchtstiele niederliegend.

637. V. hirta L. Rauhes V. Ohne Ausläufer; Blätter tiefherzförmig, eiförmig bis eilänglich, kurzhaarig; Nebenblätter kurzgefranst, ungewimpert; Blüten meist blauviolett, geruchlos. ♃. 4, 5. Trockene Wiesen, Raine; verbr.

638. V. odorata L. März-V. Ausläufer; Blätter breiteiförmig, stumpf, tiefherzförmig, feinbehaart; Nebenblätter kahl oder an der Spitze gewimpert; Blütenstiel in der Mitte mit 2 Vorblättern; Blüten meist violett, wohlriechend. ♃. 3, 4. Gebüsch, Wiesen; verbr.

B. Wurzelstock eine Blattrosette oder wenigstens dichtgedrängte Nebenblätter tragend, in deren Achseln beblätterte Stengel entspringen, erst in deren Blattachseln die Blütenstiele; Kelchblätter spitz.

639. V. silvática Fr. Wald-V. Wurzelstock ohne braune Schuppen; Blätter nebst Stengel kahl, tiefherzeiförmig, zugespitzt; Nebenblätter lanzettlich, gefranst, braun; alle Blüten stengelständig; Kronblätter länglich, violett; Kelchanhängsel klein, bei der Reife verschwindend. ♃. 4, 5. Wald, Gebüsch; verbr.

var. Riviniana Rchb. Blüten grösser, hellblau; Kelchanhängsel an der Frucht bleibend. ♃. 5. Wald; verbr.

C. Wurzelstock ohne Blattrosette, in den gestreckten Stengel übergehend, an dessen Grund Seitenstengel entspringen; Kelchblätter spitz.

I. Blätter herzförmig, mittlere Nebenblätter kürzer als der Blattstiel; Stengel und Blätter kahl.

640. V. canina L. Hunds-V. Stengel ausgebreitet oder aufrecht; Blattstiel kaum geflügelt; Blätter eiförmig bis eilanzettlich stumpf oder fast etwas zugespitzt; Nebenblätter meist braun, gefranst, mit borstlicher Spitze, viel kürzer als der Blattstiel, doch auch obere blattig, fast so lang als der Blattstiel; Kelchblätter aus breitem Grund verschmälert; Krone himmelblau; Sporn gerade; Frucht stumpf mit kurzem Spitzchen. ♃. 5, 6. Wald, Gebüsch; verbr., doch minder häufig als die oft damit verwechselte 639.

641. V. stagnina Kit. Aufrechtes V. Stengel aufrecht; Blattstiel deutlich aber schmal geflügelt; Blätter länglich bis länglichlanzettlich, bis 3mal so lang als breit; mittlere Nebenblätter $^1/_2$ so lang, obere so lang als der Blattstiel, blattig, eingeschnitten bis fiederspaltig; Kelchblätter schmal, spitz; Krone hellblau oder milchweiss; Sporn gerade; Frucht zugespitzt. ♃. 5, 6. Feuchte Wiesen; V verbr.

II. Blätter am Grund keilförmig oder gestutzt; mittlere Nebenblätter nicht kürzer als der Blattstiel.

642. V. púmila Chaix. Milch-V. Stengel nebst Blättern kahl, aufrecht, bis 12 cm hoch; Blätter lanzettlich, bis 4mal so lang als breit, am Grund keilförmig, selten gestutzt, in den oben breit geflügelten Blattstiel allmählich verlaufend; mittlere und obere Nebenblätter schmallanzettlich, spitz, blattig, ganzrandig oder aussen gezähnt bis fast fiederspaltig; Kronblätter länglich, milchweiss. ♃. 5. Feuchte und Heidewiesen, Gräben; V verbr.

643. V. elátior Fr. Grosses V. Stengel aufrecht, bis 40 cm hoch, nebst Blättern flaumig; Blätter aus abgerundetem Grund lanzettlich, bis 4mal so lang als breit; Nebenblätter mit Ausnahme der untersten blattig, aussen am Grund eingeschnitten; Krone gross, blassblau. ♃. 5, 6. Auen, Gebüsch, feuchte Wiesen; V am Rhein verbr.

B. Mittlere Kronblätter mit den oberen aufwärts gerichtet und diese mit ihrem oberen Rand deckend.

644. V. tricolor L. Acker-V. Stengel aufrecht; Blätter länglichlanzettlich; Nebenblätter leierförmig-fiederspaltig, blattig; Sporn etwas länger als die Kelchanhängsel; kommt vor: a) a r v e n s i s (Murr.), Kronblätter kaum länger als der Kelch, gelblichweiss oder obere violett; b) v u l g a r i s Koch, Kronblätter länger als der Kelch, violett, das untere, seltener alle gelb. ☉, ⚇. 5—10. Äcker, Wiesen; verbr.; var. b V Bienwald.

Familie 51. DROSERÁCEAE. *Sonnentaugewächse.*

1. Drósera L. Sonnentau.

1. Blütenschaft am Grund liegend, aufsteigend, zur Blütezeit nur wenig höher als die Blätter; Kapsel gefurcht.

645. D. intermédia Hayne. Mittlerer S. Blätter verkehrteiförmig, keilig, aufrecht. ♃. 7, 8. Moor; V Bienwald; M verbr.

2. Blütenschaft aufrecht, 2—3mal so lang als die Blätter; Kapsel nicht gefurcht.

646. D. rotundifólia L. Rundblättriger S. Blätter kreisrund, plötzlich in den Blattstiel zusammengezogen, flach ausgebreitet. ♃. 7. 8. Moor; verbr.

647. D. ánglica Huds. Langblättriger S. Blätter lineal, keilig, aufrecht. ♃. 7, 8. Moor; V zwischen Bergzabern und Kandel; M Kaiserslautern, Limbach.

648. D. obovata M. et K. Breitblättriger S. Blätter verkehrteiförmig, etwa 2mal so lang als breit, schräg aufrecht. ♃. 7, 8. Moor; V zwischen Bergzabern, Kandel und Landau; M Kirkel.

Familie 52. TILIÁCEAE. *Lindengewächse.*

1. Tília L. Linde.

649. **T. grandifólia Ehrh. Sommer-L.** Blätter unterseits grün, weichhaarig, in den Aderwinkeln weissgebartet; Blütenstand hängend. 3—5blütig, Flügelblatt gerade; Frucht starkkantig. ♄. 6. Wald; N Remigiusberg; oft gepflanzt.

650. **T. parvifólia Ehrh. Winter-L.** Blätter unterseits blaugrün, kahl, nur in den Aderwinkeln rostrot gebartet; Blütenstand vorgestreckt, 5—10blütig, Flügelblatt rückwärts gebogen; Frucht undeutlich kantig. ♄. 6, 7. Wald; V Bienwald; M Kaiserslautern, Elmstein, Johanniskreuz; N Wolfstein; oft gepflanzt.

Familie 53. MALVÁCEAE. *Malvengewächse.*

1. Aussenkelch 3blätterig: . . . . **Malva 1.**
2. Aussenkelch 6—9spaltig: . . . . **Althaea 2.**

1. Malva L. Malve.

1. Stengelblätter handförmig 5teilig; Stengel aufrecht; wenigstens untere Blüten einzeln in den Blattachseln; Krone rosa, mehrmal länger als der Kelch.

651. **M. Alcea L. Rosen-M.** Stengel angedrückt behaart; Blattabschnitte gezähnt bis fiederspaltig; Frucht kahl. ♃. 6—9. Weg- und Waldränder; verbr.

652. **M. moschata L. Moschus-M.** Stengel abstehendbehaart; Blattabschnitte 1—2fachfiederspaltig, Zipfel sehr schmal; Frucht rauhhaarig; mit Moschusgeruch. ♃. 7, 8. Wiesen; V selten; M häufiger, z. B. Isenach, Sembach, Kaiserslautern.

2. Stengelblätter nur 5—7lappig; Stengel oft liegend, rauhhaarig; Blüten büschelig in den Achseln.

653. **M. silvestris L. Wilde M.** Stengel liegend oder aufrecht; Blattlappen spitz; Kronblätter hellpurpurn mit dunkleren Streifen, tief ausgerandet, 3—4mal so lang als der Kelch. ⊙, ♃. 7—9. Wege, Hecken; verbr.

654. **M. neglecta Wallr. Kleine M.** Stengel aufsteigend; Blüten deutlich gestielt, Stiel auch der Frucht mehrmal länger als der Kelch; Kronblätter hellrosa, tief ausgerandet, 2mal so lang als der Kelch; Teilfrüchtchen am Rücken gerundet, glatt oder schwachrunzelig. ⊙, ♃. 6—9. Wege, Schutt; verbr.

2. Althaea L. Eibisch.

655. **A. officinalis L. Echter E.** Stengel aufrecht; Blätter gestielt, eiförmig, spitz, etwas gelappt, sammetartig filzig; Blütenbüschel in den Blattachseln kürzer als die Blätter; Krone rosa. ♃. 7, 8. Feuchte Wiesen; V Oggersheim, Dürkheim, Eppstein, Speyerdorf, Landau; auch gepflanzt und verwildert.

656. **A. hirsuta L. Rauher E.** Stengel und Blätter abstehend

steifhaarig; untere Blätter nierenförmig gelappt, obere tief 3spaltig; Blüten meist einzeln in den Blattachseln; Blütenstiel länger als die Blätter; Krone rosa. ⊙. 7, 8. Äcker, Schutt; V Dürkheim, Berghausen, Ruchheim; M Zweibrücken, Dietrichingen; N Obermoschel.

Familie 54. GERANIÁCEAE. *Storchschnabelgewächse.*

1. Staubblätter 10, meist alle fruchtbar; Fruchtschnabel bei der Reife zurückgerollt; Samen ausfallend; Blätter handförmig gelappt bis geteilt oder 3zählig: . . . . . **Geránium 1.**
2. Staubblätter 10, nur 5 fruchtbar; Fruchtschnabel spiralig gedreht; Teilfrucht; Blätter nach rückwärts abnehmend gefiedert: . . . . **Eródium 2.**

1. Geránium L. Storchschnabel.

A. Blätter handförmig gespalten bis geteilt, Abschnitte sitzend.

I. Kronblätter stumpf oder gestutzt, fast 2mal so lang als der Kelch, mit sehr kurzem Nagel; Kelchblätter deutlich begrannt; Blütenstiel drüsig behaart.

657. **G. silváticum L. Wald-S.** Blätter 7spaltig, Abschnitte breitrautenförmig, eingeschnittengezähnt; Blütenstiel stets aufrecht; Krone violett; Staubblätter allmählich nach vorn verschmälert; Schnabel kurzhaarig, drüsenlos. ♃. 7, 8. Wiesen, Wald; M verbr.; N Nahethal.

658. **G. pratense L. Wiesen-S.** Blätter 7teilig, Abschnitte fast fiederspaltig; Blütenstiel nach dem Abblühen abwärts gebogen; Staubblätter aus eiförmigem Grund plötzlich verschmälert; Schnabel abstehend drüsenhaarig. ♃. 6—8. Wiesen, Gebüsch; V verbr.; M Kaiserslautern.

II. Kronblätter ausgerandet bis 2spaltig, selten ungeteilt.

1. Blätter bis zum Grund geteilt, Abschnitte mit linealen Zipfeln; Kelchblätter deutlich begrannt.

a. Krone 2mal so lang als der Kelch; Blüten einzeln.

659. **G. sanguineum L. Blut-S.** Stengel und Blütenstiele abstehend behaart, drüsenlos; Kronblätter verkehrteiförmig, blutrot. ♃. 6—8. Abhänge, Gebüsch; V Dürkheim, Schifferstadt, Speyer, Mechtersheim; M Ostseite, Dahn, Kaiserslautern; N Donnersberg, Nahethal.

b. Krone etwa so lang als der Kelch; Blüten zu zweien.

660. **G. dissectum L. Zerschnittener S.** Stengel abstehend kurzhaarig; Blütenstandstiel kürzer als das Blatt; Krone so lang als der Kelch, karminrot; Frucht abstehend drüsenhaarig. ⊙. 6—10. Äcker; verbr.

661. **G. columbinum L. Tauben-S.** Stengel angedrücktbehaart; Blütenstandstiel länger als das Blatt; Krone etwas länger als der Kelch, hellpurpurn; Frucht kahl oder drüsenlos weichhaarig. ⊙. 6—9. Äcker, steinige Orte; verbr.

2. Blätter bis zur Mitte gespalten, Abschnitte keilförmig, vorn eingeschnitten; Kelchblätter kurz stachelspitzig.

a. Kronblätter ungeteilt.

662. G. **rotundifólium** L. **Rundblättriger S.** Stengel ausgebreitet, kurzzottig, oberwärts drüsig; Kelch ausgebreitet, langbehaart: Krone rötlichviolett. ⊙. 6—9. Äcker; V Wachenheim.

663. G. **lúcidum** L. **Glänzender S.** Stengel aufrecht, nebst Blättern fast kahl; diese glänzend; Kelchblätter aufrecht, kahl, stachelspitzig, querrunzelig; Kronblätter genagelt, purpurn. ⊙. 5—9. Gebirgswald; N Donnersberg, Nahethal.

b. Kronblätter verkehrtherzförmig bis 2spaltig.

α. Stengel kurzhaarig, oberwärts drüsig.

664. G. **pusillum** L. **Kleiner S.** Stengel ausgebreitet; Blätter meist gegenständig; Krone klein, lila; Schnabel abstehend kurzhaarig. ⊙. 5—9. Äcker, Wege; verbr.

β. Stengel abstehend langbehaart.

665. G. **molle** L. **Weicher S.** Stengel ausgebreitet; Blätter wechselständig; Krone purpurrötlich, etwas grösser als an vor. ⊙. 5—8. Schutt, Wege; verbr.

666. G. **pyrenáicum** L. **Pyrenäischer S.** Stengel aufrecht; Blätter meist gegenständig; Krone 2mal so lang als der Kelch, rötlichviolett. ♃. 5—9. Hecken, Gebüsch; V Neustadt, Edenkoben, Landau; M Zweibrücken.

B. Blätter 3- oder 5zählig, Abschnitte gestielt, fiederspaltig eingeschnitten.

667. G. **Robertianum** L. **Stinkender S.** Stengel aufrecht, abstehend behaart; Kelch aufrecht; Kronblätter verkehrteiförmig, stumpf, länger als der Kelch, rosa. ⊙. 6—9. Wald, Schutt; verbr.

2. Eródium L'Herit. Reiherschnabel.

668. E. **cicutárium** L'Herit. **Gemeiner R.** Stengel ausgebreitet, rauhharig; Blättchen fiederspaltig; Blütenstand vielblütig; Kronblätter purpurrot, oft gefleckt, ungleich; Staubblätter kahl. ⊙. 4—10. Äcker; verbr.

Familie 55. LINÁCEAE. *Leingewächse.*

1. Kelch-, Kron- und Staubblätter je 5; Kelchblätter ganz; Blätter gegen- oder wechselständig: . . . . . **Linum 1.**
2. Kelch-, Kron- und Staubblätter je 4; Kelchblätter vorn 2—3spaltig; Blätter gegenständig: . . . . . **Radiola 2.**

1. Linum L. Lein.

669. L. **tenuifólium** L. **Zarter L.** Stengel kahl; Blätter wechselständig, lineal, am Rand wimperigrauh; Kelchblätter elliptisch, mit pfriemlicher Spitze, drüsiggewimpert; Krone blassviolett. ♃. 6, 7. Heidewiesen; V Dürkheim, Maxdorf, Speyer, Landau, Bergzabern; M Zweibrücken; N Nahethal.

670. L. **cathárticum** L. **Purgier-L.** Stengel dünn, oben gabelästig; Blätter gegenständig, verkehrteiförmig bis lanzettlich; Kelch-

blätter elliptisch, schwach drüsiggewimpert; Krone weiss mit gelbem Grund. ⊙. 7, 8. Wiesen, Moor, Geröll; verbr.

2. Radíola Roth. Zwerg-Lein.

671. R. linoides Roth. Kleiner Z. Stengel fadenförmig, aufrecht, ästig; Blätter gegenständig, eiförmig; Krone weiss, sehr klein. ⊙. 7, 8. Sandboden; verbr.

Familie 56. OXALIDÁCEAE. *Sauerkleegewächse.*

1. Óxalis L. Sauerklee.

672. O. Acetosella L. Gemeiner S. Zerstreutbehaart; Wurzelstock kriechend mit fleischigen Niederblättern und langgestielten Laubblättern, in deren Achseln die Blütenstiele mit 2 Vorblättern; Krone 4mal so lang als der Kelch, weiss, rötlich geadert, am Grund gelb. ♃. 4, 5. Wald; verbr.

673. O. stricta L. Steiler S. Unterirdische Ausläufer; keine Nebenblätter; Stengel aufrecht mit Laubblättern, in deren Achseln 1—5blütige Blütenstände; Blütenstiel nach dem Abblühen aufrecht abstehend; Kronblätter abgerundet, gelb. ♃. 6—10. Äcker, Gärten; verbr.

Familie 57. BALSAMINÁCEAE. *Springkrautgewächse.*

1. Impátiens L. Springkraut.

674. I. Noli tángere L. Gemeines S. Stengel an den Gelenken angeschwollen; Blätter länglicheiförmig, spitz, grobgezähnt; Blüten hängend, gelb, innen rotpunktiert; Sporn gekrümmt. ⊙. 7, 8. Feuchter Wald, Auen; verbr.

Familie 58. RUTÁCEAE. *Rautengewächse.*

1. Dictamnus L. Diptam.

675. D. albus L. Eschen-D. Stengel oberwärts drüsigbehaart; Blätter einfachgefiedert, Blättchen eiförmig, kleingesägt, durchscheinend punktiert; Blüten traubig, schwach unregelmässig; Kelch abfallend; Krone rosa, dunkler geadert; Staubblätter abwärts geneigt. ♃. 5—7. Trockene Abhänge, Laubwald; V Grünstadt bis Neustadt; N Donnersberg, Nahethal.

Familie 59. ACERÁCEAE. *Ahorngewächse.*

1. Acer L. Ahorn.

1. Blätter 5lappig, Lappen spitz oder zugespitzt.

676. A. Pseudoplátanus L. Berg-A. Blattlappen kerbiggesägt mit spitzen Buchten, unten etwas bläulich; Trauben verlängert, hängend; Früchtchen kantig kugelig, Flügel vorgestreckt; Knospenschuppen gelbgrün mit dunklem Rand. ♄. 5, 6. Wald; V Bienwald; M Annweiler, Bergzabern, Kaiserslautern, Dahn, Weissenburg; auch gepflanzt.

677. **A. platanoides L. Spitz-A.** Blattlappen mit spitzen Zähnen, stumpfen Buchten, langzugespitzt; Trauben ebensträussig, aufrecht; Frucht platt, Flügel starkabstehend; Knospenschuppen rotbraun, kahl. ♄. 4, 5. Wald; M Neustadt, Annweiler; N Donnersberg, Nahethal.

2. Blätter 3—5lappig, Lappen stumpf, Buchten spitz; Trauben ebensträussig.

678. **A. campestre L. Feld-A., Massholder.** Blätter unterseits weichhaarig, 5lappig, Abschnitte ganzrandig oder kerbig gelappt; Trauben aufrecht; Frucht platt, Flügel gerade auseinandergestreckt; Knospenschuppen rotbraun, weissgewimpert. ♄. 5. Wald, Gebüsch; verbr.

679. **A. monspessulanum L. Felsen-A.** Blätter fast lederig, kahl, 3lappig, Lappen ganzrandig; Früchtchen kantig gedunsen, Flügel vorgestreckt. ♄. 4. Felsige Abhänge; Grünstadt, Kallstadt; N Donnersberg, Nahethal.

Familie 60. POLYGALÁCEAE. *Kreuzblumengewächse.*

1. Polygala L. Kreuzblume.

I. Seitennerven der stumpfen Flügel nach aussen mit freien Adern, mit dem Mittelnerv nicht maschig verbunden.

680. **P. amara L. Bittere K.** Untere Blätter verkehrteiförmig, grösser als die folgenden, meist rosettig; Stengel aufrecht oder ausgebreitet mit lineallanzettlichen Blättern. ♃. 5, 6. Kommt vor:

a. genuina Koch. Flügel nicht schmäler als die Kapsel, elliptisch, am Grund fast 5nervig; Blüten blau. Raine, Abhänge; V Frankenthal; M Altheim.

b. austríaca Crantz. Flügel schmäler als die Frucht, länglich, mit sehr spärlich verästelten Seitennerven; Blüten blau, rötlich oder weisslich. Feuchte Wiesen; V verbr.; M Zweibrücken, Kaiserslautern; N Nahethal.

II. Seitennerven der Flügel nach aussen mit netzig verbundenen Adern, mit dem Mittelnerv maschig verbunden.

1. Trauben 3—8blütig, meist übergipfelt.

681. **P. depressa Wend. Liegende K.** Stengel niederliegend, ästig; untere Blätter gegenständig, elliptisch, obere wechselständig, lanzettlich; Flügel gerundet, länger als die Kapsel; Blüten lila bis weiss. ♃. 5, 6. Heide- und Torfwiesen; V Bienwald; M verbr.

2. Trauben 10- bis vielblütig, nicht übergipfelt.

a. Rosetten am Grund der Blütenstengel.

682. **P. calcárea F. Schultz. Kalk-K.** Stämmchen liegend, oberste Blätter derselben sehr gross, verkehrteiförmig; Blütenstengel mit linealen aufrechten Blättern; Blüten meist blau. ♃. 4—6. Wiesen, Buschwald; M Zweibrücken, Hornbach, Blieskastel.

b. Ohne Rosetten; untere Blätter kürzer als die oberen.

683. **P. vulgaris L. Gemeine K.** Deckblätter $^1/_3$ so lang als

die Blütenstiele, die Blütenknospen nicht überragend; Traube an der Spitze stumpf; Blüten meist blau. ♃. 5, 6. Trockene Wiesen; verbr.

684. P. comosa Schk. Schopf-K. Deckblätter die Blütenknospen überragend; Blüten purpurn oder weiss. ♃. 5, 6. Raine, trockene Wiesen; verbr.

Familie 61. CELASTRÁCEAE. *Spindelbaumgewächse.*

1. Evónymus L. Pfaffenkäppchen.

685. E. europaea L. Gemeines P. Zweige 4kantig; Blätter länglich bis eilänglich; Kronblätter meist 4, länglich, hellgrün; Kapsel 4lappig, mit stumpfen Kanten, rot. ♄. 5, 6. Gebüsch, Wald; verbr.

Familie 62. AQUIFOLIÁCEAE. *Stechpalmengewächse.*

1. Ilex L. Stechpalme.

686. I. Aquifólium L. Gemeine S. Blätter eiförmig, dornig-gezähnt, glänzend; Blütenbüschel achselständig; Krone weiss; Steinfrucht rot. ♄. 5. Wald; V Bienwald; M Waldleiningen, Bergzabern bis Eppenbrunn.

Familie 63. RHAMNÁCEAE. *Kreuzdorngewächse.*

1. Rhamnus L. Kreuzdorn.

687. R. cathártica L. Gemeiner K. Zweigspitzen meist dornig; Blätter gegenständig, am Grund abgerundet, fast herzförmig, jederseits 2—3 gegen die Mittelrippe bogig gewendete Seitennerven; Nebenblätter abfallend; Blüten meist 4zählig, grün, 2häusig. ♄. 5, 6. Wald, Gebüsch; zerstr.

688. R. Frángula L. Faulbaum. Ohne Dornen; Blätter wechselständig, elliptisch, zugespitzt, ganzrandig, jederseits mit 3—6 gegen den Rand verlaufenden Seitennerven; Blüten 5zählig, weisslich, zwitterig. ♄. 5. Wald; verbr.

Familie 64. EUPHORBIÁCEAE. *Wolfsmilchgewächse.*

1. Mit Milchsaft; Blüten 1häusig, in kleinen, von glockenförmiger Hülle umschlossenen, wiederholt trugdoldig verzweigten Blütenständen; am Rand der Hülle 4—5 Drüsen; in der Mitte 1 langgestielte weibliche Blüte mit 3fächerigem Fruchtknoten, umgeben von 10—12 aus je 1 Staubblatt bestehenden männlichen Blüten; Blätter wechselständig: . . . . . . **Euphórbia 1.**
2. Ohne Milchsaft; Blüten 2häusig, männliche in achselständigen unterbrochenen Trauben mit 9—12 Staubblättern, weibliche in der Achsel der Laubblätter mit 2fächerigem Fruchtknoten; Blätter gegenständig: . . . . **Mercurialis 2.**

1. Euphórbia L. Wolfsmilch.

A. Samen glatt.

I. Vorblätter verkehrteiförmig oder eiförmig, am Grund verschmälert, länger als breit, gelb; Drüsen nicht halbmondförmig.

689. **E. palustris L. Sumpf-W.** Stengel mit nichtblühenden Ästen; Blätter sitzend, lanzettlich, fast ganzrandig, nur vorn undeutlich gezähnelt, kahl; Trugdolde vielstrahlig; Drüsen braun; Frucht mit zahlreichen kurzwalzigen Warzen. ♃. 5, 6. Auen, Gräben; V verbr.

II. Vorblätter eiförmig-3eckig, kaum länger als breit.

1. Frucht warzig; Drüsen oval; Trugdolde 3—5strahlig.

a. Blätter mit schwach herzförmigem Grund sitzend; Drüsen gelbbraun.

690. **E. platyphylla L. Weg-W.** Blätter abstehend; Trugdolde meist 5strahlig; Frucht 3—4 mm breit, mit niedrigen, halbkugeligen Warzen. ☉. 7—9. Äcker, Raine; V verbr.; M Zweibrücken.

691. **E. stricta L. Steife W.** Blätter häufig herabgebogen; Trugdolde meist 3strahlig; Frucht 2 mm breit mit kurzwalzigen Warzen. ☉. 6—9. Gebüsch, Raine; V verbr.

b. Blätter kurzgestielt, nebst Stengel zerstreutkurzhaarig; Drüsen rotbraun.

692. **E. dulcis L. Süsse W.** Blätter länglichlanzettlich; Warzen der Frucht spärlich, ungleich. ♃. 5—7. Wald; M Weissenburg; N Kreuznach.

2. Frucht glatt oder nur fein punktiert rauh; Drüsen meist halbmondförmig.

a. Vorblätter am Grund zusammengewachsen.

693. **E. amygdaloides L. Mandel-W.** Blätter verkehrteiförmig, am Ende der Laubtriebe rosettig gehäuft; Hauptblütenstand verlängert, traubig. ♃. 5. Wald; M Kaiserslautern; N zwischen Kaiserslautern und Göllheim.

b. Vorblätter frei; Pflanze kahl.

α. Drüsen z. T. queroval, z. T. ausgerandet bis halbmondförmig.

694. **E. Gerardiana Jacq. Sand-W.** Blätter lineal oder lineallanzettlich, zugespitzt, stachelspitzig, ganzrandig, bläulichgrün; Vorblätter querbreiter, stachelspitzig. ♃. 6, 7. Raine, sonnige Plätze; V Grünstadt, Dürkheim, Neustadt, Schifferstadt.

β. Alle Drüsen halbmondförmig bis 2hörnig.

695. **E. Cyparissias L. Cypressen-W.** Blätter lineal oder am Grund kaum verschmälert, meist ohne Stachelspitze, an den unfruchtbaren Ästen fast fadenförmig, oft durch einen Schmarotzerpilz (Aecídium Euphórbiae) krankhaft verbreitert. ♃. 5. Wiesen, Wald, Felsen; verbr.

696. **E. Esula L. Ufer-W.** Blätter schmallanzettlich oder lineallänglich, am Grund keilförmig verschmälert, stumpflich oder stachelspitzig, an den Ästen etwas schmäler. ♃. 6. Äcker, Raine, Ufer; V von Speyer abwärts.

B. Samen grubig oder runzelig; Frucht nicht warzig.

I. Drüsen oval; Vorblätter verkehrteiförmig.

697. E. helioscópia L. Sonnen-W. Blätter verkehrteiförmig, keilförmig verschmälert, vorn kleingezähnt. ☉. 4—9. Äcker; verbr.

II. Drüsen 2hörnig; Vorblätter eiförmig bis 3eckig oder eilanzettlich.

1. Blätter gestielt, verkehrteiförmig oder rundlich; Frucht geflügelt.

698. E. Peplus L. Garten-W. Blätter abgerundet, stumpf, ganzrandig; Vorblätter eiförmig, stumpf, stachelspitzig. ☉. 6—9. Äcker; verbr.

2. Blätter sitzend, lanzettlich oder lineal; Frucht gerundet.

699. E. falcata L. Sichel-W. Blätter keilförmig, zugespitzt stachelspitzig, untere spatelförmig, stumpf; Vorblätter rautenförmig, feingezähnelt. ☉. 7—9. Äcker; V von Speyer und Dürkheim abwärts.

700. E. exigua L. Kleine W. Blätter lineal; Vorblätter aus breitem fast herzförmigem Grund lineal. ☉. 6—9. Äcker; verbr.

2. Mercurialis L. Bingelkraut.

701. M. perennis L. Ausdauerndes B. Stengel rund, 1fach, mit unterirdischen Ausläufern; Blätter gestielt, eilänglich bis lanzettlich; weibliche Blüten langgestielt; Frucht rauhhaarig. ♃. 4, 5. Wald; verbr.

702. M. ánnua L. Einjähriges B. Stengel 4kantig, meist ästig; Blätter länglicheiförmig bis lanzettlich; weibliche Blüten fast sitzend; Frucht mit je ein spitzes Haar tragenden Höckern. ☉. 6—9. Äcker, Gärten; ziemlich verbr.

Familie 65. CALLITRICHÁCEAE. *Wassersterngewächse.*

1. Callítriche L. Wasserstern.

1. Kanten der Frucht nicht flügelig gekielt.

703. C. verna L. Frühlings-W. Frucht länger als breit, mit gewölbtem Rücken; Narben aufrecht, etwa 2mal so lang als die Frucht, fast bis zur Reife bleibend. ♃. 4—10. Gräben, Bäche; verbr.

704. C. hamulata Kütz. Haken-W. Frucht grösser, kreisrund oder querbreiter, mit flachem Rücken; Narben viel länger, zurückgebogen, bald abfallend. ♃. 6—10. Gräben; zerstr.

2. Kanten der Frucht flügelig gekielt.

705. C. stagnalis Scop. Teich-W. Frucht ziemlich gross, kreisrund, mit etwas gewölbtem Rücken; Narben aufrecht oder abstehend, bleibend. ♃. 6—10. Gräben, Sümpfe; zerstr.

Familie 66. UMBELLÍFERAE. *Doldengewächse.*

A. Blüten in Köpfchen oder 1fachen Dolden.

A. Stengel kriechend; Blätter schildförmig, gekerbt; Köpfchen achselständig mit kleinen Hüllblättern; Frucht seitlich zusammengedrückt mit dünnen Rippen: . . . . **Hydrocótyle 1.**

B. Stengel aufrecht; Köpfchen und Dolden endständig.

I. Blüten in länglichen Köpfchen; Blätter dorniggezähnt: **Eryngium 4.**

II. Blüten in Dolden; Blätter handförmig geteilt.

1. Dolden 1fach; Hülle mindestens so lang als die Blütenstiele; einige Blüten männlich; Frucht mit gezähnten Rippen: . . . . **Astrántia 3.**
2. Blüten in doldig angeordneten kopfförmigen Döldchen; Randblüten männlich; Frucht mit hakenförmigen Stacheln: **Sanicula 2.**

B. Blüten in zusammengesetzten Dolden.

A. Eiweiss auf der Fugenseite flach oder gewölbt; Hauptrippen 5, fädlich; ohne Nebenrippen; Frucht von der Seite her deutlich zusammengedrückt.

I. Kronblätter ungeteilt; Kelchrand undeutlich.

1. Blätter ungeteilt, ganzrandig; Krone gelb; Hüllchen stets, zuweilen auch Hülle vorhanden; Frucht eiförmig oder länglich mit scharf vorspringenden Rippen: **Bupleurum 15.**
2. Blätter 1fachgefiedert, im Umriss länglich.
   a. Hülle und Hüllchen fehlen; Kronblätter abgerundet, grünlichweiss; Frucht breiter als lang, 2knotig: **Apium 6.**
   b. Hüllchen mehrblättrig; Kronblätter eiförmig, weiss; Frucht länglich: . . . . **Heliosciádium 8.**
3. Untere Blätter bis 3fachfiederteilig, Abschnitte lineallanzettlich; Hülle und Hüllchen fehlen; Blüten 2häusig, weiss oder rötlichweiss; Frucht eiförmig: . . . . **Trinia 7.**

II. Kronblätter verkehrtherzförmig mit kleinem einwärtsgebogenem Läppchen, weiss; Kelchrand undeutlich.

1. Untere Blätter 1fachgefiedert: Hülle und Hüllchen fehlen; Frucht länglich, kahl: . . . . **Pimpinella 12.**
2. Untere Blätter 1—2fach 3zählig; Blättchen breit; Hülle und Hüllchen fehlen; Frucht länglich: **Aegopódium 10.**
3. Untere Blätter 2—3fachgefiedert, hinterste Fiedern deutlich kürzer als die folgenden; Hülle fehlt oder 1fach; Frucht länglich, kahl: . . . . **Carum 11.**

III. Kronblätter verkehrtherzförmig mit kleinem einwärtsgebogenem Läppchen, weiss; Kelchrand 5zähnig.

1. Untere Blätter 1fachgefiedert; Hülle und Hüllchen vielblättrig.
   a. Blättchen breitlanzettlich, ungleichgesägt; Fruchtträger ungeteilt: . . . . **Bérula 14.**
   b. Blättchen gleichmässig scharfgesägt; Fruchtträger geteilt: . . . . **Sium 13.**
2. Blätter 3zählig, Abschnitte lineallanzettlich, dorniggesägt; Hülle und Hüllchen vielblättrig: . . . . **Falcária 9.**
3. Untere Blätter 3fachgefiedert, Zipfel lineallanzettlich, gleichmässig scharfgesägt; Hülle 1—2blättrig oder fehlt;

Hüllchen zurückgeschlagen; Frucht 2knotig mit flachen Rippen: . . . . **Cicuta** 5.

B. Eiweiss auf der Fugenseite flach oder gewölbt; Hauptrippen 5, fadenförmig oder geflügelt; ohne Nebenrippen; Frucht im Querschnitt kreisrund oder vom Rücken her zusammengedrückt, aber nicht linsenförmig.

I. Kronblätter ganz, zugespitzt; Blattscheiden aufgeblasen; Blätter 2—3fachgefiedert, Blättchen eiförmig, gesägt; Hülle 1—2blättrig oder fehlt; Frucht mit breitgeflügeltem Rand, schmalgeflügelten Rückenrippen: . . . . . **Angélica** 23.

II. Kronblätter rundlich, verkehrteiförmig oder verkehrtherzförmig mit einwärtsgebogenem Läppchen.

1. Blüten weissgelb; Hülle 1—2blättrig oder fehlt; Hüllchen vielblättrig; Grundblätter 3fach-, Stengelblätter 1—2fachgefiedert, Zipfel sehr feinstachelig: . . . . . **Silaus** 21.

2. Blüten weiss.

a. Kelchrand undeutlich; Thälchen 1striemig; Hülle fehlt meist.

aa. Hüllchen 3blättrig, 1seitig zurückgeschlagen, nicht kürzer als das Döldchen; Frucht kugelig mit fast kugeligen Teilfrüchtchen: . . . . **Aethusa** 17.

bb. Hüllchen vielblättrig.

α. Seitenrippen 2mal so breit geflügelt als die Rückenrippen; Blätter kurzscheidig: **Selinum** 22.

β. Alle Rippen gleich; Blätter mit verlängerter Scheide: . . . . **Cnidium** 20.

b. Kelchrand 5zähnig; Thälchen 1-, selten 2striemig.

aa. Hülle und Hüllchen mehrblättrig; Kelchzähne pfriemlich, verlängert, abfallend: . . . . **Libanotis** 19.

bb. Hülle fehlt meist; Hüllchen mehrblättrig.

α. Griffel aufrecht; Kelchzähne lang, spitz; Krone weiss; Rippen stumpf: . . . . **Oenanthe** 16.

β. Griffel zurückgebogen; Kelchzähne 3eckig, kurz; Krone weiss oder rötlich; Rippen dick: **Séseli** 18.

C. Eiweiss auf der Fugenseite flach oder gewölbt; Hauptrippen fädlich; ohne Nebenrippen; Frucht vom Rücken her flach oder linsenförmig zusammengedrückt, mit geflügeltem, spitzem oder verdicktem Rand; Striemen oberflächlich, 1—2 in jedem Thälchen.

I. Blätter 1fachgefiedert; Seitenrippen von den 3 Rückenrippen entfernt, den verbreiterten Rand berührend oder von diesem bedeckt.

1. Krone gelb; Hülle und Hüllchen fehlen; Blätter 1fachgefiedert: . . . . **Pastinaca** 25.

2. Krone weiss; Hülle fehlt oft; Hüllchen vielblättrig; Blätter 1—2fachgefiedert, Abschnitte sehr breit gelappt: **Heracleum** 26.

II. Blätter mehrfachgefiedert oder wiederholt 3zählig; Rippen gleichweit abstehend; Krone weiss oder gelb; Hülle und Hüllchen vielblättrig: . . . . **Peucédanum** 24.

D. Eiweiss auf der Fugenseite flach; Frucht vom Rücken her mehr oder weniger zusammengedrückt; Hauptrippen 5, Nebenrippen 4; Krone weiss.
  I. Hauptrippen fädlich; Nebenrippen geflügelt; Hülle und Hüllchen vielblättrig; Teilfrüchtchen mit 4 Flügeln: **Laserpitium 27.**
  II. Hauptrippen borstig, Nebenrippen stachelig.
    1. Nebenrippen 1reihig stachelig; Hülle und Hüllchen vielblättrig; Hülle sehr gross mit fiederteiligen Blättchen: **Daucus 28.**
    2. Nebenrippen 2—3reihig stachelig; Hülle und Hüllchen 5blättrig, ungeteilt: . . . . **Orláya 29.**

E. Eiweiss eingerollt oder auf der Fugenseite mit einer Längsfurche.
  I. Früchtchen stachelig; Hauptrippen 5, Nebenrippen 4; beide Seitenrippen auf den Fugenflächen liegend; Krone weiss oder rötlich.
    1. Dolde wenigstrahlig, armblütig.
      a. Stachelige Rippen 4; Stacheln gross, hakig gebogen, 1—3reihig; Hülle fehlt; Blätter 2- bis mehrfachgefiedert: **Caúcalis 30.**
      b. Stachelige Rippen 7; Stacheln gerade, 2—3reihig; Hülle 2—5blättrig; Blätter 1fachgefiedert: . . **Turgénia 31.**
    2. Dolde 7—9strahlig, meist reichblütig; Frucht auf dem Rücken dichtstachlig mit 3 dazwischenliegenden Borstenreihen; Stacheln fein, aufwärtsgebogen: . . **Tórilis 32.**
  II. Früchtchen nicht stachelig, aber zuweilen mit borstigen Knötchen bestreut; Rippen plattgedrückt, stumpf, nicht gekerbt, manchmal fehlend.
    1. Frucht sehr langgeschnäbelt; Dolden 2—3strahlig, zur Seite gedrängt, kurzgestielt: . . . . **Scandix 33.**
    2. Frucht ungeschnäbelt oder kurzgeschnäbelt; Dolden meist vielstrahlig, reichblütig.
      a. Frucht kurzgeschnäbelt, oft mit gekrümmten Borsten; Rippen nur am Schnabel deutlich: . **Anthriscus 34.**
      b. Frucht ungeschnäbelt, kahl; Rippen an der ganzen Frucht deutlich: . . . . **Chaerophyllum 35.**
  III. Früchtchen nicht stachelig; Rippen erhaben, gekerbt; Hülle viel-, Hüllchen 3blättrig; Kelchrand undeutlich; Stengel rotgefleckt: . . . . **Conium 36.**

1. Hydrocótyle L. Wassernabel.

706. **H. vulgaris L. Gemeiner W.** Blätter kreisrund; Köpfchenstiel kürzer als der Blattstiel; Krone klein, weiss. ♃. 7—9. Gräben; V, M verbr.; M Waldmohr.

2. Sanícula L. Heildolde.

707. **S. europaea L. Wund-H.** Grundblätter mit 3spaltigen eingeschnittengesägten Abschnitten; Stengelblätter wenige, sitzend; Krone rötlichweiss. ♃. 5, 6. Wald; verbr.

3. Astrántia L. Sterndolde.

708. A. maior L. Grosse S. Grundblätter bis nahe an den Grund 5teilig, mittlerer Abschnitt mit den seitlichen verbunden, alle länglich verkehrteiförmig, spitz, ungleich eingeschnittengesägt; Kelchzähne eilanzettlich, stachelspitzig; Krone weiss. ♃. 6—8. Wald, Gebüsch; N Donnersberg.

4. Erýngium L. Mannstreu.

709. E. campestre L. Feld-M. Graugrün; Blätter 2—3fachfiederspaltig, dorniggezähnt, grundständige gestielt, obere sitzend: Köpfchen fast kugelig. ♃. 7, 8. Raine; V, N verbr.

5. Cicuta L. Wasserschierling.

710. C. virosa L. Gift-W. Wurzelstock querfächerig hohl; Blätter 3fachgefiedert, Blättchen lineallanzettlich, scharfgesägt, selten lineal, fast ganzrandig. ♃. 6—8. Ufer, Sumpf; V, M verbr.

6. Ápium L. Sellerie.

711. A. gravéolens L. Garten-S. Blätter oberseits glänzend, untere gefiedert, obere 3zählig, Blättchen keilförmig, vorn eingeschnittengesägt. ⊙. 7—9. Salzhaltiger Boden; V Dürkheim; sonst gepflanzt und verwildert.

7. Trínia Hoffm. Haardolde.

712. T. glauca Dumort. Blaugrüne H. Stengel sehr ästig; untere Blätter graugrün, 3fachfiederteilig, Abschnitte lineallanzettlich. ⊙.4,5. Steinige Orte; V Battenberg, Dürkheim, Arzheim.

8. Helioscíádium Koch. Sumpfdolde.

713. H. nodiflorum Koch. Knotige S. Stengel nur am Grund liegend und wurzelnd; Blätter gefiedert, Blättchen eilanzettlich, gleichmässig stumpflichgesägt; Hülle 1—2blättrig, abfallend; Dolde meist länger als ihr Stiel; Früchtchen länglich, Rippen lederbraun. ♃. 7, 8. Gräben; verbr.

714. H. repens Koch. Kriechende S. Stengel niederliegend, an allen Knollen wurzelnd, nur die scheinbar seitenständigen Doldenstiele aufrecht; selten flutend; Blätter gefiedert, Blättchen rundlicheiförmig, ungleichgezähnt oder gelappt; Hülle wenigblättrig. ♃. 7—9. Sumpf; V verbr.

9. Falcária Riv. Sicheldolde.

715. F. vulgaris Bernh. Acker-S. Grundblätter 1fach und 3zählig; Stengelblätter 3zählig mit 3spaltigem Mittel-, 2—3spaltigen Seitenblättchen, Abschnitte lineallanzettlich, dorniggesägt; Frucht länglich. ♃. 6—8. Äcker, Raine; V verbr.; M Kaiserslautern, Zweibrücken; N Kreuznach.

10. Aegopódium L. Geissfuss.

716. **A. Podagrária L. Zaun-G.** Untere Blätter 2fach-, obere 1fach-3zählig, Blättchen ungleichgesägt; Frucht länglich. ♃. 6—8. Hecken, Gebüsch; verbr.

11. Carum L. Kümmel.

1. Hülle und Hüllchen fehlen oder 1blättrig.

717. **C. Carvi L. Wiesen-K.** Wurzel spindelförmig; Blätter 2—3fachfiederteilig, Zipfel lineal; untere Blättchen gekreuzt. ⊙. 5, 6. Wiesen; verbr.

2. Hülle und Hüllchen mehrblättrig.

718. **C. Bulbocástanum L. Knollen-K.** Wurzel fast kugelig; Blätter fast 3fachfiederspaltig, Zipfel lineal. ♃. 6, 7. Äcker; V Grünstadt, Dürkheim, Edenkoben; M Sembach, Kaiserslautern, Zweibrücken; N Nahe- und Glanthal.

719. **C. verticillatum Koch. Quirl-K.** Wurzel büschelfaserig; Blätter gefiedert, Blättchen vielteilig, Zipfel fadenförmig, scheinbar quirlig gestellt. ♃. 7, 8. Wiesen; V Bienwald (West- und Nordwestrand).

12. Pimpinella L. Bibernell.

720. **P. magna L. Grosse B.** Stengel kantiggefurcht, beblättert; Blätter gefiedert, Blättchen kurzgestielt, gezähnt oder zerschlitzt, glänzend; Krone weiss oder rosenrot. ♃. 6—10. Wiesen; verbr.

721. **P. Saxifraga L. Kleine B.** Stengel rund, gestreift, oberwärts fast blattlos; Blätter gefiedert; Blättchen sitzend, eiförmig oder rundlich gezähnt oder eingeschnitten; Krone weiss. ♃. 6—10. Trockene Wiesen; verbr.

13. Sium L. Merk.

722. **S. latifólium L. Breitblättriger M.** Ausläufer; Stengel kantiggefurcht; Blätter gefiedert; Blättchen der untergetauchten Blätter 2fachfiederteilig mit linealen Zipfeln, der oberen schieflanzettlich, am Grund vorderseits schmäler, scharfgesägt. ♃. 7, 8. Ufer, Gräben; V Frankenthal, Oggersheim, Speyer.

14. Bérula Koch. Berle.

723. **B. angustifólia Koch. Schmalblättrige B.** Stengel aufrecht, rund, gestreift; Blätter gefiedert; Blättchen der unteren Blätter eiförmig, der oberen länglich, eingeschnitten spitz gesägt; Dolden blattgegenständig, kurzgestielt; Hülle vielblättrig; Früchtchen eiförmig, graubraun. ♃. 7, 8. Gräben; verbr.

15. Bupleurum L. Hasenohr.

1. Blätter nicht durchwachsen.

724. **B. tenuissimum L. Feines H.** Blätter lineallanzettlich; endständige Dolde 3strahlig mit 4—5blütigen Döldchen, seitliche

mit 2 ungleichen Strahlen; Hüllchenblätter lineallanzettlich, zur Blütezeit die Döldchen überragend; Frucht körnigrauh. ⊙. 7, 8. Wiesen; V Oggersheim.

725. **B. falcatum L. Sichel-H.** Blätter mit starken Längsnerven, untere elliptisch oder länglich, obere sitzend, lanzettlich, nach beiden Enden spitz verschmälert, oft gekrümmt; Hüllchenblätter lanzettlich, zugespitzt; Frucht nicht körnig. ♃. 7—10. Trockene Hügel, Gebüsch; V Grünstadt, Dürkheim, Oggersheim, Frankenthal, Speyer; M Zweibrücken; N Nahe- und Glanthal.

2. Mittlere und obere Blätter durchwachsen, eiförmig.

726. **B. rotundifólium L. Rundblättriges H.** Hüllchenblätter eiförmig, zugespitzt, 2mal so lang als das Döldchen, nach dem Verblühen zusammenneigend; Frucht in den Thälchen gerillt. ⊙. 6, 7. Äcker; verbr.

16. Oenanthe L. Rebdolde.

I. Stengelblätter mit linealen Zipfeln; Wurzeln knollig verdickt.

1. Stengel, Blattstiele und Doldenstrahlen röhrigbauchig; endständige Dolde 2—3strahlig; Ausläufer.

727. **O. fistulosa L. Röhrige R.** Untere Blätter 2fach-, obere 1fachfiederteilig, kürzer als die Blattstiele; Hülle höchstens 1—2-blättrig; Frucht kreiselförmig. ♃. 6, 7. Gräben, Ufer; verbr.

2. Stengel hohl; Blattstiele und Doldenstrahlen nicht röhrig; Dolden 7—10strahlig; Hülle 3—6blättrig; Frucht länglich, oben und unten zusammengezogen; ohne Ausläufer.

728. **O. Lachenálii Gmel. Wiesen-R.** Wurzel fadenförmig und langkeulig; Stengel fest; untere Blätter 2fachfiederteilig, Abschnitte ei- oder keilförmig, stumpfgekerbt; Kronblätter bis zur Mitte gespalten, kurzgenagelt. ♃. 6, 7. Sumpfwiesen; V Gönnheim, Dürkheim, Speyer.

729. **O. peucedanifólia Pall. Haarstrang-R.** Wurzel rübenförmig; Stengel zarter; Blattzipfel lineal; Kronblätter 1/3 gespalten, grösser, länger genagelt. ♃. 5, 6. Feuchte Wiesen; V verbr.; M Kaiserslautern, Waldmohr, Zweibrücken; N zw. Sembach und Langmeil, Nahe- und Glanthal, Kusel.

II. Stengelblätter mit eiförmigen, fiederspaltig eingeschnittenen Zipfeln; Wurzel nicht verdickt.

730. **O. aquática Lam. Wasser-R.** Stengel ästig; untergetauchte Blätter vielspaltig mit fädlichen Zipfeln, übrige 2—3fachgefiedert; Dolden zur Seite gedrängt, vielstrahlig; Kronen strahlend; Frucht eilänglich. ⊙. 7, 8. Sumpf, Gräben; V verbr.; M zw. Bitsch und Pirmasens.

17. Aethusa L. Gleisse, Hundspetersilie.

731. **A. Cynápium L. Garten-G.** Kahl; Stengel ästig; Blätter oberseits glänzend, 2—3fachgefiedert, Zipfel spitz eingeschnitten. ⊙. 6—10. Äcker, Gärten; verbr.

18. Séseli L. Rossfenchel.

732. S. ánnuum L. **Einjähriger R.** Stengel rund, gestreift, beblättert; Blätter blaugrün, untere 3fachgefiedert; endständige Dolde 20—30strahlig; Hüllchenblätter lanzettlich, frei, so lang als das Döldchen. ⊙, ♃. 7—9. Heidewiesen; V Dürkheim, Maxdorf, Schifferstadt, Speyer; M Wachenheim; N Kreuznach.

733. S. Hippomárathrum L. **Ausdauernder R.** Stengel kantig, oberwärts nur mit blattlosen Scheiden; untere Blätter 3fachgefiedert, blaugrün; Dolden 5—10strahlig; Hüllchenblätter becherförmig verwachsen. ♃. 7—9. Felsige Abhänge; N Ebernburg.

19. Libanotis Crantz. Heilwurz.

734. L. montana Crantz. **Berg-H.** Stengel gefurcht; Blätter 2—3fachgefiedert, Zipfel lanzettlich, stachelspitzig; unterste Fiedern gekreuzt; Hülle und Hüllchen vielblättrig oder fehlend; Frucht kurzhaarig. ⊙. 7, 8. Heidewiesen, Felsen; Glangegenden.

20. Cnídium Cuss. Brennsaat.

735. C. venosum Koch. **Aderige B.** Stengel unten rund, gestreift, beblättert; Hüllchenblätter pfriemlich; Blüten weiss bis rosa; Rippen gleich. ♃. 6—8. Sumpfwiesen; V Ellerstadt, Maxdorf, Hassloch, Speyer.

21. Sílaus Bess. Sinau.

736. S. pratensis Bess. **Wiesen-S.** Stengel unten fast rund; Grundblätter 3—4fachgefiedert, Zipfel lanzettlich, fein stacheliggezähnt; Hülle fehlt oder wenigblättrig; Kronen blassgelb; Rippen gleich. ♃. 6—8. Wiesen; verbr.

22. Selinum L. Silge.

737. S. Carvifólia L. **Kümmel-S.** Stengel kantig gefurcht, meist beblättert; Blätter 2—3fachgefiedert, Zipfel mit weisslicher Stachelspitze; Hüllchenblätter pfriemlich; Blüten weiss bis rosa; Seitenrippen 2mal so breit geflügelt als die Rückenrippen. ♃. 7, 8. Wiesen, Raine; verbr.

23. Angélica L. Engelwurz.

738. A. silvestris L. **Wald-E.** Untere Blätter 3fachgefiedert; Blättchen eiförmig, gesägt, am Grund abgerundet oder meist herablaufend; Doldenstrahlen mehlig weichhaarig; Kelch undeutlich; Krone weiss. ⊙. 7, 8. Feuchte Orte; verbr.

24. Peucédanum L. Haarstrang.

I. Blätter 4—6mal 3zählig zusammengesetzt, Blättchen lineallanzettlich, spitz.

739. P. officinale L. **Echter H.** Stengel rund, gestreift, oberwärts nur mit blattlosen Scheiden; Hülle fehlt; Hüllchen viel-

blättrig, borstlich; Doldenstrahlen kahl; Krone gelb. ♃. 7, 8. Wiesen; V Grünstadt, Frankenthal, Maxdorf, Landau.

II. Blätter 1—3fachgefiedert, Abschnitte gelappt bis geteilt.

1. Hülle fehlt.

740. P. Chabraei Rchb. Scheiden-H. Stengel gefurcht; Fiedern sitzend, Zipfel spitz; Doldenstrahlen innen flaumhaarig; Hüllchen 1—3blättrig; Krone gelblichweiss. ♃. 8, 9. Waldrand; M Blieskastel.

2. Hülle vielblättrig.

a. Stengel kantig gefurcht.

741. P. palustre Mnch. Sumpf-H. Blätter 3fachgefiedert, Zipfel mit weisslicher Stachelspitze; Hülle zurückgeschlagen; Hüllchenblätter häutig berandet; Krone weiss oder rötlich. ⊙. 7, 8. Moor, Ufer; V, M verbr.

742. P. alsáticum L. Elsässer H. Blätter 3fachgefiedert, Zipfel stachelspitzig; Dolden fast traubig angeordnet; Hülle abstehend; Krone gelblichweiss. ♃. 7, 8. Raine, Gebüsch; verbr.

b. Stengel rund, gestreift; Hülle zurückgeschlagen; Krone weiss.

743. P. Oreoselinum Mnch. Berg-H. Blätter 3fachgefiedert, Spindeln sparrig abstehend, Zipfel keilförmig, stachelspitzig gezähnt. ♃. 7, 8. Heidewiesen; verbr.

744. P. Cervária Lap. Hirsch-H. Blätter 2—3fachgefiedert, Spindeln schräg abstehend, Abschnitte eiförmig, dorniggesägt. ♃. 7, 8. Triften, Abhänge; V Grünstadt, Frankenthal, Maxdorf, Neustadt, Speyer; N Donnersberg, Kreuznach.

25. Pastinaca L. Pastinak.

745. P. sativa L. Gemeiner P. Stengel kantig gefurcht; Fiedern der Grundblätter eiförmig bis länglich, oft gelappt, oberseits glänzend; Kronblätter eingerollt, gestutzt. ⊙. 7—10. Wiesen; verbr.

26. Heracleum L. Bärenklau.

746. H. Sphondylium L. Wiesen-B. Blätter fiederspaltig bis gefiedert; Dolden strahlend; Krone weiss; Fruchtknoten dichtflaumig. ♃. 6—10. Wiesen; verbr.

27. Laserpitium L. Laserkraut.

747. L. latifólium L. Breitblättriges L. Stengel rund, feingestreift, kahl; Blätter 2fachgefiedert, im Umriss 3eckig; Blättchen herzeifömig, gesägt, kahl oder unterseits nebst Stengel rauhhaarig. ♃. 7, 8. Steinige Orte, Gebüsch; M Waldleiningen, Johanniskreuz bis Bitsch; N Donnersberg, Kusel.

748. L. pruténicum L. Preussisches L. Stengel gefurcht, unterwärts meist rauhhaarig; Blätter 2fachgefiedert, an Rand und Stiel rauhhaarig, selten nebst Stengel kahl; Blättchen fiederspaltig; Hülle und Hüllchen zurückgeschlagen, breithäutig berandet. ⊙. 7, 8. Wald; V Schifferstadt, Speyer.

28. Daucus L. Möhre.

749. D. Carota L. Gemeine M. Stengel kantig, steifhaarig; Blätter 2—3fachgefiedert, Zipfel haarspitzig; Hüllblätter 3spaltig bis fiederteilig; Hüllchen vielblättrig. ⊙. 6—9. Wiesen, Äcker, Raine; verbr; auch gepflanzt (gelbe Rübe).

29. Orláya Hoffm. Breitsame.

750. O. grandiflora Hoffm. Strahl-B. Stengel gefurcht, kahl; Blätter 2—3fachgefiedert; Dolden strahlend. ⊙. 7, 8. Äcker; V Dürkheim, Edenkoben; M Kaiserslautern, Blieskastel.

30. Caúcalis L. Haftdolde.

751. C. daucoides L. Möhren-H. Stengel gefurcht; Blätter 2—3fachfiederteilig, Zipfel lineal, spitz; Hüllchenblätter lanzettlich, breitberandet; Stacheln der Frucht pfriemlich, hakenförmig. ⊙. 6. 7. Äcker; verbr.

31. Turgénia Hoffm. Zwiesel.

752. T. latifólia Hoffm. Breitblättrige Z. Stengel oben kurzborstig; Blättchen lineallänglich; Hülle 2—5blättrig; Hüllchenblätter 5—7, breithäutig; Krone weiss oder rot. ⊙. 7, 8. Äcker; verbr.

32. Tórilis Adans. Klettenkerbel.

753. T. Anthriscus Gmel. Gemeiner K. Stengel rauh; Blätter 2fachgefiedert, Abschnitte länglich, eingeschnittengesägt: Hülle vielblättrig; Stacheln 1fach hakig einwärtsgekrümmt. ⊙. 6, 7. Hecken, Gebüsch; verbr.

754. T. infesta Koch. Schweizer K. Blätter 2fachgefiedert; Hülle 1blättrig oder fehlt; Krone so lang als der Fruchtknoten; Griffel kaum 2mal so lang als das Stempelpolster; Stacheln widerhakig. ⊙. 7, 8. Äcker; V Ellerstadt; M Kaiserslautern, Blieskastel; N Kusel.

33. Scandix L. Hechelkraut.

755. S. Pecten Véneris L. Acker-H. Stengel zerstreut abstehend behaart; Blätter 3fachgefiedert, Zipfel lineal; Hüllchenblätter 2—3spaltig; Schnabel länger als die Frucht mit 2reihigen angedrückten Borsten. ⊙. 5, 6. Äcker; verbr.

34. Anthriscus Hoffm. Kerbel.

756. A. silvestris Hoffm. Wald-K. Blätter kahl oder spärlich behaart, mit spitzen Zähnen, 2fachgefiedert; unterste Abschnitte 1. Ordnung viel kleiner als der Rest des Blattes; Zipfel länglichlanzettlich; Hüllchen gewimpert; Randblüten wenig grösser als die übrigen; Frucht meist länger als ihr Stiel, kurz geschnäbelt, ungerippt, glänzendbraun. ♃. 5, 6. Wiesen; verbr.

757. A. vulgaris Pers. Gemeiner K. Blätter 3fachgefiedert, Zipfel stumpf, rauhhaarig gewimpert; Hülle fehlt; Hüllchen gewimpert; Frucht mit Borsten besetzt, 3mal so lang als ihr Schnabel. ⊙. 5–7. Zäune, Wege; V Dürkheim, Speyer; N Nahethal.

35. Chaerophyllum L. Kälberkropf.

1. Hüllchen kahl.

758. C. bulbosum L. Knollen-K. Stengel am Grund knollig angeschwollen, unten steifhaarig, rund; Blätter 3—4fachgefiedert, Abschnitte lineallanzettlich, an den oberen Blättern sehr schmal. ⊙. 6, 7. Gebüsch, Ufer; V verbr.: N Nahe- und Glanthal.

2. Hüllchen gewimpert.

759. C. témulum L. Betäubender K. Stengel rauhhaarig; Blätter 2fachfiederteilig, unterseits dicht angedrückt behaart, mit stumpfen Zähnen; Hüllchenblätter eilanzettlich. ⊙. 6, 7. Hecken, Schutt; verbr.

760. C. aúreum L. Goldgelber K. Blätter kahl oder spärlichbehaart, mit spitzen Zähnen, 3fachgefiedert; Blättchen langzugespitzt, am Grund fiederspaltig, vorn gesägt; Hüllchen zurückgeschlagen; Frucht ungeschnäbelt, gerippt, gelblich. ♃. 6, 7. Gebüsch, Waldrand; V Grünstadt, Dürkheim bis Germersheim; M Dürkheim, Sembach; N Waldmohr.

36. Conium L. Schierling.

761. C. maculatum L. Gefleckter S. Stengel kahl; Blätter 3fachgefiedert; Blättchen tieffiederspaltig; Blattstiel hohl; Hülle 3blättrig. ⊙. 7, 8. Schutt; verbr.

Familie 67. ARALIÁCEAE. *Epheugewächse.*

1. Hédera L. Epheu.

762. H. Helix L. Echter Epheu. Stengel mit Kletterwurzeln an der Schattenseite: Blätter 5eckig gelappt, an den blühenden aufrechten Ästen eirautenförmig, ganzrandig; Blüten doldig, gelb; Beere schwarz. ♄. 9, 10. Wald, Felsen, Mauern; verbr.

Familie 68. CORNÁCEAE. *Hartriegelgewächse.*

1. Cornus L. Hartriegel.

763. C. sanguinea L. Roter H. Äste häufig rot; keine Knospenschuppen; Blätter eiförmig, kurzzugespitzt, nebst den Zweigen kurzhaarig; Ebensträusse endständig an beblätterten Ästen; Blüten weiss; Frucht kugelig, schwarz. ♄. 5, 6. Hecken, Wald; verbr.

764. C. mas L. Gemeiner H. Äste grün: Knospenschuppen; Blätter eiförmig, langzugespitzt, kurzhaarig; Dolden 1fach aus blattlosen Knospen; Blüten gelb; Frucht länglich, kirschrot. ♄. 4. Gepflanzt; in Hecken eingebürgert.

Familie 69. CRASSULÁCEAE. *Fettblattgewächse.*

1. Nichtblühende Stengel verlängert, ohne Rosetten; Blätter flach oder mehr oder minder stielrund: . . . . **Sedum 1.**

2. Stengel anfangs kurz mit rosettig angeordneten flachen Blättern, später sich verlängernd mit endständigem Blütenstand: . . . . **Sempervivum 2.**

1. Sedum L. Fettblatt.

I. Blätter flach.

1. Wenigstens obere Blätter sitzend bis halbumfassend.

765. S. **máximum Sut. Grosses F.** Blätter gegenständig oder zu 3 quirlig, länglich oder eiförmig, untere mit breitem Grund sitzend, obere kurzherzförmig halbumfassend; Krone grünlichgelb; innere Staubblätter dem Grund der Kronblätter eingefügt. ♃. 7—9. Raine, felsige Abhänge; V verbr.

766. **S. purpúreum Link. Purpur-F.** Blätter wechselständig, verkehrteiförmig, untere kurzgestielt, obere mit abgerundetem Grund sitzend; Krone rosa bis purpurn; innere Staubblätter über dem Grund der Kronblätter eingefügt. ♃. 7, 8. Gebüsch, felsige Abhänge; verbr.

2. Alle Blätter am Grund keilförmig verschmälert.

767. S. **Fabária Koch. Berg-F.** Stengel aufrecht; Blätter wechselständig, länglich oder lanzettlich; Krone purpurn; Staubblätter über dem Grund der Krone eingefügt. ♃. 6, 7. Felsen; N Lemberg.

II. Blätter stielrund oder keulig oder am Grund eiförmig, zuweilen oberseits etwas abgeflacht.

1. Kronblätter weiss oder rosa.

768. S. **album L. Weisses F.** Zahlreiche Laubsprosse; Blätter länglich bis lineallänglich, stumpf, grasgrün; Blütenstiele kahl oder nur ganz vereinzelt drüsig; Kronblätter weiss oder blassrosa, lanzettlich, stumpflich, 3mal so lang als der Kelch. ♃. 7, 8. Felsen, Mauern; V Speyer, Landau; M Mölschbach, Olsbrücken; N verbr.

769. S. **villosum L. Zottiges F.** Höchstens spärliche Laubsprosse; Blätter drüsig weichhaarig, lineal; Blütenstiele drüsigflaumig; Kronblätter rosenrot, eiförmig, spitz, 2mal so lang als der Kelch. ☉. 6—8. Moor; V Dürkheim, Dackenheim, Bergzabern; M verbr.

2. Kronblätter gelb, spitz; zahlreiche Laubsprosse.

a. Blätter stumpf.

770. S. **acre L. Mauerpfeffer.** Blätter eiförmig, am Grund nicht gespornt. ♃. 6, 7. Steinige Plätze, Mauern; verbr.

771. S. **boloniense Lois. Sechszeiliges F.** Blätter lineal, am Grund nach rückwärts gespornt. ♃. 6, 7. Steinige Plätze, Mauern; V verbr.; M Olsbrücken.

b. Blätter stachelspitzig.

772. **S. reflexum L. Felsen-F.** Blätter am Grund nach rückwärts kurzgespornt, gras-, selten graugrün. ♃. 7, 8. Felsen, sandige Orte; M verbr.

2. Sempervivum L. Hauswurz.

773. **S. tectorum L. Dachwurz.** Rosettenblätter aufrecht abstehend, verkehrteiförmig, kahl, nur am Rand gewimpert; Krone ausgebreitet, purpurn. ♃. 7, 8. Felsen, Mauern; überall gepflanzt und verwildert.

774. **S. soboliferum Sims. Gelbe H.** Rosettenblätter kugelig zusammengeneigt; Ausläufer mit den jungen Rosetten zwischen den Blättern emporkommend; Stengelblätter verkehrteiförmig oder länglich; alle Blätter gewimpert, sonst kahl; Krone glockig, gelb. ♃. 7, 8. Mauern, Felsen; V Dürkheim, Gönnheim, Forst.

Familie 70. SAXIFRAGÁCEAE. *Steinbrechgewächse.*

A. Krautartig.
 I. Mit Krone.
  1. Staubblätter 10; Griffel 2; Kelchröhre oft unten mit dem Fruchtknoten verwachsen: . . . . . . **Saxífraga 1.**
  2. Staubblätter 5, ausserdem 5 verzweigte drüsentragende unfruchtbare Staubblätter; Griffel 4; Fruchtknoten frei: **Parnássia 3.**
 II. Ohne Krone; Staubblätter 8; Blüten in Trugdolden, gelb: **Chrysosplénium 2.**
B. Sträucher; Blätter wechselständig, handförmig gelappt; Krone klein; Staubblätter 5; Beere: . . . . **Ribes 4.**

1. Saxífraga L. Steinbrech.

I. Blätter ohne Kalkschüppchen, auch ohne Grübchen an der Spitze, nicht steifgewimpert; Krone weiss.
 1. Ohne Laubsprosse.

775. **S. tridactylites L. Dreifinger-S.** Ohne unterirdische Knospen; kurz drüsenhaarig; Blätter spatelig oder keilförmig, 3—5lappig; Blütenstiel 2—3mal so lang als die Blüte. ⊙. 4, 5. Raine, Heiden; verbr.

776. **S. granulata L. Körniger S.** Mit zwiebelartigen unterirdischen Knospen; Grundblätter nierenförmig, gekerbt, stengelständige keilförmig, grobgezähnt. ♃. 5, 6. Wiesen; verbr.

 2. Mit Laubsprossen.

777. **S. decípiens Ehrh. Rasen-S.** Fast kahl; Blätter 3-, selten 5lappig, Abschnitte stachelspitzig; Kronblätter 2—3mal so lang als der Kelch, nicht schmäler als die spitzen Kelchzipfel, verkehrteiförmig, ausgebreitet. ♃. 5, 6. Felsspalten, steinige Orte; N Kusel, Kreuznach.

II. Blätter am Rand mit Kalkschüppchen, Krone weiss, rötlich punktiert.

778. **S. Aizoon Jacq. Trauben-S.** Blätter zungenförmig, vorn abgerundet, am Rand gezähnt; Laubbsprosse ausläuferartig, an der Spitze Rosetten tragend; Kelchzipfel eiförmig, stumpf. ♃. 6—8. Felsen; N Kreuznach.

2. Chrysosplénium L. Milzkraut.

779. **C. alternifólium** L. **Gold-M.** Blätter wechselständig, grundständige langgestielt, rundlichnierenförmig, tiefgekerbt; Blüten goldgelb. ♃. 4, 5. Quellige, schattige Orte; verbr.

780. **C. oppositifólium** L. **Schwefel-M.** Blätter gegenständig, grundständige kürzer gestielt, am Grund gestutzt, welliggekerbt; Blüten grünlichgelb. ♃. 4, 5. Quellige, schattige Orte; M verbr.; N Waldmohr.

3. Parnássia L. Herzblatt.

781. **P. palustris** L. **Sumpf-H.** Grundblätter herzförmig, langgestielt, am Grund des 1blütigen Stengels 1 sitzendes umfassendes Blatt; Krone ausgebreitet, weiss. ♃. 7—8. Feuchte Wiesen; verbr.

4. Ribes L. Johannisbeere.

I. Zweige stachelig; Trauben 1—3blütig.

782. **R. Grossulária** L. **Stachelbeere.** Blätter rundlich, 3lappig, unterseits weichhaarig; Stacheln ungeteilt oder 3teilig; Kelchzipfel länglich, zurückgeschlagen; Blüten grünlich oder trübpurpurn; Fruchtknoten meist kurz drüsenlos behaart. ♄. 4, 5. Gebüsch, steinige Abhänge; verbr.; vielleicht z. T. nur verwildert.

II. Zweige ohne Stacheln; Trauben vielblütig.

1. Trauben aufrecht; Deckblätter länger als die 2häusigen Blüten.

783. **R. alpinum** L. **Alpen-J.** Blätter oberseits mit einzelnen Haaren, unterseits glänzend, 3—5lappig, Lappen eingeschnitten gekerbt; Kelch kahl; Blüten grünlichgelb; Beere rot. ♄. 5, 6. Waldige Abhänge; V Grünstadt, Wachenheim; M Weiher; N verbr.

2. Trauben hängend; Deckblätter kürzer als die Stiele der zwitterigen Blüten.

784. **R. rubrum** L. **Rote J.** Blätter 3—5lappig, eingeschnitten gekerbtgezähnt, unterseits weichhaarig; Deckblätter eiförmig; Kelch kahl; Blüten grünlichgelb; Frucht rot, selten gelblichweiss. ♄. 4, 5. Wald, Gebüsch: M Hochspeyer, Kaiserslautern; sonst verw.

785. **R. nigrum** L. **Schwarze J.** Blätter 3—5lappig, grob kerbiggezähnt, unterseits mit gelben Drüsen; Deckblätter lineal; Kelchröhre drüsig, nebst den Zipfeln weichhaarig; Blüten rötlich; Beere schwarz. ♄. 4, 5. Auen, Wald; V Harthausen, Hasslocher Wald; N Donnersberg; auch gepflanzt.

Familie 71. ONAGRÁCEAE. *Nachtkerzengewächse.*

I. Staubblätter 8; Krone 4blättrig; Kapselfrucht.
   1. Krone rot oder weisslich; Frucht lineal; Samen mit Haarschopf; Blätter gegen- oder wechselständig: **Epilóbium** 1.
   2. Krone gelb; Frucht länglich; Samen ohne Haarschopf; Blätter wechselständig: . . . . **Oenothera** 2.

II. Staubblätter 2; Kelch und Krone je 2blättrig; Schliessfrucht; Blätter gegenständig; Blüten weiss: . . . . . **Circaea** 3.

III. Staubblätter 4.
1. Krone fehlt; Kapselfrucht; Blätter gegenständig: **Isnárdia** 4.
2. Krone 4blättrig; Schliessfrucht; Blätter wechselständig; Wasserpflanze: . . . . **Trapa** 5.

1. Epilóbium L. Weidenröschen.

A. Kronblätter ausgebreitet, ganz, oder nur schwach ausgerandet; Staubblätter und Griffel abwärts gebogen; Blätter wechselständig.

786. E. **angustifólium** L. **Schmalblättriges W.** Unterirdische Ausläufer; Blätter lanzettlich mit deutlichen Adern, unterseits bläulichgrün; Trauben sehr lang. ♃. 7, 8. Waldschläge, Schutt; verbr.

B. Kronblätter trichterförmig gestellt, 2spaltig; Staubblätter und Griffel aufrecht; Blätter meist gegenständig.

I. Narbe mit 4 sternförmig abstehenden Lappen; Stengel rund.

1. Stengel meist zottig; Blätter sitzend, länglich bis länglichlanzettlich; junge Blüten aufrecht.

787. E. **hirsutum** L. **Rauhhaariges W.** Stengel sehr ästig, nach dem Abblühen mit langen unterirdischen Ausläufern, mit kürzeren Drüsenhaaren; Blätter halbumfassend, kleingesägt, weichhaarig, stachelspitzig; Kelchzipfel stachelspitzig; Blüten gross, purpurn. ♃. 6—9. Ufer, Gräben; verbr.

788. E. **parviflorum** Schreb. **Kleinblütiges W.** Stengel 1fach oder ästig, drüsenlos, nach dem Abblühen mit kurzen Ausläufern mit Laubblättern; Blätter nicht umfassend, länglichlanzettlich, weichhaarig. ♃. 6—9. Gräben, Moore; verbr.

2. Stengel anliegendbehaart; wenigstens untere Blätter deutlich gestielt, lanzettlich bis eiförmig; Kelchzipfel stumpf; junge Blüten nickend.

a. Blätter eiförmig.

789. E. **montanum** L. **Berg-W.** Stengel 1fach oder wenig ästig, nach dem Abblühen mit kurzen Ausläufern mit Schuppenblättern; Blätter meist gegenständig, kurzgestielt oder sitzend, am Grund abgerundet, ungleich gezähntgesägt, spitz, grasgrün, dünn, zerstreutbehaart, ♃. 6—9. Wald, Gebüsch; verbr.

790. E. **collinum** L. **Hügel-W.** Stengel 1fach oder vom Grund an ästig; Blätter meist wechselständig, gestielt, geschweiftgezähnelt, stumpflich, kleiner, derb, etwas graugrün. ♃. 6—8. Abhänge, Gebüsch; verbr.

b. Blätter lanzettlich, nahe unter der Mitte am breitesten.

791. E. **lanceolatum** Seb. et Maur. **Lanzettliches W.** Stengel oberwärts nebst Blütenstielen und Früchten dicht grau bis weisslich behaart, nach dem Abblühen mit kurzen Ausläufern mit gedrängten Blättern; Blätter gestielt, gesägtgezähnt, an Rand und Rippen flaumig. ♃. 6—10. Steinige Orte; V Forst, Deidesheim, Klingenmünster; M zwischen Weissenburg und Dahn; N verbr.

II. Narbe keulenförmig, nie ausgebreitet.

1. Stengel rund, ohne erhabene Längslinien.

792. E. **palustre** L. **Sumpf-W.** Ausläufer fadenförmig; Stengel oberwärts weichhaarig; Blätter mit keilförmigem Grund

sitzend, lineallanzettlich bis lanzettlich, meist ganzrandig, oft am Rand umgerollt; Krone rosa. ♃. 7, 8. Moor, Sumpf; verbr.

2. Stengel 4kantig oder wenigstens mit 2—4 von den Blatträndern herablaufenden, oft behaarten Linien, am Grund ohne Niederblätter.

a. Blätter langgestielt, nach beiden Enden spitz verschmälert, Ausläufer später Rosetten bildend.

793. **E. róseum Schreb. Rosenrotes W.** Stengel sehr ästig, oberwärts weichhaarig; Blätter länglich, dicht ungleich gezähntgesägt; Krone hellrosa, klein; Frucht weichhaarig. ♃. 7—9. Gräben, Pfützen; verbr.

b. Blätter mit breitem Grund sitzend bis herablaufend, oder sehr kurzgestielt, lineal bis länglichlanzettlich, ziemlich kahl.

α. Blätter dicht scharfgezähnelt-gesägt; Frucht zerstreutbehaart.

794. **E. adnatum Griseb. Herablaufendes W.** Stengel sehr ästig, fast kahl, nach dem Abblühen mit Rosetten; Blätter lanzettlich bis lineallanzettlich, nach vorn allmählich verschmälert, sitzend, mittlere mit beiden Rändern herablaufend; Krone rosa, klein. ♃. 7—9. Gräben; ziemlich verbr.

β. Blätter entfernt klein gezähnelt; Frucht weichhaarig.

795. **E. obscurum Rchb. Dunkelgrünes W.** Stengel 1fach oder mit aufrecht abstehenden Ästen, oberwärts weichhaarig, nach dem Abblühen mit verlängerten Ausläufern; Blätter länglichlanzettlich, mit breitem, abgerundetem Grund sitzend, untere sehr kurzgestielt, dunkelgrün; Krone hellpurpurn, klein. ♃. 6—9. Gräben, Wald, Felsen; V, M verbr.

796. **E. Lámyi F. Schultz. Lamys W.** Stengel 1fach oder ästig, oberwärts weichhaarig, nach dem Abblühen mit Rosetten; Blätter lineallänglich, am Grund abgerundet, nur schmal angewachsen, fast gestielt, unterseits etwas blaugrün; Krone tiefpurpurn, grösser. ♃. 6, 7. Äcker, Raine, Felsen; V Bergzabern, Edenkoben; M Bergzabern, Annweiler; N Lemberg.

2. Oenothera L. Nachtkerze.

797. **O. biennis L. Gemeine N.** Grundblätter elliptisch oder verkehrteiförmig, stumpf, bespitzt; Kronblätter länger als die Staubblätter. ⊙. 6—8. Aus Nordamerika; Ufer, Schutt; verbr.

3. Circaea L. Hexenkraut.

1. Blütenstiel ohne Deckblätter; Blätter glanzlos, eiförmig, am Grund abgerundet oder nur schwach herzförmig, gezähnelt.

798. **C. lutetiana L. Gemeines H.** Ausläufer dünn; Blattstiel ungeflügelt, rinnig; Kelchröhre etwas verlängert; Kronblätter so lang als der Kelch; Narbe tief 2lappig; Frucht verkehrteiförmig mit 2 gleichgrossen Fächern, dicht mit Borsten besetzt. ♃. 7, 8. Schattige feuchte Wälder; verbr.

2. Blütenstiele mit borstlichen hinfälligen Deckblättern; Blätter glänzend, fast stets deutlich herzförmig, geschweiftgezähnt.

799. **C. intermédia Ehrh. Mittleres H.** Ausläufer wenig verdickt; Blattstiel ungeflügelt, rinnig; Kelchröhre etwas verlängert; Kronblätter so lang als der Kelch; Narbe tief 2lappig; Frucht mit ungleichgrossen Fächern. ♃. 7, 8. Feuchter Wald, Gebüsch; M Zweibrücken; N Kusel.

800. **C. alpina L. Alpen-H.** Ausläufer im Herbst bis auf die endständige Knolle absterbend; Blattstiel geflügelt, oberseits flach; Kelchröhre sehr kurz; Krone kürzer als der Kelch; Narbe schwach ausgerandet; Frucht 1fächerig. ♃. 6—8. Feuchter Wald; Gebüsch; M Trippstadt bis Eppenbrunn, Mölschbach, Kaiserslautern, Kirkel.

4. Isnárdia L. Wasserlöffelchen.

801. **I. palustris L. Sumpf-W.** Blätter eiförmig, spitz, in den Stiel verschmälert; Blüten einzeln achselständig, grünlich. ♃. 7. 8. Gräben; V Schifferstadt, Speyer, Hassloch.

5. Trapa L. Wassernuss.

802. **T. natans L. Schwimmende W.** Blätter schwimmend, rosettig, mit aufgeblasenem Stiel, rautenförmig, gezähnt; Blüten achselständig, weiss. ⊙. 6, 7. V Altrheine bei Frankenthal, Altrip, Germersheim.

Familie 72. HALORRHAGIDÁCEAE. *Tausendblattgewächse.*

1. Myriophyllum L. Tausendblatt.

1. Alle Deckblätter fiederspaltig oder gefiedert, nicht kürzer als die Blüten.

803. **M. verticillatum L. Quirliges T.** Blattquirle 5—6zählig. Abschnitte borstlich; Ähren stets aufrecht; Blüten in Quirlen. ♃. 6—8. Sumpf, Gräben; V verbr.; M Zweibrücken; N Nahethal.

2. Obere Deckblätter ungeteilt, kürzer als die Blüten.

804. **M. spicatum L. Ähriges T.** Blattquirle 4zählig, Abschnitte borstlich; Ähren stets aufrecht; alle Blüten in Quirlen. ♃. 7—9. Sumpf, Gräben; V verbr.; M Lauter- und Bliesthal; N Nahethal.

805. **M. alterniflorum DC. Zartes T.** Blattquirle 4zählig, Abschnitte haarfein; Ähre vorm Aufblühen überhängend; männliche Blüten wechselständig. ♃. 7, 8. Stehendes Wasser; V Weissenburg; M Hohenecken, Dahn, Zweibrücken.

Familie 73. HIPPURIDÁCEAE. *Tannenwedelgewächse.*

1. Hippuris L. Tannenwedel.

806. **H. vulgaris L. Quirliger T.** Stengel aus kriechendem Grund aufrecht, über den Wasserspiegel sich erhebend; Blatt-

quirle 8–12zählig; Blüten grün. ♃. 7, 8. Sumpf, Gräben; V verbr.

Familie 74. LYTHRÁCEAE. *Weiderichgewächse.*

1. Kelchröhre walzig; Kronblätter 6; Blätter lineal bis lanzettlich: . . . . **Lythrum 1.**
2. Kelchröhre glockig; Kronblätter 6, sehr klein, hinfällig oder fehlend; Blätter verkehrteiförmig: . . . . **Peplis 2.**

1. Lythrum L. Weiderich.

807. L. Salicária L. Blut-W. Blätter gegenständig oder zu 3 quirlig, mit herzförmigem Grund sitzend, lanzettlich; Blüten quirlig, eine verlängerte Ähre bildend; innere Kelchzähne länger; Krone purpurn; 12 Staubblätter. ♃. 6–9. Wiesen, Moore, Ufer; verbr.

808. L. Hyssopifólia L. Ysop-W. Blätter wechsel- oder untere gegenständig, am Grund verschmälert, lineal bis länglichlanzettlich; Blüten einzeln in den Achseln: Kelchzähne gleichlang; Krone rötlichlila, klein; Staubblätter 6 oder weniger. ⊙. 7–9. Feuchte Wiesen; V Dürkheim, Oggersheim, Neustadt, Speyer.

2. Peplis L. Sumpfquendel.

809. P. Pórtula L. Gemeiner S. Stengel liegend, ästig; Blätter stumpf: Blüten einzeln in den Achseln, sehr kurz gestielt; Krone rosa. ⊙. 7–9. Schlammige Stellen; verbr.

Familie 75. THYMELAEÁCEAE. *Seidelbastgewächse.*

1. Kraut; Kelch krautig; trockene Schliessfrucht: **Thymelaea 1.**
2. Sträucher; Kelch kronartig gefärbt: Beere: . . **Daphne 2.**

1. Thymelaea All. Spatzenzunge.

810. Th. Passerina Coss. et Germ. Gemeine S. Stengel aufrecht, ästig; Blätter lineal oder lineallanzettlich, spitz, schwach drüsig punktiert; Blüten einzeln oder zu wenigen in den oberen Achseln; Kelch krugförmig, Zipfel kurz, aufrecht. ⊙. 7–9. Raine; V Grünstadt, Dürkheim, Neustadt, Landau; M Zweibrücken.

2. Daphne L. Seidelbast.

811. D. Mezereum L. Roter S. Blätter verkehrtlänglich bis lanzettlich, sommergrün; Trugdolden aus seitlichen blattlosen Knospen, meist 3blütig; Blüten sitzend; Kelchröhre seidenhaarig, blassrosa. ♄. 2–4. Wald; verbr.; M seltener.

812. D. Cneorum L. Wohlriechender S. Zweige kurzhaarig; Blätter linealkeilförmig, immergrün; Trugdolden endständig, vielblütig; Blüten kurzgestielt; Kelchröhre flaumig, purpurn. ♄. 5, 6. Heidewiesen; V Speyer; M Kaiserslautern, Mölschbach, Eppenbrunn.

Familie 76. ELAEAGNÁCEAE. *Sanddorngewächse.*

1. Hippóphaë L. Sanddorn.

813. H. rhamnoides L. Weiden-S. Dornig; Blätter lineal-lanzettlich; Blütenähren kurz, achselständig, später zu Laubtrieben auswachsend; Blüten klein; Scheinbeere orange. ♄. 4, 5. Kies des Rheins; V Pfortz.

Familie 77. ROSÁCEAE. *Rosengewächse.*

A. Fruchtknoten nicht in die Kelchröhre eingeschlossen.
- I. Fruchtknoten 1; kein Aussenkelch; Kelchröhre nach dem Abblühen abfallend; Steinfrucht; Holzpflanzen; Blätter ungeteilt; Krone weiss oder rosa: . . . , . . **Prunus 17.**
- II. Fruchtknoten mehrere, im Grund der Kelchröhre oder auf dem vorgewölbten Blütenboden eingefügt.
  - 1. Kein Aussenkelch; Kelch und Krone 5blättrig.
    - a. Stachelige Sträucher; Blätter handförmig 3—5zählig oder gefiedert; Steinfrüchtchen zu einer Scheinbeere verwachsen; Krone weiss oder rosa: . . **Rubus 12.**
    - b. Stachellose Stauden; Früchtchen aufspringend, 2- bis mehrsamig.
      - α. Blätter mehrfachgefiedert, ohne Nebenblätter; Blüten 2häusig; Ähren rispig angeordnet; Krone weiss; Fruchtknoten 3: . . . . **Aruncus 15.**
      - β. Blätter unterbrochen gefiedert; Nebenblätter gross, angewachsen; Blüten zwittrig in Trugdolden; Krone weiss oder rötlich: Fruchtknoten meist mehr als 5: **Ulmária 16.**
  - 2. Mit Aussenkelch.
    - a. Griffel bleibend, langbegrannt; Blätter leierförmig unterbrochen gefiedert: . . . . **Geum 7.**
    - b. Griffel abfallend; Blätter handförmig 3—5zählig oder gefiedert.
      - aa. Kronblätter bleibend, dunkelrot: . . **Cómarum 9.**
      - bb. Kronblätter abfallend, weiss oder gelb.
        - α. Kronblätter weiss; Blütenboden fleischig werdend, abfallend: . . . . **Fragária 8.**
        - β. Kronblätter weiss oder gelb; Blütenboden bei der Reife trocken oder schwammig, behaart, bleibend: **Potentilla 10.**

B. Fruchtknoten in die Kelchröhre eingeschlossen; nur die Griffel vorragend.
- I. Kelchröhre fleischig werdend; Fruchtknoten mehrere; kein Aussenkelch; Sträucher mit Stacheln; Blätter unpaarig gefiedert: . . . . **Rosa 6.**
- II. Kelchröhre trocken, erhärtend; Fruchtknoten 1—3; Kräuter: ohne Stacheln.

1. Krone gelb; kein Aussenkelch; Kelchröhre aussen borstig; Blätter unterbrochen gefiedert: . . . . **Agrimónia 14.**
2. Krone fehlt.
   a. Mit Aussenkelch; Staubblätter 1—4; Blüten in Trugdolden; Blätter handförmig gelappt bis geteilt: **Alchemilla 11.**
   b. Ohne Aussenkelch; Staubblätter 4 oder mehr; Blüten in dichten Köpfchen; Blätter gefiedert: **Sanguisorba 13.**

C. Fruchtknoten 2—5, mit dem Kelchbecher verwachsen, daher unterständig; Bäume oder Sträucher mit Apfelfrucht.

I. Fruchtboden an der Spitze nicht von einer Scheibe überzogen; Steinapfel; Trauben armblütig; Kronenblätter kaum länger als der Kelch, rundlich, aufrecht, weiss oder rötlich; Blätter ungeteilt, ganzrandig, unterseits filzig; niedrige, dornlose Sträucher: . . . . **Cotoneaster 3.**

II. Fruchtknoten an der Spitze von einer Scheibe überzogen.
1. Blüten in Trauben; Kronblätter schmal, länglich, weiss; Fruchtknotenfächer mit falschen Scheidewänden; Kernapfel; Blätter ungeteilt; dornlose Sträucher: **Amelánchier 4.**
2. Blüten einzeln, in Dolden oder Ebensträussen; Samen in jedem Fach 1—2, aufrecht.
   a. Kernapfel; Griffel 2—5; Blüten in Dolden oder Ebensträussen; Blätter ungeteilt gesägt, spitzgelappt oder gefiedert, meist dornlos; wenn dornig, Griffel 5, frei, Blüten in Dolden: . . . . **Pirus 5.**
   b. Steinapfel.
      α. Griffel 1—2; Blätter stumpf gelappt; Blüten in Ebensträussen; Kelchzipfel kurz: . . . **Crataegus 1.**
      β. Griffel 5; Blätter ungeteilt; Blüten einzeln, endständig: Kelchzipfel blattartig: . . . **Méspilus 2.**

1. Crataegus L. Weissdorn.

814. **C. Oxyacantha L. Gemeiner W.** Blätter unterseits wenig heller, 3—5lappig, Lappen abgerundet, etwas vorgestreckt; Blütenstiele kahl; Kelchzipfel eiförmig 3eckig; Krone weiss; Griffel und Steinkern 2; Frucht eiförmig. ♄. 5, 6. Wald, Hecken; verbr.

815. **C. monógyna Jacq. Eingriffeliger W.** Blätter unterseits weisslichgrün, tiefer 3—5spaltig, Lappen abstehend, ihre Seitenränder fast gleichlaufend; Blütenstiele behaart; Kelchzipfel lanzettlich, zugespitzt; Krone weiss, auch rosa; Griffel und Steinkern 1; Frucht kugelig. ♄. 5, 6. Hecken, Wald; verbr.

2. Méspilus L. Mispel.

816. **M. germánica L. Deutsche M.** Blätter länglichlanzettlich, ganzrandig oder vorn gezähnelt, unterseits dünnfilzig; Kelchzipfel blattartig, länger als die weisse Krone; Frucht gross, oben flach. ♄. 5. (Orient.) Gepflanzt, zuweilen verwildert; V und M Seebach, Limburg, Gimmeldingen.

3. Cotoneaster Med. Zwergmispel.

817. **C. integérrima Med. Blutrote Z.** Blätter rundlich oder elliptisch, stumpf oder etwas zugespitzt, oberseits nebst dem Kelch kahl; Traube kürzer als die Blätter. ♄. 4, 5. Felsen; N Donnersberg, Nahe- und Glanthal.

4. Amelánchier Med. Felsenbirne.

818. **A. vulgaris Mnch. Gemeine F.** Blätter eiförmig, stumpf, jung unterseits dicht weissfilzig, später kahl; Kronblätter länglich, aussen sehr zottig; Griffel frei; Fruchtknoten an der Spitze zottig. ♄. 5. Felsen; M Dürkheim, Dernbach; N Donnersberg, Nahethal.

5. Pirus L. Birnbaum.

I. Blüten in sitzenden Dolden; Griffel 5.

819. **P. communis L. Holzbirne.** Dornig; Knospen kahl; Blätter rundlich oder eiförmig, kurzzugespitzt, kleingesägt, so lang als ihr Stiel; Krone weiss; Staubbeutel rot; Griffel frei; Frucht am Grund nicht genabelt, mit aussen abgerundeten Fächern. ♄. 4, 5. Wald; verbr.; in vielen dornlosen Abarten gepflanzt.

820. **P. Malus L. Holzapfel.** Knospen behaart; Blätter eiförmig, kerbig kleingesägt, 2mal so lang als ihr Stiel; Krone weiss, aussen rosa; Staubbeutel gelb; Griffel am Grund verwachsen; Frucht genabelt, mit aussen spitzen Fächern. ♄. 4, 5. Wald; verbr.; in vielen Abarten gepflanzt.

II. Blüten in ebensträussigen zus.-gesetzten Trauben; Griffel 2—5.

1. Blätter ungeteilt oder nur gelappt; Griffel 2; Kronblätter ausgebreitet, weiss.

821. **P. Aria Ehrh. Mehlbeere.** Blätter länglicheiförmig, ungeteilt oder etwas eingeschnitten, 2fachgesägt, unterseits weissfilzig. ♄. 5. Wald, Gebüsch; M Forst, Annweiler, Elmstein, Kaiserslautern, Eppenbrunn; N verbr.

822. **P. torminalis Ehrh. Elsbeere.** Blätter breiteiförmig, gelappt, Lappen zugespitzt, ungleichgesägt, hintere grösser, abstehend, jung dünnbehaart, später fast kahl. ♄. 5. Wald, Gebüsch; M Neustadt; N Donnersberg, Kreuznach, Lauterecken, Waldmohr.

2. Blätter unpaarig gefiedert; Griffel 3—5.

823. **P. Aucupária Gärtn. Vogelbeere.** Knospen filzig; Blättchen länglichlanzettlich, ungleich stachelspitziggezähnt; Kronblätter fast kahl; Griffel 3; Frucht klein, kugelig, scharlachrot. ♄. 5, 6. Wald, Gebüsch; verbr.

824. **P. doméstica Sm. Speierling.** Knospen kahl, klebrig; Blättchen 1fach scharfgezähnt; Kronblätter am Grund wollig; Griffel 5, frei, wollig; Frucht gross, birnförmig, rötlichgelb. ♄. 5. Wald; N Nahethal verw.; auch gepflanzt.

6. Rosa L. Rose.

A. Griffel in eine Säule von der Länge der Staubblätter verwachsen; Kelchzipfel ungeteilt, breiteiförmig, kurzzugespitzt, kahl, kürzer als die weisse Krone.

825. **R. arvensis L. Kriechende R.** Äste verlängert, liegend; Stacheln breit, starkgekrümmt; Blättchen 5—7, eiförmig bis rundlich, spitz, 1fachgesägt, unterseits heller, auf den Nerven flaumig; Blütenstiel glatt oder mit sitzenden Drüsen; Kelchröhre kahl; Kelchzipfel abfallend; Frucht eiförmig bis kugelig, braunrot. ♄. 6, 7. Abhänge, Hecken, Waldränder; V Speyer, Mussbach, Edenkoben, Landau; M Annweiler, Pirmasens, Zweibrücken; N Donnersberg, Otterbach.

B. Griffel frei, meist in ein kurzes Köpfchen vereinigt.

A. Kelchzipfel ungeteilt, höchstens mit einem einzelnen Anhängsel, aufrecht, auf der Frucht bleibend; Stacheln an den stärkeren Ästen ungleich; Blüten meist einzeln.

826. **R. pimpinellifólia L. Bibernell-R** Stämmchen zahlreich aus dem kriechenden Wurzelstock; Zweige dicht bestachelt; Nebenblätter schmal, erst vorn verbreitert; Blättchen 5—11, fast kreisrund bis elliptisch, 1fachsägezähnig; Blütenstiel meist glatt; Kelchröhre halbkugelig, glatt; Krone klein, weiss; Frucht aufrecht, kugelig, dunkelbraun. ♄. 5, 6. Steinige Abhänge; V Grünstadt bis Neustadt; M Zweibrücken; N Donnersberg, Wolfstein, Kusel.

B. Beide äussern Kelchzipfel fiederteilig, bleibend oder abfallend; Stacheln gleich oder ungleich; Blüten meist zu mehreren.

I. Blütenstiele mit Hochblättern; Stacheln meist gleich; meist grössere, vielfach verzweigte Sträucher.

1. Blättchen unterseits völlig kahl, höchstens auf dem Mittelnerv zerstreutdrüsig; Blütenstiel und Rücken der Kelchzähne meist drüsenlos.

827. **R. canina L. Hunds-R.** Äste verlängert, überhängend; Blattstiel kahl, mehr oder weniger drüsig, bestachelt: Blättchen 5—7, eiförmig oder elliptisch, 1- bis 3fach sägezähnig, Zähnchen drüsig; Blütenstiel mindestens so lang als die Kelchröhre; Krone hellrosa; Griffel etwas behaart; Kelchzipfel nach dem Abblühen zurückgeschlagen; Frucht länglich oder kugelig, scharlachrot. ♄. 6. Waldrand, Gebüsch, Hecken: verbr.

2. Blättchen starr, unterseits mit hervortretendem Adernetz, unterseits höchstens schwach flaumig, mehr oder weniger mit gestielten Drüsen besetzt, scharf 3fach sägezähnig; Blütenstiel und Rücken der Kelchzipfel stieldrüsig.

828. **R. trachyphylla Rau. Rauhblättrige R.** Niedriger oder grösserer Strauch; Zweige kurz; Stacheln leicht gebogen oder gerade; Blattstiel drüsig; Blättchen eiförmig bis länglicheiförmig, zugespitzt, mit drüsigen Zähnen, unterseits auf den Nerven und

gegen den Rand hin drüsig; Hochblätter gross; Krone gross, rosa bis purpurn; Griffel meist wollig; Frucht rundlich oder eilänglich, scharlachrot. ♄. 6. Steinige Abhänge, Gebüsch; V Grünstadt, Fuss des Gebirgs.

3. Blättchen unterseits behaart, drüsenlos oder nur unterste Blätter der Blütensprosse mit spärlichen Drüsen; Blütenstiel nebst Kelchröhre und Rücken der Kelchzähne meist ohne Stieldrüsen.

829. R. **dumetorum Thuill.** **Hecken-R.** Äste ausgebreitet; Stacheln meist krumm; Blattstiel dicht graubehaart mit einzelnen Drüsen und Stacheln; Blättchen rundlicheiförmig, am Grund abgerundet, unterseits dünn, zuweilen nur auf dem Mittelnerv behaart; Zähne der Blättchen 1fach, drüsenlos, zusammenneigend; Blütenstiel länger als die meist spreitelosen schmalen Hochblätter; Kelchzipfel zurückgeschlagen; Krone blassrosa; Griffel kahl oder behaart. ♄. 6. Hecken, Gebüsch; verbr.

4. Blättchen unterseits dichtdrüsig, zuweilen dichtbehaart und die Drüsen entweder in der Behaarung versteckt oder wirklich fehlend; dann Blütenstiel dicht stieldrüsig.

a. Stieldrüsen am Blütenstiel fehlend oder spärlich; Behaarung nicht filzig; Blättchen schmal, verkehrteiförmig keilig bis lanzettlich.

830. R. **sépium Thuill.** **Zaun-R.** Äste verlängert; Stacheln gleich, breit, krumm; Blattstiel meist kahl, drüsig; Blättchen entfernt, nach beiden Enden verschmälert, länglichelliptisch, unterseits mit sitzenden Drüsen, Zähne spitz, tief, abstehend, Zähnchen drüsig; Blütenstiel länger als die Kelchröhre; Kelchzipfel zurückgeschlagen, kahl; Krone klein, weisslich; Griffel kahl; Frucht eiförmig bis rundlich, orange bis scharlachrot. ♄. 6. Gebüsch; verbr.

831. R. **caryophyllácea Bess.** **Nelken-R.** Blättchen eilänglich, vorn verbreitert, am Grund schwach keilig, oberseits meist mit grösseren Drüsen, unterseits mit mehlartig feinen Drüsen, mehr oder weniger flaumig, 1- oder kurz 2fach sägezähnig; Blütenstiel kurz, glatt oder spärlich stieldrüsig; Kelchzipfel zurückgeschlagen; Krone klein, lebhaft rosa; Griffel wollig. ♄. 6. V Grünstadt, Deidesheim.

b. Blütenstiel und Rücken der Kelchzähne dicht stieldrüsig.

α. Blätter unterseits kahl oder nur flaumig, dichtdrüsig; grössere Stacheln krumm.

832. R. **rubiginosa L.** **Wein-R.** Äste aufrecht; Stacheln zweierlei, grosse breite und kleine borstliche gerade, letztere besonders am Grund der Äste und gegen die Spitze der Zweige; Blattstiel kurzhaarig und mit sitzenden Drüsen; Blütenstiel kurz, mit Stieldrüsen und meist mit Stachelborsten; Kelchröhre stachelborstig und stieldrüsig oder glatt; Kelchzipfel ausgebreitet; Krone rosa; Griffel wollig; Frucht eiförmig, orange. ♄. 6. Gebüsch, steinige Abhänge; verbr.

β. Blätter filzig; Drüsen reichlich, spärlich oder fehlend; Stacheln fast gerade.

833. **R. tomentosa** Sm. **Filz-R.** Äste verlängert; Stacheln stark; Blattstiel dichtfilzig mit einzelnen Drüsen; Blättchen eiförmig, oberseits weichhaarig, unterseits filzig mit oder ohne Drüsen, 2fach grobsägezähnig, Zähnchen drüsig eingefasst; Blütenstiel lang; Kelchzipfel abfallend; Krone ziemlich klein, blassrosa; Griffel dünnbehaart; Frucht eiförmig bis kugelig. ♄. 6. Waldrand, Gebüsch; verbr.

834. **R. pomifera** Herm. **Apfel-R.** Blättchen entfernt, gross, länglich mit fast gleichlaufenden Rändern, am Grund abgerundet bis herzförmig, unterseits dichtfilzig mit kleinen Drüsen, 2fachsägezähnig, Zähnchen zahlreich, fein, drüsig; Blütenstiel kurz; Kelchzipfel aufrecht, bleibend; Kronblätter lebhaft rosa, vorn feingezähnelt; Griffel weisswollig; Frucht gross, mit Stieldrüsen. ♄. 6. Waldrand, Gebüsch; V Bienwald; M Annweiler.

II. Blütenstiele ohne Hochblätter oder diese sehr klein; Stacheln zweierlei; niedriger, wenig verzweigter, oft nur 1blütiger Strauch.

835. **R. gállica** L. **Essig-R.** Unterirdisch kriechend; grössere Stacheln gekrümmt, kleinere borstlich, oft drüsentragend; Blättchen 3—5, gross, lederig, sitzend, etwas herzförmig, breit elliptisch bis rundlich, vorn abgerundet oder kurzzugespitzt, meist 1fachgezähnt, aber die breiten stumpflichen Zähne drüsiggewimpert; unterseits blass mit vortretendem Adernetz, flaumig; Blütenstiel sehr lang, stacheldrüsig; Rücken der Kelchzipfel drüsig, diese abfallend; Krone sehr gross, purpurn; Frucht orange, lederig. ♄. 6. Raine, Waldränder; V Schifferstadt, Speyer, Hassloch, Landau; N Donnersberg.

7. Geum L. Nelkenwurz.

836. **G. urbanum** L. **Mauer-N.** Blättchen länglich rautenförmig, spitz, grobgesägt; Nebenblätter gross, blattig; Blüten aufrecht; Kelch nach dem Abblühen zurückgeschlagen; Kronblätter ausgebreitet, gelb, schmal verkehrteiförmig, ungenagelt; Fruchtköpfchen sitzend. ♃. 5—8. Auen, Gebüsch, Raine; verbr.

837. **G. rivale** L. **Bach-N.** Blättchen rundlichverkehrteiförmig, eingeschnittengesägt; Nebenblätter klein; Blüten genähert, nickend; Kelch aufrecht; Kronblätter aufrecht, gelb, rötlich überlaufen, breitverkehrteiförmig, genagelt; Fruchtköpfchen langgestielt. ♃. 5—7. Ufer, feuchtes Gebüsch, Wiesen: V Speyer, Ungstein.

8. Fragária L. Erdbeere.

1. Fruchtkelche abstehend und zurückgekrümmt.

838. **F. vesca** L. **Wald-E.** Stengel wenig länger als die Blätter; Blättchen sitzend, selten mittleres gestielt; Endzahn nicht kürzer als die nächsten; seitliche Blütenstiele anliegend behaart; Blüten zwitterig; Staubblätter kürzer als das Fruchtknotenköpfchen. ♃. 5, 6. Wald, Gebüsch; verbr.

839. **F. moschata Duch. Zimmt-E.** Stengel länger als die Blätter; Blättchen kurzgestielt; alle Blütenstiele abstehend behaart; Blüten unvollkommen 2häusig; Staubblätter nicht kürzer als das Fruchtknotenköpfchen. ♃. 5, 6. Wald, Gebüsch, Raine; M Ludwigshöhe, Zweibrücken; N Kreuznach, Kusel.

2. Fruchtkelche angedrückt.

840. **F. viridis Duch. Knack-E.** Stengel wenig länger als die Blätter; mittleres Blättchen kurzgestielt; Endzahn kürzer als die nächsten; Blüten unvollkommen 2häusig; Staubblätter nicht kürzer als das Fruchtknotenköpfchen; Fruchtkelch vergrössert. ♃. 5, 6. Heidewiesen, sonnige Abhänge; V verbr.; M Zweibrücken.

9. Cómarum L. Blutauge.

841. **C. palustre L. Sumpf-B.** Stengel aus kriechendem Grund aufsteigend; Blätter gefiedert, Blättchen 5—7, länglich, scharfgesägt, unterseits bläulich; Kronblätter kürzer als der Kelch, dunkelrot; Blütenboden schwammig. ♃. 5—7. Moor; verbr.

10. Potentilla L. Fingerkraut.

A. Krone gelb.

A. Blühender Stengel endständig, aufrecht oder aufsteigend, vielblättrig, mehrblütig.

I. Krone kürzer als der Kelch; Blätter gefiedert.

842. **P. supina L. Niedriges F.** Stengel liegend oder aufsteigend, abstehend behaart; Blättchen keilförmiglänglich, eingeschnittengesägt; Blütenstiel nach dem Abblühen abwärts gebogen. ☉, ⊙. 6—9. Wege, Raine; V verbr.; M Kaiserslautern, Ramstein.

II. Krone mindestens so gross als der Kelch; Blätter gefingert.

843. **P. argéntea L. Silber-F.** Stengel aufsteigend, weissfilzig, ohne abstehende Haare; Blättchen keilig, verkehrteiförmig, am Rand umgerollt, vorn eingeschnittengezähnt mit jederseits 3 Zähnen, unterseits weissfilzig; Fruchtstiele aufrecht; Früchtchen glatt. ♃. 6—10. Raine, Heiden, Mauern; verbr.

B. Blütenstengel seitlich aus den Achseln der mittelständigen Blattrosette.

I. Blütenstengel eine ausläuferartig kriechende Scheinachse mit je 1—2 scheinbar seitenständigen Blüten.

844. **P. reptans L. Kriechendes F.** Blätter 3—5zählig gefingert; Blättchen keilig verkehrteiförmig, gekerbtgesägt, zerstreut angedrücktbehaart; Kronblätter verkehrtherzförmig, länger als der Kelch. ♃. 6—8. Raine; verbr.

845. **P. anserina L. Gänse-F.** Blätter unterbrochen gefiedert; Blättchen 13—20, länglich, fiederspaltiggesägt, wenigstens unterseits seidenhaarig-filzig; Kronblätter eiförmig, 2mal so lang als der Kelch. ♃. 6—10. Schutt, Wege; verbr.

II. Blütenstengel aufsteigend oder ausgebreitet.

1. Blüten 4zählig; Nebenblätter 3—5spaltig, blattartig.

846. **P. silvestris Neck. Wald-F.** Wurzelstock stark, fast

knollig; Stengelblätter sitzend, 3zählig; Blättchen keilförmig länglich, vorn eingeschnittengesägt, angedrücktbehaart. ♃. 6—10. Wald, Wiesen, Moor; verbr.

2. Blüten 5zählig; Nebenblätter ungeteilt.

a. Blätter von Sternhaaren graufilzig.

847. **P. arenária Bockh. Sand-F.** Wurzelstock sehr ästig; Blättchen 5, selten 3, länglichkeilig, gegen die Spitze sägezähnig; Nebenblätter der Grundblätter schmal, lineal; Fruchtstiel gerade. ♃. 4, 5. Heiden; V verbr.; N Kirchheimbolanden.

b. Blätter ohne Sternhaare.

848. **P. opaca L. Dunkles F.** Wurzelstock wenigästig; Stengel und Blütenstiele rot überlaufen, von langen wagrecht abstehenden Haaren zottig; Blättchen 5, mittlere länglichkeilig, bis über die Mitte herab gezähnt; Nebenblätter der Grundblätter eilanzettlich; Fruchtstiel zurückgebogen. ♃. 5. 6. Raine, Heiden; V Grünstadt.

849. **P. verna L. Frühlings-F.** Wurzelstock sehr ästig; Blättchen 5, mittlere länglich bis verkehrteiförmig, kaum über die Mitte herab gezähnt, nebst den Blütenstielen angedrücktbehaart; Nebenblätter der Grundblätter schmal, lineal; Fruchtstiel gerade. ♃. 4, 5. Raine, steinige Abhänge; verbr.

B. Krone weiss.

A. Grundblätter gefiedert; Blütenstengel endständig.

850. **P. rupestris L. Felsen-F.** Stengel aufrecht, kurzhaarig; oberwärts drüsig; Blättchen 5—7, eiförmig, ungleich 2fachgekerbt; Kronblätter abgerundet. ♃. 5—7. Lichte Wälder, Heiden; M Forst; N Donnersberg, Steinalbthal (Kusel).

B. Blätter 3—5zählig gefingert.

I. Blättchen 3, eiförmig mit starken Seitennerven.

851. **P. Fragariastrum Ehrh. Erdbeer-F.** Verlängerte Ausläufer; Blättchen rundlich verkehrteiförmig, unterseits bläulichgrün, zottig, gekerbtgesägt, mittleres jederseits mit 5—7 Zähnen; Blätter des Aussenkelchs kaum ½ so gross als die Kelchzipfel; Kronblätter länger als der Kelch, elliptisch, ausgerandet. ♃. 4, 5. Wald, Gebüsch; verbr. ausser M Mittelzug.

852. **P. micrantha Ram. Kleinblütiges F.** Blättchen eiförmig, scharfgesägt, mittleres mit 7—10 Zähnen jederseits; Blätter des Aussenkelchs so gross als die Kelchzipfel; Kronblätter nicht länger als der Kelch, länglich verkehrtherzförmig. ♃. 4, 5. Wald; N Kusel, Lemberg.

II. Blättchen meist 5, länglichlanzettlich, mit schwachen Seitennerven.

853. **P. alba L. Weisses F.** Stengel seitenständig, schwach; Blättchen an der Spitze gesägt, mit zusammenneigenden Zähnen, unterseits und am Rand seidenhaarig; Kronblätter verkehrteiförmig; Staubblätter kahl. ♃. 5, 6. Heiden, Waldränder; V Grünstadt, Battenberg, Weissenheim a. B., zwischen Neustadt und Speyer; M Altleiningen, Kaiserslautern, Landstuhl.

11. Alchemilla L. Frauenmantel.

854. **A. vulgaris L. Wiesen-F.** Grundblätter rundlich nierenförmig, höchstens bis zur Mitte 5—9spaltig, mit halbkreisrunden, bis an den Grund gesägten Lappen, gefaltet, oberwärts kahl, unterseits zerstreutbehaart; Blüten in end- und seitenständigen Trugdolden, gelbgrün; 4 Staubblätter. ♃. 5—7. Wiese, Wald; verbr.

855. **A. arvensis Scop. Acker-F.** Blätter handförmig-3spaltig, am Grund keilig; Abschnitte vorn 3—4zähnig, rauhhaarig gewimpert; Blüten in dichten sitzenden knäueligen, übergipfelten, scheinbar seitenständigen Trugdolden, gelblich; 1 Staubblatt. ☉. 5—9. Äcker; verbr.

12. Rubus L. Brombeere.

A. Blütenstand am Ende 1jähriger krautartiger Sprosse; Frucht aus wenigen kaum zusammenhangenden glänzendroten Steinfrüchtchen bestehend.

856. **R. saxátilis L. Steinbeere.** Laubsprosse kriechend; Blätter 3zählig; Blättchen beiderseits grün und behaart, eingeschnitten 2fachgesägt; Endblättchen gestielt, rautenförmig, seitliche sehr kurzgestielt; Kelch am Grund kreiselförmig; Kronblätter aufrecht, schmal, spatelig, weiss. ♃. 5, 6, Wald, Gestein; M Neustadt, Kaiserslautern, Eppenbrunn, Zweibrücken, Hornbach.

B. Blütenzweige seitlich an vorjährigen Schösslingen.

A. Blätter des Schösslings gefiedert, meist 5zählig: Frucht aus zahlreichen roten filzigen Steinfrüchtchen gebildet, die sich gemeinschaftlich vom Blütenboden ablösen.

857. **R. Idaeus L. Himbeere.** Schössling aufrecht, am Grund stachelborstig; Blättchen ungleich scharfgesägt, unterseits dicht weissfilzig; Kelch ziemlich flach, graugrün, mit später zurückgebogenen Zipfeln; Kronblätter länglich oder spatelig, weiss, anfangs aufrecht, später abstehend. ♄. 5, 6. Wald; verbr.

B. Blätter des Schösslings hand- oder fussförmig 3—5zählig; Frucht aus glänzendschwarzen od. blaubereiften Steinfrüchtchen bestehend, die sich mit dem kegelförmigen Blütenboden ablösen.*)

I. Kelch grün, weissberandet, nach dem Abblühen abstehend; Schössling aufrecht, fast nie wurzelnd, kahl, unbereift, drüsenlos, Stacheln spärlich; Blätter beiderseits grün; Nebenblätter lineal; Blütenstand ohne Drüsen mit aufrechter Behaarung; Staubblätter nach dem Abblühen nicht zusammenneigend.

858. **R. suberectus Anders. Aufrechte B.** Stacheln des oberwärts kantigen Schösslings kegelförmig, kaum $1/2$ so lang als dessen Querdurchmesser; Blätter durch Teilung des Endblättchens zuweilen 7zählig; Blättchen ungleich scharfgesägt, oberseits fast kahl, glänzend grün, unterseits auf den Rippen weichhaarig; Endblättchen herzeiförmig, langzugespitzt, äusserste sitzend; Blüten meist in 1facher Traube, etwas ebensträussig; Kronblätter gross,

*) Die Merkmale der Blätter beziehen sich auf jene des Schösslings, der auch beim Einsammeln stets mitzunehmen ist.

entfaltet reinweiss; Staubblätter kürzer als die Griffel; Frucht rötlichschwarz. ♄. 6. Waldrand; V Bienwald; M.

859. **R. plicatus Wh. et N. Faltige B.** Stacheln des oberwärts kantigen, gefurchten Schösslings breit, zusamengedrückt, etwa so lang als dessen Querdurchmesser; Blättchen gefaltet. scharf 2fachsägezähnig, oberseits zerstreuthaarig, unterseits weichhaarig; Endblättchen herzeiförmig, kurzzugespitzt, äusserste sitzend oder kurzgestielt; Kronblätter weiss oder rötlich; Staubblätter kaum so lang als die Griffel; Frucht schwarz. ♄. 6, 7. Gebüsch, Wegränder; V Bienwald.

II. Kelch weissfilzig oder wenigstens dichtkurzhaarig; Staubblätter nach dem Abblühen zusammenneigend.

1. Blattstiele oberseits rinnig; Blätter unterseits weissfilzig, meist auch oberseits mit Sternhaaren bekleidet; Blütenstand verlängert, schmal; Kelch zurückgeschlagen.

860. **R. tomentosus Borkh. Filzige B.** Schössling aufrecht, kantig gefurcht, oder niedrigbogig, stumpfkantig, behaart; Blätter 3- oder fussförmig 5zählig, vorn eingeschnittengesägt, unterseits ausser dem Filz noch behaart, oberseits sternhaarigfilzig oder locker mit Sternhaaren bestreut, selten kahl, glänzend; Endblättchen rautenförmig, keilförmig oder etwas gerundet, vorn spitz; Blütenstand filzigzottig, mit feinen Stacheln und oft zahlreichen Stieldrüsen; Kronblätter gelblichweiss; Staubblätter die Griffel nicht überragend. ♃. 6, 7. Sonnige steinige Abhänge; M Rand des Hardtgebirgs; N Donnersberg, Nahethal.

2. Blattstiele oberseits flach; Blätter oberseits nie filzig, höchstens obere im Blütenstand mit spärlichen Sternhaaren; Schössling fast nie bereift; Nebenblätter lineal; äusserste Blättchen deutlich gestielt; Frucht nie bereift.

a. Drüsenlos; Stacheln gleich; Blütenstand nach oben deutlich verjüngt, mit zahlreichen Stacheln; äusserste Blättchen ziemlich langgestielt; Schössling niedrig oder hochbogig, behaart.

861. **R. bifrons Vest. Zweifarbige B.** Schössling stumpfkantig, nebst Blattstielen meist braun; Blätter fussförmig 5zählig; Blättchen scharfsägezähnig, mit pfriemlich zugespitzten Zähnen, oberseits kahl, unterseits ohne anderweitige Haare schneeweissfilzig; Endblättchen verkehrteiförmig, am Grund abgerundet, kurzzugespitzt; Blütenstand dicht abstehendbehaart mit geraden oder etwas rückwärtsgeneigten Nadelstacheln; Kelch unbewehrt; Krone rosa; Frucktnoten zerstreutlanghaarig. ♄. 6--8. Wald, Gebüsch; verbr.

862. **R. villicaulis Köhl. Zottige B.** Schössling hochbogig, gegen die Spitze scharfkantig, abstehend behaart, meist rotbraun; Blätter fingerig 5zählig; Blättchen gleichmässig, vorn 2fachgesägt, oberseits spärlich behaart, unterseits grün, nicht filzig, aber weichhaarig, auf den Nerven abstehend behaart; Endblättchen elliptisch, am Grund abgerundet, zugespitzt; Blütenstand am Grund unterbrochen, oben fast ebensträussig, abstehend, zottigfilzig mit langen,

rückwärtsgeneigten Stacheln; Krone blassrot; Fruchtknoten kahl oder zerstreutbehaart. ♄. 6. 7. Waldrand; V Landau, Bienwald; M Gleisweiler.

b. Schössling niedrig, mit ungleichen, durch Übergänge verbundenen Stacheln und Drüsen; Drüsen im Blütenstand ungleich, längere wenigstens 2mal so lang als der Querdurchmesser der Ästchen.

863. **R. Bellárdii Wh. et N. Drüsige B.** Schössling fast rund, spärlichbehaart; grössere Stacheln aus zusammengedrücktem Grund pfriemlich, gerade oder leicht zurückgeneigt; Blätter 3zählig, gleichmässig feinsägezähnig, oberseits anliegend langbehaart, unterseits dichter und kürzer behaart; Blättchen elliptisch mit plötzlich aufgesetzter langer Spitze; Endblättchen an beiden Enden abgerundet; Blütenstand kurz, unten beblättert, nadelstachelig, mit zahlreichen Stieldrüsen, behaart; Kelch aufrecht; Kronblätter schmal, spatelig, weiss; Staubblätter nicht kürzer als die Griffel: Fruchtknoten kahl. ♄. 6, 7. Feuchte Waldstellen; M Bobenthal.

3. Blattstiele oberwärts flach; Blätter oberseits ohne Sternhaare; Schössling niedrig, bereift; Nebenblätter meist lanzettlich bis lineallanzettlich; äussere Blättchen sitzend oder kurzgestielt; Fruchtkelch aufrecht oder abstehend; Früchtchen wenige, blaubereift oder mattschwarz.

864. **R. dumetorum Wh. Hecken-B.** Schössling wenig behaart, oberwärts kantig, mit ziemlich gleichen grösseren Stacheln, höchstens spärlichen Drüsen; Blätter 3- oder 5zählig, oberseits kahl oder wenig behaart, unterseits jung oft graufilzig, grobgezähnt; Endblättchen meist rundlich, kurzzugespitzt; Blütenstand unbeblättert, filzig oder kurzhaarig, mit geraden Stacheln, oft drüsig; Kronblätter breit, gross, weiss oder rosa; Frucht schwarz. ♄. 6, 7. Hecken, Wegränder; verbr.

865. **R. caésius L. Bereifte B.** Schössling rund, armdrüsig, mit kleinen, gleichen Stacheln; Blätter 3zählig, grob ungleichgesägt, oberseits behaart, unterseits kurzhaarig; Endblättchen breitherzförmig oder eirautenförmig, spitz; Blütenstand kurz, fast ebensträussig, kurzhaarig, drüsig und stachelig; Kronblätter breitelliptisch, kahl, weiss; Frucht blaubereift. ♄. 5—9. Wald, Hecken, Wegränder; verbr.

13. Sanguisorba L. Wiesenknopf.

866. **S. officinalis L. Hoher W.** Blättchen herzförmig, länglich, kerbiggesägt; Köpfchen länglich, schwarzrot; Blüten zwitterig; Staubblätter 4, so lang als die Kelchzipfel. ♃. 6—9. Feuchte Wiesen; verbr.

867. **S. minor Scop. Kleiner W.** Blättchen eirundlich oder länglich, eingeschnittengesägt; Köpfchen kugelig, grünlich; untere Blüten männlich mit zahlreichen vorragenden Staubblättern, mittlere zwitterig, obere weiblich mit purpurnen Narben. ♃. 6, 7. Raine, Abhänge; verbr.

14. Agrimónia L. Odermennig.

868. A. **Eupatória** L. **Kleiner O.** Stengel rauhharig mit sitzenden Drüsen; Blättchen länglich, eingeschnittengesägt, oberseits zerstreutbehaart, unterseits dicht graubehaart, zerstreutdrüsig; Kelchröhre reif verkehrtkegelförmig, mit tiefen bis zum Grund reichenden Furchen, abstehenden äusseren Stacheln, dicht rauhhaarig; Kronblätter eiförmig. ♃. 6—8. Lichter Wald, Hecken; verbr.

869. A. **odorata** Mill. **Grosser O.** Blättchen länglich, beiderseits zerstreutbehaart, unterseits reichdrüsig; Kelchröhre reif glockenförmig, mit seichten, nur bis zur Mitte reichenden Furchen, zurückgeschlagenen äusseren Stacheln, locker behaart; Kronblätter verkehrtherzförmig; riecht angenehm. ♃. 6—8. Gebüsch, Auen; V Bienwald; M Steinbach, Dahn.

15. Aruncus L. Ziegenbart.

870. A. **silvester** Kostel. **Wald-Z.** Blättchen eiförmig, spitz oder langzugespitzt, scharf 2fachgesägt; Ähren überhängend; Blüten weiss. ♃. 6, 7. Wald, Abhänge; M Neustadt, Eschbach, Annweiler, Zweibrücken.

16. Ulmária Mönch. Mäde.

871. U. **pentapétala** Gilib. **Sumpf-M.** Stengel beblättert; Blättchen 5—7, eiförmig, ungleich 2fachgezähnt; Endblättchen grösser, 3—5spaltig, unterseits meist grün; Blüten weiss; Früchtchen schraubig gewunden, kahl. ♃. 6—9. Ufer, Gebüsch; verbr.

872. U. **Filipéndula** Kost. **Knollige M.** Wurzeln knollig verdickt; Stengel 1blättrig oder blattlos; Blättchen 15 oder mehr, klein, länglich, fiederspaltig; Blüten weiss oder etwas rötlich; Früchtchen gerade, behaart. ♃. 6. 7. Heidewiesen; V Battenberg, Frankenthal, Oggersheim, Forst, Speyer, Landau; M Grünstadt; N Donnersberg, Langmeil, Nahethal.

17. Prunus L. Pflaume.

I. Blätter in der Knospe eingerollt; Blüten zu 1 oder 2 aus blattlosen Knospen, meist vor den Laubsprossen erscheinend; Krone weiss; Fruchtstein glatt.

873. P. **spinosa** L. **Schlehe, Schwarzdorn.** Äste dornig, Zweige behaart; Blätter länglichelliptisch, gesägt, zuletzt kahl; Blüten gestielt; Blütenstiel kahl; Frucht kugelig, aufrecht, kahl, bereift. ♄. 4. Gebüsch, Waldränder; verbr.

II. Blätter in der Knospe an der Mittelrippe gefaltet.

1. Blüten einzeln oder in 2- bis mehrblütigen Dolden, vor oder mit der Belaubung blühend.

874. P. **ávium** L. **Süsskirsche.** Blätter verkehrteiförmig, zugespitzt, 2fach kerbiggesägt, unterseits behaart; Blattstiel vorn mit 2 Drüsen; Blüten aus blattlosen Knospen, langgestielt, weiss; Steinkern glatt. ♄. 4, 5. Wald; verbr.; häufig gepflanzt.

2. Blüten in gestielten Trauben an der Spitze beblätterter Zweige, nach der Belaubung blühend.

875. **P. Padus L. Traubenkirsche.** Blätter länglich verkehrteiförmig oder elliptisch, zugespitzt, fast kahl, meist 2fach-gesägt, Zähne abstehend; Blattstiel mit Drüsen; Trauben verlängert; Kronblätter verkehrteiförmig. ♄. 5. Wald, Gebüsch; verbr.

876. **P. Mahaleb L. Türkische Weichsel.** Blätter eiförmig oder rundlich, zuweilen herzförmig, spitz oder stumpf, gekerbt-gesägt, kahl, unterseits etwas bläulich; Blattstiel drüsenlos; Trauben ebensträussig; Kronblätter länglich. ♄. 5. Felsige Abhänge; N verbr.; auch gepflanzt und verwildert.

Familie 78. PAPILIONÁCEAE. *Schmetterlingsblütler.*

A. Alle 10 Staubblätter in eine Röhre verwachsen.

A. Kelch 2lippig; Krone gelb.

I. Kelch bis zum Grund 2teilig; Blätter nebst Zweigen stachelspitzig: . . . . **Ulex 1.**

II. Kelch bis zur Mitte oder zu 2 Dritteln gespalten; Blätter nicht stachelspitzig; Zweige zuweilen dornig.

1. Oberlippe des Kelches kurz 2zähnig.

a. Blätter mit Ausnahme der obersten 3zählig; Blüten einzeln in den Achseln: . . . . . **Sarothamnus 2.**

b. Blätter 1fach; Blüten in Trauben: . . . **Cytisus 4.**

2. Oberlippe des Kelches so tief oder tiefer 2spaltig als der Einschnitt zw. beiden Lippen; Blätter ungeteilt: **Genista 3.**

B. Kelch gleichmässig 5zähnig oder 5spaltig.

I. Blätter 3zählig; Schiffchen geschnäbelt; Blüten entfernt, meist einzeln in den Achseln, rosenrot: . . . **Ononis 5.**

II. Stengelblätter unpaarig gefiedert; Schiffchen stumpf; Blüten in Köpfchen, meist gelb: . . . . **Anthyllis 6.**

B. Neun Staubblätter in eine oben offene Röhre verwachsen; oberes Staubblatt frei, selten bis zur Mitte an die Röhre angewachsen.

A. Alle Blätter 3zählig.

I. Schiffchen stumpf, ungeschnäbelt.

1. Krone nicht mit den Staubblättern verwachsen, nach dem Abblühen rasch abfallend; Hülse länger als der Kelch; Endblättchen gestielt.

a. Hülse sichel- oder schneckenförmig eingerollt; Blüten in dichten Trauben oder Köpfchen, blau oder gelb: **Medicago 7.**

b. Hülse gerade, eiförmig bis kugelig; Blüten in verlängerten Trauben, gelb oder weiss: . . **Melilotus 8.**

2. Krone mit den Staubblättern verwachsen, rot, weiss oder gelb, nach dem Abblühen bleibend; Hülse kürzer als der Kelch; Endblättchen selten gestielt: . . . **Trifólium 9.**

II. Schiffchen geschnäbelt; Blüten zu 1 oder 2 oder in Dolden.

1. Griffel allmählich verschmälert; Hülse stielrund oder zusammengedrückt, ungeflügelt; Blüten in Dolden; gelb: **Lotus 10.**
2. Griffel oberwärts verdickt; Hülse flügelig vierkantig; Blüten zu 1 oder 2, langgestielt, hellgelb: **Tetragonólobus 11.**

B. Blätter mindestens 2paarig gefiedert mit Endblättchen.

I. Blüten in Trauben.

1. Hülse mehrsamig, durch eine vom Rücken entspringende Scheidewand 2fächerig; Blüten gelb oder violett: **Astrágalus 12.**
2. Hülse 1samig, hart, netzigrunzelig, dorniggezähnt; schon der Fruchtknoten kurz, eiförmig; Blüten rosenrot: **Onóbrychis 16.**

II. Blüten in Dolden; Hülse in 1samige Querglieder zerfallend.

1. Schiffchen geschnäbelt; Kronblätter oft langgenagelt.
   a. Gliederhülse stielrund oder 4kantig, mit gestreckten Gliedern; Krone weiss: . . . . **Coronilla 13.**
   b. Gliederhülse zusammengedrückt, gekrümmt, mit hufeisenförmigen Gliedern; Krone gelb: **Hippocrepis 14.**
2. Schiffchen stumpf; Blüten sehr klein, gelblichweiss: **Ornithopus 15.**

C. Blätter gefiedert; Endblättchen fehlt oder in eine Ranke umgebildet, zuweilen das ganze Blatt auf eine Ranke oder einen verbreiterten Blattstiel beschränkt.

I. Staubblattröhre schief abgeschnitten; Blättchen in der Knospenlage längs dem Mittelnerv gefaltet: . . **Vícia 17.**

II. Staubblattröhre gerade abgeschnitten; Blättchen in der Knospenlage eingerollt: . . . . **Láthyrus 18.**

1. Ulex L. Heckensame.

877. **U. europaeus L. Stechender H.** Blätter lineal; Trauben wenigblütig, achselständig; Krone gelb; Kelch und Hülse zottig. ♄. 5, 6. Abhänge; M Zweibrücken, Homburg.

2. Sarothamnus Wimm. Pfrieme.

878. **S. scopárius Koch. Besen-P.** Äste rutenförmig, kantig; untere Blätter gestielt, 3zählig, Blättchen länglichverkehrteiförmig, spitz; obere Blätter fast sitzend, ungeteilt, alle zerstreut angedrücktbehaart; Blüten sehr gross, gelb; Kelch glockig; Griffel kreisförmig eingerollt; Narbe kopfförmig; Hülsen zuletzt schwarz, an den Nähten abstehend behaart. ♄. 5, 6. Waldränder, Abhänge; verbr.

3. Genista L. Ginster.

1. Blüten in den Achseln der Laubblätter.

879. **G. pilosa L. Haar-G.** Stengel liegend, ästig; Blätter länglichlanzettlich, unterseits nebst Blütenstielen, Kelch, Schiffchen und Hülse angedrückt seidenhaarig. ♄. 5, 6. Abhänge; verbr.

2. Blüten in endständigen Trauben.

880. **G. tinctória L. Färber-G.** Stengel aufrecht, dornlos; Blätter elliptisch bis lanzettlich, spitz, gewimpert; Kelch und Hülse kahl. ♃. 6, 7. Heiden, lichte Wälder; verbr.

881. **G. germanica L. Deutscher G.** Stengel aufrecht, ästig, unterwärts mit kurzen dornspitzigen Ästchen; Blätter länglich-elliptisch, spitzlich, am Rand nebst Ästen, Blütenstiel, Kelch und Hülse rauhhaarig. ♄. 5, 6. Heiden, lichte Wälder; verbr.

4. Cýtisus L. Geissklee.

882. **C. sagittalis Koch. Geflügelter G.** Stengel liegend, Äste aufrecht, breitgeflügelt; Blätter 1fach, sitzend, länglich, spitz, nebst Kelch rauhhaarig. ♄. 5, 6. Waldränder; verbr.

5. Ononis L. Hauhechel.

883. **O. spinosa L. Dornige H.** Stengel aufrecht oder aufstrebend, mit Dornästen, etwas drüsig, 1- oder 2reihig behaart; Blättchen ziemlich kahl; Hülse nicht kürzer als der Kelch. ♄. 6—9. Heiden, Raine; V verbr.

884. **O. repens L. Kriechende H.** Stengel liegend oder aufsteigend, zerstreutdornig, ringsum abstehendbehaart; Blätter stark drüsenhaarig; Hülse kürzer als der Kelch. ♄. 6—9. Heiden. Raine; verbr.

6. Anthyllis L. Wundklee.

885. **A. Vulnerária L. Gemeiner W.** Stengel zahlreich vom Wurzelstock entspringend; untere Blätter ungeteilt oder mit einem Paar kleiner Seitenblättchen, länglich, ganzrandig, spitz, unterseits filzig, obere gefiedert; Blättchen lineal, Endblättchen grösser: oberstes Blatt unterm Köpfchen fingerig geteilt; Kelch bauchig, weissfilzig; Krone meist gelb. ♃. 6—9. Trockene Wiesen; verbr.

7. Medicago L. Schneckenklee.

I. Trauben vielblütig; Hülsen stachellos.

1. Blüten fast 1 cm lang; Hülsenwindungen in der Mitte einen leeren Raum lassend; Blättchen stachelspitzig.

886. **M. sativa L. Luzernerklee.** Stengel aufrecht; Blättchen vorn stachelspitzig gezähnt; Traube länglich; Deckblätter lanzettlich oder pfriemlich, nicht kürzer als die Blütenstiele; Krone violett; Hülse mit 2—3 Windungen. ♃. 6—9. (Orient.) Überall gepflanzt und eingebürgert.

887. **M. falcata L. Sichel-S.** Stengel liegend oder aufsteigend; Traube kurz, fast kugelig; Deckblätter pfriemlich, höchstens $^1/_2$ so lang als die Blütenstiele; Krone gelb; Hülse meist nur einen Halbkreis bildend. ♃. 6—9. Wiesen, Raine; verbr.

2. Blüten kaum 3 mm lang; Hülsen in der Mitte geschlossen: Blättchen schwach ausgerandet.

888. **M. lupulina L. Hopfen-S.** Stengel ausgebreitet, liegend: Blättchen vorn gezähnt; Traube fast kugelig, später verlängert: Hülse längsaderig. ⊙. 5—9. Wiesen, Äcker, Raine; verbr.

II. Trauben armblütig; Hülsen stachelig.

889. **M. minima Bartal. Kleiner S.** Stengel liegend oder aufsteigend, zottig; Blättchen ausgerandet, vorn gezähnt, beiderseits behaart; Nebenblätter ganzrandig oder nur am Grund gezähnt; Hülse spärlich feingeadert, mit etwa 5 Windungen mit 2 Zeilen hakiger Stacheln. ☉. 5, 6. Raine, Heiden; V von Neustadt abwärts; N Kreuznach.

8. Melilotus Juss. Steinklee.

1. Krone weiss.

890. **M. albus Desv. Weisser S.** Stengel aufrecht; Flügel so lang als das Schiffchen, kürzer als die Fahne; Hülse stumpf, stachelspitzig, netzrunzelig, kahl, reif schwarz. ☉. 7—9. Äcker, Raine; V.

2. Krone gelb.

891. **M. officinalis Desv. Echter S.** Stengel aufsteigend; Traube dünn, locker; Flügel länger als das Schiffchen, so lang als die Fahne; Hülse stumpf, stachelspitzig, querrunzelig faltig, kahl, reif gelbbraun. ☉. 7—9. Äcker, Raine; verbr.

892. **M. altissimus Thuill. Grosser S.** Stengel aufrecht; Flügel so lang als Schiffchen und Fahne; Hülse zugespitzt, netzigrunzelig, angedrücktbehaart, reif schwarz. ☉. 7—9. Auen, Ufer; V zerstr.

9. Trifólium L. Klee.

A. Krone rot, weiss oder gelblichweiss.

A. Blüten sitzend oder sehr kurzgestielt.

I. Kelch nach dem Abblühen nicht blasig aufgetrieben und nicht netzaderig, im Schlund mit Haarkranz oder erhabener Linie; Stengel nicht kriechend.

1. Kelch deutlich kürzer als die Krone.

a. Blütenstemgel in der Achsel der grundständigen Blätter; Nebenblätter aus 3eckigem Grund plötzlich in eine Granne verschmälert.

893. **T. pratense L. Wiesen-K.** Stengel aufsteigend, angedrücktbehaart; Blättchen eiförmig oder elliptisch, meist ganzrandig; Köpfchen kugelig, meist zu 2, behüllt; Kelchröhre 10nervig, behaart; Krone rosa. ☉. 5—9. Wiesen; verbr.; auch gebaut.

b. Blütenstengel endständig; Nebenblätter lanzettlich bis pfriemlich.

α. Kelchröhre behaart: Nebenblätter gewimpert.

894. **T. ochroleucum L. Gelblichweisser K.** Stengel aufrecht, abstehendbehaart; Blättchen länglichelliptisch bis lanzettlich, undeutlich gezähnelt, beiderseits behaart; Köpfchen meist einzeln, behüllt, kugelig; Kelchröhre 10nervig; Krone gelblichweiss. ♃. 6, 7. Äcker, Wiesen, Gebüsch; V, N verbr.; M Zweibrücken, Gräfenhausen.

895. **T. alpestre L. Wald-K.** Stengel aufrecht, angedrücktbehaart; Blättchen lanzettlich, gezähnelt, unterseits behaart;

Köpfchen zu 2, behüllt, kugelig oder länglich; Kelchröhre 20nervig; Krone purpurn. ♃. 6—8. Waldränder, Heiden; M, N verbr.; V Forst, Schifferstadt.

β. Kelchröhre kahl.

896. **T. médium L. Mittlerer K.** Stengel aufsteigend, angedrücktbehaart; Blättchen eiförmig oder länglich, fast ganzrandig, unterseits angedrücktbehaart; Nebenblätter schmallanzettlich, häutig, gewimpert; Köpfchen einzeln, unbehüllt, kugelig oder eiförmig; Kelchröhre 10nervig; Krone purpurn. ♃. 6—8. Lichter Wald; verbr.

897. **T. rubens L. Purpur-K.** Stengel aufrecht, nebst Blättern kahl; Blättchen länglichlanzettlich, stachelspitzig gezähnt; Nebenblätter lanzettlich, krautig, kleingesägt, kahl; Köpfchen zu 2, behüllt, länglichwalzig; Kelchröhre 20nervig; Krone purpurn. ♃. 6,7. Lichter Wald; V Kallstadt, Grünstadt, Neustadt, Albersweiler; M Annweiler, Eusserthal; N Donnersberg, Lemberg.

2. Kelchzähne so lang oder fast so lang als die Krone.

898. **T. arvense L. Acker-K.** Stengel aufrecht, anliegendbehaart bis zottig, ästig; Blättchen lineallänglich, schwach gezähnelt; Köpfchen zahlreich, achselständig, unbehüllt, walzig; Kelchröhre dicht langhaarig; Krone weisslich, später rosa. ⊙. 7—9. Äcker; verbr.

899. **T. striatum L. Streifen-K.** Stengel aufsteigend, von Grund an ästig, nebst Blättern und Blütenstielen zottig; untere Blättchen verkehrteiförmig, vorn etwas gezähnelt; Köpfchen end- und seitenständig, kugelig, zuletzt länglich behüllt; Kelch 10nervig, behaart, zuletzt bauchig angeschwollen, Zähne gerade abstehend; Krone rosa. ⊙. 5—7. Raine; M Homburg.

II. Kelch nach dem Abblühen blasig aufgetrieben, netzaderig; Stengel kriechend.

900. **T. fragiferum L. Erdbeer-K.** Blättchen eiförmig oder rundlichverkehrteiförmig, stachelspitzig gezähnelt; Köpfchen auf langem aufrechtem Stiel achselständig; Hülle vielteilig; Kelch behaart, 2lippig; Krone fleischrot. ♃. 6—9. Feuchte Wiesen; verbr.

B. Blüten deutlich gestielt, weiss oder blassrosa.

I. Blütenstiel kürzer als der Kelch, nach dem Abblühen nicht herabgebogen.

901. **T. montanum L. Berg-K.** Blütenstengel aufrecht, nebst Blattunterseite behaart; Blättchen länglichlanzettlich, dichtaderig, kleingesägt; Köpfchen end- und achselständig, langgestielt; Kelch etwas zottig, Zähne gleichlang; Krone weiss. ♃. 6—9. Wiesen; verbr.

II. Blütenstiel nicht kürzer als der Kelch, nach dem Abblühen herabgebogen.

1. Stengel kriechend; nur Köpfchenstiele aufrecht; obere Kelchzähne durch eine spitze Bucht weniger tief als die übrigen getrennt.

902. **T. repens L. Kriechender K.** Stengel kahl; Blättchen verkehrteiförmig, kleingesägt; Nebenblätter eiförmig, plötzlich in

eine Granne zugespitzt, häutig; Krone weiss, nach dem Abblühen braun. ♃. 5—9. Wiesen, Raine; verbr.

2. Stengel aufrecht oder liegend, nicht wurzelnd; obere Kelchzähne durch eine runde Bucht so tief oder tiefer als die übrigen getrennt; Nebenblätter krautig; Krone zuletzt rosa.

903. T. híbridum L. Bastard-K. Stengel aufrecht oder aufsteigend, hohl, kahl; Nebenblätter eiförmig, allmählich in die Granne zugespitzt; Blättchen verkehrteiförmig, kleingesägt, jederseits mit etwa 20 Seitennerven; Krone anfangs weiss, ♃. 5—9. Feuchte Wiesen; V verbr.; M Altheim.

904. T. élegans Savi. Zierlicher K. Stengel liegend, nicht hohl, oberwärts etwas behaart; Nebenblätter eilanzettlich, jederseits mit etwa 40 dichtgedrängten Seitennerven; Krone anfangs blass-, später dunklerrosa. ♃. 6—8. Wiesen; V Wachenheim; M Pirmasens, Zweibrücken; N zw. Waldmohr, Kusel und Glanthal.

B. Blüten gelb, stets gestielt; Köpfchen zahlreich, achselständig.

I. Köpfchen dicht 20—50blütig; Fahne deutlich gefurcht; Flügel auseinanderstehend.

905. T. agrárium L. Gold-K. Stengel aufrecht; Blättchen alle sitzend, länglich; Nebenblätter länglichlanzettlich, so lang als der Blattstiel. ⊙. 6, 7. Äcker, Waldschläge; verbr.

906. T. procumbens L. Liegender K. Stengel meist liegend; Endblättchen länger gestielt, verkehrteiförmig; Nebenblätter eiförmig, kürzer als der Blattstiel. ⊙. 6—8. Äcker, Raine; verbr.

II. Köpfchen locker 5—15blütig; Fahne fast glatt, gefaltet; Flügel vorgestreckt.

907. T. minus Sm. Kleiner K. Stengel ausgebreitet, liegend; Blättchen keilförmig, verkehrteiförmig; Endblättchen meist länger gestielt; Nebenblätter eiförmig. ⊙. 5—9. Wiesen, Triften; verbr.

10. Lotus L. Hornklee.

1. Dolden 3—6blütig; Kelchzähne vorm Aufblühen zus.-schliessend.

908. L. corniculatus L. Wiesen-H. Stengel nicht oder nur eng röhrig, liegend oder aufsteigend; Nebenblätter eiförmig; Blättchen verkehrteiförmig bis länglich; Flügel breit verkehrteiförmig, kaum schmäler als das plötzlich zugespitzte Schiffchen; Krone gelb, Fahne rot überlaufen. ♃. 5—8. Wiesen; verbr.

909. L. ténuis Kit. Schmalblättriger H. Stengel liegend; Blättchen und Nebenblätter lineallänglich; Flügel länglichverkehrteiförmig. ♃. 5—8. Wiesen; V Dürkheim, Frankenthal, Weissenburg.

2. Dolden 6—12blütig; Kelchzähne vorm Aufblühen zurückgebogen.

910. L. uliginosus Schrk. Sumpf-H. Stengel aufrecht, hohl, kahl; Nebenblätter rundlicheiförmig, fast herzförmig; Blättchen verkehrteiförmig; Flügel abgerundet, so breit als das allmählich zugespitzte Schiffchen. ♃. 6—8. Feuchte Waldwiesen; verbr.

11. Tetragonólobus Scop. Spargelbohne.

911. **T. siliquosus L. Schoten-S.** Stengel ausgebreitet liegend, kahl; Blättchen keilförmig, verkehrteiförmig, bläulichgrün; Nebenblätter schiefeiförmig; Krone hellgelb. ♃. 5—7. Auen, steinige Abhänge; V Dürkheim, Frankenthal, Speyer, Landau; M Altheim.

12. Astrágalus L. Tragant.

1. Blüten gelb oder gelblichweiss.

912. **A. glycyphyllus L. Süsser T.** Stengel liegend, nebst Blättern kahl; Blättchen 5—6paarig, gross, eiförmig; Traube viel kürzer als das Blatt, länglicheiförmig; Kelch kahl; Hülsen gestielt, 3kantig lineal, kahl, aufrecht zusammenneigend. ♃. 5—7. Gebüsch, Waldrand; verbr.

913. **A. Cicer L. Erbsen-T.** Stengel ausgebreitet, nebst Blättern anliegendbehaart; Blättchen 8—12paarig, länglich, lanzettlich; Traube etwa so lang als das Blatt, kopfig, eiförmig; Kelch angedrücktbehaart; Hülsen sitzend, kugelig, aufgeblasen, rauhhaarig. ♃. 6, 7. Raine; V Frankenthal, Dürkheim, Speyer; M Vinningen.

2. Blüten violett.

914. **A. dánicus Retz. Dänischer T.** Stengel ausgebreitet, nebst Blättern angedrücktbehaart; Blättchen 9—12paarig, eilänglich bis lanzettlich; Traube länger als das Blatt; Schiffchen kürzer als die Fahne; Fahne wenig länger als die stumpfen Flügel; Hülse gestielt, herzeiförmig, rauhhaarig. ♃. 5—7. Trockene Wiesen; V Dürkheim, Oggersheim, Speyer.

13. Coronilla L. Kronwicke.

915. **C. vária L. Bunte K.** Stengel liegend oder aufsteigend; Blättchen 6—12paarig, länglich bis elliptisch; Dolde 10—30blütig; Blütenstiel 3mal so lang als der Kelch; Krone weiss, Fahne rosenrot, Schnabel des Schiffchens dunkelviolett. ♃. 6, 7. Wiesen; verbr.

14. Hippocrepis L. Hufeisenklee.

916. **H. comosa L. Schopfiger H.** Stengel liegend; Blättchen 5—7paarig, länglich; Dolde 4—8blütig; Blütenstiel kürzer als der Kelch; Krone gelb; Nagel der Kronblätter 3mal so lang als der Kelch. ♃. 5, 6. Wiesen; verbr.

15. Ornithopus L. Vogelfuss.

917. **O. perpusillus L. Kleiner V.** Stengel liegend oder aufsteigend, nebst Blättern weichhaarig; Blättchen 7—12paarig, elliptisch, klein; Dolden 2—5blütig; Kelchzipfel eiförmig, 3mal kürzer als die Röhre; Krone gelblichweiss. ☉. 5—7. Sandige Wiesen, Heiden; verbr.

16. Onóbrychis All. Esparsette.

918. O. **sativa Lam. Wicken-E.** Stengel aufsteigend oder aufrecht; Blättchen 6—10paarig, lineallänglich, unterseits behaart; Krone rosenrot. ♃. 6, 7. Wiesen; M Zweibrücken; auch gepflanzt.

17. Vícia L. Wicke.

A. Blütentrauben langgestielt.

A. Traube 1—6blütig; Blüten unter 1 cm gross.

I. Blättchen lineal; wenigstens obere Blätter mit Ranke.

1. Blättchen 4—8paarig; Hülse weichhaarig.

919. **V. hirsuta Koch. Behaarte W.** Blättchen vorn gestutzt; Traube 3—6blütig; Kelchzähne so lang als die Röhre; Krone bläulichweiss; Hülse länglich, 2samig. ☉. 5—7. Feld; verbr.

2. Blättchen 2—4paarig; Hülse kahl, lineal.

920. **V. tetrasperma Mnch. Viersamige W.** Blättchen 3—4paarig, stumpf oder spitzlich; Traube 1—3blütig; Kelchzähne kürzer als die Röhre; Krone blassviolett; Hülse 4samig. ☉. 6, 7. Feld; verbr.

921. **V. grácilis Lois. Zierliche W.** Blättchen 2—4paarig, spitzlich; Traube 1—3blütig; Blüten grösser, blassviolett mit dunkleren Adern; Hülse 6samig. ☉. 6, 7. Feld; V v. Speyer abwärts; M Zweibrücken.

II. Blätter ohne Ranke.

922. **V. Ervília Willd. Linsen-W.** Blättchen 10paarig, länglich, gestutzt; Traube 2blütig; Krone weisslich; Hülse fast perlschnurförmig. ☉. 6, 7. Feld; V Speyer, Edenkoben; M Zweibrücken, Gersheim, Walsheim; N Nahe- und Glanthal.

B. Trauben 5- bis vielblütig; Blüten über 1 cm gross.

I. Krone gelb.

923. **V. pisiformis L. Erbsen-W.** Blättchen 4—5paarig, gross, eiförmig, am Grund abgerundet, unterstes Paar dem Stengel genähert, die Nebenblätter verdeckend; Traube kürzer als das Blatt, 10—15blütig; Hülse länglich. ♃. 6—8. Wald; M Wolfsburg (Neustadt); N Donnersberg, Nahe- und Glanthal.

II. Krone violett oder weiss mit bläulichen Adern; Blätter mit Ranke.

1. Traube kürzer als das Blatt; Blütenstiel so lang als die Kelchröhre.

924. **V. cassúbica L. Kassubische W.** Blättchen 9—12paarig, lanzettlich bis eiförmig; Traube vielblütig; Krone violett; Hülse fast rautenförmig; Wurzelstock kriechend. ♃. 6, 7. Wald; V, M Dürkheim, Deidesheim.

2. Traube nicht kürzer als das Blatt; Blütenstiel kürzer als die Kelchröhre.

a. Platte der Fahne nicht kürzer als der Nagel.

925. **V. Cracca L. Vogel-W.** Stengel weichhaarig; Blättchen 10—12paarig, lineal oder länglichlanzettlich mit bogigem Rand;

Krone blauviolett; Platte so lang als der Nagel: Stiel der Hülse kürzer als die Kelchröhre. ♃. 6—8. Feld, Hecken; verbr.

926. V. **tenuifólia** Roth. **Feinblättrige W.** Stengel meist kahl; Blättchen 10paarig, lineallänglich mit geradem Rand; Krone hellblau; Platte 2mal so lang als der Nagel; Stiel der Hülse so lang als die Kelchröhre. ♃. 6—8. Feld, Raine; V Grünstadt bis Neustadt, Schifferstadt, Landau; M Kirchheimbolanden.

b. Platte der Fahne halb so lang als der Nagel.

927. V. **villosa** Roth. **Zottige W.** Stengel abstehend behaart oder meist fast kahl: Blättchen 8paarig, lanzettlich; Krone violett; Stiel der Hülse 2mal so lang als die Kelchröhre. ☉, ⊙. 6, 7. Feld; V zw. Bergzabern und Kandel.

B. Blüten in sehr kurzgestielten 2—5blütigen Trauben oder einzeln in den Achseln sitzend; wenigstens obere Blätter mit Ranke.

A. Blüten in kurzgestielten Trauben.

928. V. **sépium** L. **Zaun-W.** Blättchen 4—8paarig, länglich bis eiförmig, kahl; Kelchzähne kürzer als die Röhre, am Grund breit; Blüten schmutzigviolett, selten weiss; Fahne und Hülse kahl. ♃, 5—7. Hecken, Wald; verbr.

B. Blüten meist einzeln, selten zu zweien, sitzend.

I. Krone rot oder violett, selten weiss.

1. Blättchen 5—7paarig; alle Blätter mit Ranke.

929. V. **sativa** L. **Futter-W.** Weichflaumig; Blättchen 7paarig, länglichverkehrteiförmig; Fahne blau, Flügel bläulichrot; Hülse aufrecht, holperig, kurzbehaart, reif gelbbraun. ☉. 5—7. Feld; verbr.; auch gebaut.

930. V. **angustifólia** Roth. **Schmalblättrige W.** Kahl; Blättchen 5paarig, länglichelliptisch bis lineal; Blüten purpurn; Hülse abstehend, nicht holperig, kahl, reif schwarz. ☉. 5—7. Feld; verbr.

2. Blättchen 2—3paarig; obere Blätter mit kurzer Ranke.

931. V. **lathyroides** L. **Platterbsen-W.** Stengel meist liegend, fast kahl: Blättchen verkehrteiförmig bis lanzettlich; Blüten sehr klein, hellviolett. ☉. 4—6. Heiden: V Ellerstadt, Dürkheim, Neustadt; M Homburg.

II. Krone gelb.

932. V. **lútea** L. **Gelbe W.** Blättchen 12—14paarig, lineal; obere Kelchzähne sehr kurz; Fahne kahl; Hülse behaart. ☉. 5—7. Äcker, Wald; M Otterbach.

18. Láthyrus L. Platterbse.

A. Blattstiele ohne Blättchen und Ranken, verbreitert, lanzettlich.

933. L. **Nissólia** L. **Blattlose P.** Nebenblätter sehr klein, pfriemlich; Blüten zu 1—2 auf langem Stiel, purpurn. ☉. 5—7. Äcker; V Bergzabern; M Kaiserslautern; N Langmeil, Kirchheimbolanden.

B. Obere Blätter ohne Blättchen, rankenfömig.

934. **L. Aphaca** L. **Ranken-P.** Nebenblätter gross, eiförmig, am Grund spiessförmig, bläulichgrün; Blüten einzeln auf langem Stiel, gelb. ⊙. 6, 7. Äcker; V Dürkheim, Edenkoben; M Blieskastel.

C. Blättchen 1—3paarig.

I. Blätter mit Ranken.

1. Stengel ungeflügelt, kantig; Blättchen 1paarig; Traube mehrblütig.

935. **L. pratensis** L. **Wiesen-P.** Stengel weichhaarig; Blättchen länglichlanzettlich, zugespitzt; Traube mehrmal länger als das Blatt; Krone gelb. ♃. 6—8. Wiesen, Hecken; verbr.

936. **L. tuberosus** L. **Knollige P.** Wurzeln knollig verdickt; Blättchen länglich, stumpf; Traube länger als das Blatt; Krone purpurn. ♃. 6—8. Feld; V, N verbr.; M Kaiserslautern, Zweibrücken.

2. Stengel geflügelt.

a. Traube 2blütig.

937. **L. hirsutus** L. **Behaarte P.** Blättchen 1paarig, lineallanzettlich, stumpf, stachelspitzig; Krone violett, später blau; Hülse ungeflügelt, dicht und lang rauhhaarig. ⊙, ⊙. 6, 7. Feld; M Kaiserslautern, Zweibrücken.

b. Traube 4—12blütig.

938. **L. silvester** L. **Wald-P.** Blattstiel $^1/_2$ so breit geflügelt als der Stengel; Blättchen 1paarig, länglichlanzettlich, zugespitzt; Traube etwas länger als das Blatt; Krone hellpurpurn; Rücken der Fahne grünlich. ♃. 6—8. Wald, Hecken; V Speyer; M Zweibrücken; N.

939. **L. paluster** L. **Sumpf-P.** Blattstiel ungeflügelt; Blättchen 2—3paarig, länglichlanzettlich, stumpflich: Traube länger als das Blatt; Krone sckmutzigblau. ♃. 6—8. Wiesen; V Dürkheim, Oggersheim, Deidesheim, Schifferstadt, Wörth.

II. Blätter ohne Ranke.

1. Blättchen 2—3paarig.

940. **L. montanus** Bernh. **Berg-P.** Stengel geflügelt; Blättchen länglichlanzettlich, stumpf oder kurzzugespitzt, kahl, matt bläulichgrün; Traube länger als das Blatt; Krone schmutzigviolett; Wurzelstock an den Gelenken knollig verdickt. ♃. 4—6. Wald; verbr.

941. **L. vernus** Bernh. **Frühlings-P.** Stengel kantig; Blättchen eiförmig, langzugespitzt, gewimpert, glänzend grasgrün; Traube so lang als das Blatt; Krone purpurn, später blau. ♃. 4, 5. Laubwald; V Speyer, Edenkoben; M Annweiler, Eusserthal, Kaiserslautern; N.

2. Blättchen meist 6paarig.

942. **L. niger** Bernh. **Schwarze P.** Stengel ästig; Blättchen eilänglich, stumpf; Krone purpurn. ♃. 5—7. Wald; V Grünstadt, Neustadt; M Eppenbrunn; N.

D. Sympétalae (Gamopétalae). Verwachsen-kronblättrige.

Familie 79. ERICÁCEAE. *Heidekrautgewächse.*

A. Kronblätter verwachsen.
I. Fruchtknoten unterständig; Kelch 4—5zähnig, mit dem Fruchtknoten verwachsen; Krone glockig, krugig oder radförmig, 4—5spaltig mit zurückgeschlagenen Zipfeln; Staubblätter 8; Beere kugelig, 3—5fächerig, vielsamig: **Vaccínium 1.**
II. Fruchtknoten oberständig.
1. Kelch 2mal so lang als die 4spaltige Krone, 4blättrig, gefärbt; Kapsel 4klappig aufspringend; Blätter 1nervig, nadelförmig: . . . . **Calluna 2.**
2. Kelch kürzer als die Krone; Dolden endständig, wenigblütig, langgestielt; Krone glockig, 5zähnig, die kurzen Zähne aufrecht oder ausgebreitet; Kapsel 5fächerig, fachspaltig; Blätter wenigstens unterseits deutlich netzaderig: **Andrómeda 3.**

B. Krone freiblättrig; Kapsel fachspaltig.
I. Laubblätter grün, gesägt; Kelch 5teilig; Krone 5teilig bis 5blättrig; Kronblätter nicht höckerig: . . . . **Pirola 4.**
II. Ohne Laubblätter; Endblüte 5-, seitliche 4zählig; Kelch freiblättrig; Kronblätter am Grund höckerig: . **Monótropa 5.**

1. Vaccínium L. Heidelbeere.

I. Krone krugförmig oder glockig; Stengel aufrecht.
1. Krone glockig; Blüten 4zählig; Blätter immergrün.

943. V. **Vitis idaea** L. **Preiselbeere.** Äste rund; Blätter lederig, verkehrteiförmig, stumpf, unterseits hell, undeutlich aderig; Krone weiss oder rosa überlaufen; Beere rot. ♄. 5—8. Wald, Moor; M Landstuhl, Kaiserslautern, Elmstein, Eusserthal.

2. Krone krugförmig; Blüte 5zählig; Blätter sommergrün.

944. V. **Myrtillus** L. **Gemeine H.** Stengel scharfkantig; Blätter eiförmig, spitz, klein gekerbtgesägt, hellgrün; Kelchsaum ungeteilt; Krone fast kugelig, grün, purpurn überlaufen; Beere schwarzblau, bereift. ♃. 5, 6. Wald, Moderboden; verbr.

945. V. **uliginosum** L. **Moor-H.** Stengel rund; Blätter elliptisch oder verkehrteiförmig, stumpflich, ganzrandig, unterseits blaugrün, deutlich netzaderig; Kelchsaum 5teilig; Krone eiförmig, weiss oder rosa überlaufen; Beere schwarzblau. ♄. 5, 6. Moor, Moderboden; V Bienwald; M Kaiserslautern, Landstuhl, Eppenbrunn, Homburg.

II. Krone radförmig, bis zum Grund 4teilig; Stengel fadenförmig, kriechend.

946. V. **Oxycoccos** L. **Moosbeere.** Blätter eiförmig bis länglich, spitz, am Rand umgerollt, unterseits blaugrün; Blüten langgestielt, purpurn; Beere braunrot. ♄. 5, 6. Moor; M verbr.

2. Calluna Salisb. Heide.

947. **C. vulgaris Salisb. Besen-H.** Blätter 4reihig dachziegelig, am Grund pfeilförmig, sehr klein; Blüten in 1seitswendigen endständigen Trauben, deren Achse als Laubspross weiter wächst; Kelch rosa, selten weiss. ♄. 8—10. Wald, Heide; verbr.

3. Andrómeda L. Rosmarinheide.

948. **A. polifólia L. Schmalblättrige G.** Blätter lineallanzettlich, am Rund umgerollt, unterseits bläulichgrün; Blüten nickend, nebst Stielen rosa. ♄. 5, 6. Moor; M verbr.

4. Pirola L. Wintergrün.

A. Blüten in Trauben; krautartig.

I. Trauben 1seitswendig; Fruchtknoten von einem 10teiligen Drüsenring umgeben; Blätter nicht rosettig.

949. **P. secunda L. Nickendes W.** Blätter eiförmig, spitz, kerbiggezähnt, länger als ihr Stiel; Griffel länger als die grünlichweisse Krone. ♃. 6, 7. Wald; V Schifferstadt: M Kaiserslautern.

II. Trauben gleichseitig; kein Drüsenring; Blätter nur grundständig, rosettig.

1. Krone weitglockig; Staubblätter aufwärts-, Griffel abwärtsgebogen mit einem Ring, der breiter ist als die Narbe.

950. **P. rotundifólia L. Rundblättriges W.** Blätter rundlich, stumpf, kürzer als ihr Stiel; Stengel stumpfkantig; Kelchzipfel lanzettlich, zugespitzt, an der Spitze zurückgekrümmt, $^1/_2$ so lang als die weisse Krone: Griffel länger als die Krone. ♃. 6,7. Wald; V zw. Speyer und Schifferstadt; M Kaiserslautern, Annweiler, Bergzabern; N Donnersberg, Nahe- und Glangegenden.

951. **P. chlorantha Sw. Grünliches W.** Blätter rundlich, oft ausgerandet, so lang als ihr Stiel; Stengel unten scharfkantig; Kelchzipfel rundlich eiförmig, spitz, angedrückt, $^1/_4$ so lang als die grünlichweisse Krone; Griffel so lang als die Krone. ♃. 6,7. Wald; V Schifferstadt; M Wachenheim, Kaiserslautern, Elmstein, Nussdorferwald.

2. Krone kugeligglockig; Staubblätter zusammenneigend; Griffel gerade oder wenig gekrümmt.

952. **P. média Sw. Mittleres W.** Blätter rundlich, kürzer als ihr Stiel; Kelchzipfel eilanzettlich, spitz, an der Spitze etwas abstehend; Griffel länger als die weisse Krone, mit einem Ring, der so breit oder breiter ist als die Krone. ♃. 6, 7. Wald; M Kaiserslautern.

953. **P. minor L. Kleines W.** Blätter rundlich, kürzer als ihr Stiel; Kelchzipfel 3eckig eiförmig, spitz, angedrückt; Griffel kürzer als die Krone, ohne Ring; Krone weiss oder rosa. ♃. 6, 7. Wald; verbr.

B. Blüten einzeln endständig; kein Drüsenring; Blätter grundständig, krautartig.

954. **P. uniflora L. Einblütiges W.** Blätter rundlich, kerbig-

gesägt, so lang als ihr Stiel; Kelchzähne eiförmig, abgerundet stumpf, gewimpert; Krone flach ausgebreitet, sehr gross, weiss. ♃. 5, 6. Wald; V zw. Speyer und Schifferstadt.

C. Blüten in Dolden; Stengel halbstrauchig; Fruchtknoten von einem napfförmigen Drüsenring umgeben.

955. **P. umbellata L. Doldiges W.** Blätter länglichlanzettlich vorn breiter, in den kurzen Stiel verschmälert, scharfgesägt; Kelchzipfel eiförmig, abgerundet stumpf; Krone flachglockig, rosa; Griffel kurz. ♄. 6–8. Wald; V Schifferstadt; M Kaiserslautern, Göllheim, Hochspeyer.

5. Monótropa L. Fichtenspargel.

956. **M. Hypópitys L. Gemeiner F.** Stengel mit Schuppen, bleichgelb; Blüten in anfangs zurückgekrümmter, später aufrechter Traube, deren Achse, Krone und Staubblätter meist kurz weichhaarig, selten kahl. ♃. 7. 8. Wald; verbr.

Familie 80. PRIMULACEAE. *Schlüsselblumengewächse.*

A. Krone vorhanden.
  I. Fruchtknoten oberständig, frei.
    1. Blätter am Stengel verteilt; Krone kurzröhrig.
      a. Blüten 5—7zählig; Krone radförmig; Blätter gegenständig oder zu 3—4 quirlig.
        α. Kapsel 5—10klappig; Krone gelb: **Lysimáchia 1.**
        β. Kapsel mit Deckel; Krone rot oder blau: **Anagallis 2.**
      b. Blüten 4zählig; Krone krugförmig, bleibend; Blätter wechselständig: . . . . **Centúnculus 3.**
    2. Blätter in grundständiger Rosette; Blüten einzeln oder doldig auf dem Schaft, 5zählig.
      a. Wasserpflanze; Blätter kammförmig fiederteilig; Krone mit kurzer Röhre, 5teiligem Saum: . . **Hottónia 6.**
      b. Landpflanzen; Blätter ungeteilt; Krone mit scharf abgegrenztem ausgebreitetem oder etwas gewölbtem Saum.
        α. Kronröhre walzig, an der Einfügungsstelle der Staubblätter erweitert; Krone gelb: . . . **Prímula 5.**
        β. Kronröhre eiförmig, an der Spitze eingeschnürt; Krone weiss: . . . . **Andrósace 4.**
  II. Fruchtknoten am Grund mit dem Kelch verwachsen; Blüten in Trauben, 5zählig mit 5 unfruchtbaren Staubblättern, Saum 5teilig, abstehend; untere Blätter rosettig: **Sámolus 7.**

B. Krone fehlt; Kelch rosa; Blüten in den Achseln sitzend: **Glaux 8.**

1. Lysimáchia L. Felberich.

1. Blüten in achselständigen, gestielten, dichten Trauben, meist 6zählig.

957. **L. thyrsiflora L. Strauss-F.** Wurzelstock kriechend; Stengel aufrecht, oberwärts zottig; Blätter umfassend sitzend, 3—4quirlig, lanzettlich; Traube kürzer als das Blatt; Kronzipfel

lineal, stumpf. ♃. 6. Sumpf; M Kaiserslautern, Espelsteeg, Breitenau, Jägersburg, Kirkel, Würzbach.

2. Blüten zu 1—4 in den Achseln von Hochblättern eine endständige Traube oder Rispe bildend; Stengel aufrecht.

958. L. **vulgaris** L. **Gold-F.** Wurzelstock kriechend; Blätter meist gegenständig. fast sitzend, länglicheiförmig bis lanzettlich, spitz, weichhaarig; Kelchzipfel dunkelberandet; Kronzipfel eiförmig, am Rand kahl. ♃. 6, 7. Feuchtes Gebüsch; verbr.

3. Blüten einzeln in den Achseln der Laubblätter am kriechenden Stengel.

959. L. **Nummulária** L. **Pfennigkraut.** Blätter rundlich, stumpf; Kelchzipfel herzeiförmig; Kronzipfel spitz. ♃. 6, 7. Feuchte Raine, Wiesen; verbr.

960. L. **némorum** L. **Wald-F.** Blätter eiförmig, spitz; Kelchzipfel linealpfriemlich; Kronzipfel stumpf. ♃. 6, 7. Schattiger Wald; V Bergzabern; M verbr.

2. Anagallis L. Gauchheil.

961. A. **arvensis** L. **Acker-G.** Stengel liegend; Blätter eiförmig, stumpflich; Kronzipfel verkehrteiförmig, feindrüsiggewimpert, rosen- bis mennigrot. ⊙. 6--10. Äcker; verbr.

962. A. **coerúlea** Schreb. **Blauer G.** Stengel meist aufrecht; Blätter eiförmig, spitzlich; Kronzipfel elliptisch, fast drüsenlos, blau. ⊙. 6—10. Feld; V verbr.

3. Centúnculus L. Kleinling.

963. C. **minimus** L. **Acker-K.** Stengel aufrecht; Blätter sitzend, eiförmig; Blüten einzeln in den Achseln, fast sitzend, rötlichweiss. ⊙. 6—9. Feuchte Äcker; V, M verbr.

4. Andrósace L. Mannsschild.

964. A. **máxima** L. **Grosser M.** Blätter in grundständigen Rosetten, elliptisch oder lanzettlich, gezähnt; Blütenstiel kürzer als die Hülle, zuletzt 2mal so lang; Kelch behaart, zur Fruchtzeit sehr vergrössert; Krone weiss. ⊙. 4, 5. Äcker; V Kallstadt, Ellerstadt, Oggersheim.

5. Prímula L. Schlüsselblume.

965. P. **officinalis** Jacq. **Wohlriechende S.** Blätter unterseits nebst Schaft, Blütenstielen und Kelch dünnfilzig; Kelch aufgeblasen, weisslich, Zähne eiförmig, zugespitzt; Saum der Krone glockig, goldgelb mit 5 dunkleren Flecken am Schlund. ♃. 4, 5. Wiesen, lichter Wald; verbr.

966. P. **elátior** Jacq. **Geruchlose S.** Blätter am Grund plötzlich in den Stiel verschmälert, nebst Schaft und Blütenstielen kurzhaarig; Dolde auf hohem Schaft; Kelchzähne lanzettlich, spitz,

Kanten grün; Saum der Krone flach, hellgelb. ♃. 4, 5. Wiesen, Wald; verbr.

6. Hottónia L. Wasserfeder.

967. H. palustris L. Sumpf-W. Blattzipfel lineal; Blüten in traubig geordneten Quirlen, gestielt, rosa. ♃. 6, 7. Gräben, Altwasser; V verbr.; M Kaiserslautern.

7. Sámolus L. Bunge.

968. S. Valerandi L. Salz-B. Blätter länglich verkehrt-eiförmig, grundständige rosettig, stengelständige kleiner; Krone weiss. ♃. 6—9. Feuchte Wiesen; V Dürkheim, Oggersheim, Neustadt, Schifferstadt, Landau, Schaidt.

8. Glaux L. Milchkraut.

969. G. maritima L. Strand-M. Stengel ausgebreitet; Blätter gegenständig, in der Mitte der blühenden Stengel wechselständig, lineallänglich, ganzrandig, fleischig; Kelchzipfel eiförmig, stumpf, hellrosa. ♃. 5, 6. Wiesen; V Dürkheimer Saline bis Frankenthal.

Familie 81. PLUMBAGINÁCEAE. *Bleiwurzgewächse.*

1. Arméria Willd. Grasnelke.

970. A. vulgaris Willd. Gemeine G. Blätter grundständig, lineal, spitzlich; äussere Hüllblätter zugespitzt, innere abgerundet, durch den auslaufenden Nerv stachelspitzig; Krone rosa. ♃. 5—10. Sandige Orte; V Dürkheim, Ellerstadt.

Familie 82. OLEÁCEAE. *Ölbaumgewächse.*

1. Blätter ungeteilt; Blütenstiele kurzhaarig; Kelch 4zähnig, abfallend; Krone röhrig, weiss; Beerenfrucht: **Ligustrum 1.**
2. Blätter unpaarig gefiedert; Kelch und Krone fehlen; geflügelte Schliessfrucht: . . . . **Fráxinus 2.**

1. Ligustrum L. Liguster.

971. L. vulgare L. Hecken-L. Blätter elliptisch, spitz, kahl, meist bis zum Frühjahr grün bleibend; Rispe gedrängt. ♄. 6, 7. Gebüsch, Hecken; verbr.

2. Fráxinus L. Esche.

972. F. excélsior L. Edel-E. Blättchen fast sitzend, klein-gesägt; Blüten vor der Belaubung aus blattlosen Knospen, männliche in gedrängten, weibliche und Zwitterblüten in lockeren Rispen; Knospen schwarz. ♄. 4, 5. Wald, Auen; V, M Kaiserslautern, Landstuhl, Eppenbrunn; N.

Familie 83. GENTIANÁCEAE. *Enziangewächse.*

A. Blätter wechselständig; Fruchtknoten am Grund von Drüsen umgeben.
 I. Krone trichterförmig, Zipfel bärtig; Fruchtknoten von einem drüsigen Ring umgeben; Blätter 3zählig: . **Menyanthes 1.**
 II. Krone radförmig, am Schlund bärtig; Fruchtknoten von 5 einzelnen Drüsen umgeben; Blätter ungeteilt: **Limnánthemum 2.**
B. Stengelblätter gegenständig.
 I. Griffel fadenförmig, vom Frucktknoten deutlich abgegrenzt.
  1. Blüten 5zählig, in endständigen Trugdolden; Krone rosa, unterm Schlund eingeschnürt: . . . . . **Erythraea 3.**
  2. Blüten 6—8zählig; Krone stieltellerförmig, gelb: **Chlora 4.**
 II. Fruchtknoten nach oben allmählich in den meist kurzen Griffel verschmälert; Krone trichterig glockig oder stieltellerförmig, selten fast radförmig: . . . . . . **Gentiana 5.**

1. Menyanthes L. Fieberklee.

973. **M. trifoliata** L. **Gemeiner F.** Wurzelstock kriechend; Blätter grundständig, langgestielt; Blättchen fast sitzend, verkehrteiförmig; Blüten in endständigen langgestielten Trauben, rötlichweiss; Kronzipfel lanzettlich. ♃. 5, 6. Nasse Wiesen, Gräben; verbr.

2. Limnánthemum Gmel. Seekanne, Tauche.

974. **L. nymphaeoides** Lk. **See-T.** Wurzelstock kriechend; Blätter langgestielt, Spreite schwimmend, fast kreisrund, tief und schmal herzförmig; Blütenstengel mit endständigem, von 2 Laubblättern gestütztem Ebenstrauss; Kronzipfel verkehrteiförmig, goldgelb. ♃. 7, 8. Altwasser; V am Rhein von Speyer abwärts; M Kaiserslautern.

3. Erythraea L. Guldenkraut.

975. **E. Centaurium** Pers. **Tausend-G.** Stengel 1fach, erst im Blütenstand verzweigt; Grundblätter rosettig; Endblüten fast sitzend; Kelch beim Aufblühen $^1/_2$ so lang als die Kronröhre; Kronzipfel eiförmig bis eiförmiglanzettlich. ⊙. 7, 8. Waldschläge, Gebüsch, feuchte Wiesen; verbr.

976. **E. pulchella** Fr. **Kleines G.** Stengel vom Grund an ästig, ohne grundständige Rosette; alle Blüten gestielt; Kelch beim Aufblühen so lang als die Kronröhre; Kronzipfel länglichlanzettlich. ⊙. 7, 8. Feuchte Wiesen; ziemlich verbr.

4. Chlora L. Bitterling.

977. **C. perfoliata** L. **Durchwachsener B.** Stengelblätter 3eckig-eiförmig, mit ihrer ganzen Breite zusammengewachsen; Blütenstand fast ebensträussig; Kelchzipfel kürzer als die Krone. ⊙. 6—8. Feuchte Wiesen; V Dürkheim, Ellerstadt, Schifferstadt. Speyer, Germersheim.

978. C. **serótina** Koch. **Später B.** Stengelblätter eiförmig oder eilanzettlich, am abgerundeten Grund zusammengewachsen; Mittelblüte von den Seitenblüten weit überragt; Kelchzipfel so lang als die Krone. ⊙. 8–10. Feuchte Wiesen; V verbr.

5. Gentiana L. Enzian.

I. Krone weder gefranst, noch im Schlund bärtig.

1. Krone keulig-glockig.

979. **G. cruciata** L. **Kreuz-E.** Stengel dichtbeblättert; untere Blätter in eine lange Scheide verwachsen, länglichlanzettlich, stumpf; Blüten in den oberen Blattachseln und an der Spitze des Stengels quirlig gehäuft, fast sitzend; Kelch 5—7zähnig; Krone nur auf ein Drittel gespalten, 4zählig, schmutzigblau. ♃. 7, 8. Wiesen, Raine; V Frankenthal, Schifferstadt, Mutterstadt, Landau, Bergzabern; M Zweibrücken.

980. **G. Pneumonanthe** L. **Lungen-E.** Stengel seitlich vom Wurzelstock entspringend, aufrecht; Blätter lineal oder lineallanzettlich, stumpf, 1nervig; Blüten zu 1–2 in den oberen Achseln und endständig, dunkelblau, untere deutlich gestielt. ♃. 7. Feuchte Wiesen, Moor; V verbr.; M Kaiserslautern bis Homburg.

2. Krone stieltellerförmig mit walziger Röhre, flach ausgebreitetem Saum.

981. **G. utriculosa** L. **Schlauch-E.** Stengel meist ästig, mehrblütig; Kelch aufgeblasen mit breitgeflügelten Kanten. ⊙. 5, 6. Feuchte Wiesen; V Oggersheim, Schifferstadt, Speyer.

II. Krone im Schlund bärtig, trichterförmig mit ausgebreitetem Saum, rötlichviolett; Blüten an Stengel und Ästen endständig.

982. **G. germánica** Willd. **Deutscher E.** Stengel rispig verästelt; Blätter spitz, aus breitem Grund verschmälert, grundständige gestielt; Blüte 5zählig; Kelch gleichmässig 5zähnig; Kelchzipfel lineallanzettlich. ⊙. 8, 9. Wiesen; V Grünstadt, Frankenthal bis Speyer; M Zweibrücken.

III. Kronzipfel am Rand gefranst; Krone trichterförmig, blau.

983. **G. ciliata** L. **Fransen-E.** Stengel kantig, 1blütig; Blätter lineallanzettlich. ⊙. 8, 9. Triften, Abhänge; V Grünstadt, zw. Frankenthal und Oggersheim, zw. Ludwigshafen und Speyer, Mechtersheim, Landau, Bergzabern; M Zweibrücken.

Familie 84. APOCYNÁCEAE. *Immergrüngewächse.*

1. Vinca L. Immergrün.

984. **V. minor** L. **Kleines I.** Laubstengel liegend; Blätter elliptisch bis lanzettlich, spitz, kahl, lederig; Blütenstengel aufrecht, kurz, 1blütig; Krone trichterförmig, blau. ♃. 4, 5. Wald, Gebüsch; verbr.

Familie 85. ASCLEPIADÁCEAE. *Seidenpflanzengewächse.*

1. Vincetóxicum Mnch. Schwalbenwurz.

985. V. officinale Mnch. Weisse S. Stengel aufrecht, zuweilen oberwärts windend; Blätter gegenständig, herzeiförmig, zugespitzt, ganzrandig; Trugdolden scheinbar achselständig, kürzer als ihr Stiel; Krone radförmig ausgebreitet, kahl, weiss; Anhängsel der Staubblätter in einen 5spaltigen Kranz verwachsen; Narbe mit Spitzchen. ♃. 6—8. Waldrand, Gebüsch; V Grünstadt, Frankenthal, Schifferstadt; M Kaiserslautern, Eppenbrunn; N Wolfstein, Donnersberg, Nahethal.

Familie 86. CONVOLVULÁCEAE. *Windengewächse.*

1. Laubblätter wechselständig, ungeteilt; Blüten einzeln achselständig; Krone glockig bis trichterförmig, gross; Griffel 1; Narbe 2lappig oder 2teilig; Kapsel 1—2fächerig; Fächer 1samig: . . . . **Convólvulus 1.**
2. Stengelschmarotzer ohne Laubblätter; Blüten in Knäueln; Krone krugförmig oder glockig, klein; Griffel 2; Narben fädlich oder kopfig; Kapsel 2fächerig, meist 4samig: **Cúscuta 2.**

1. Convólvulus L. Winde.

986. C. sépium L. Zaun-W. Ausläufer; Stengel windend, kahl; Blätter pfeilförmig mit eckig abgestutzten Öhrchen; Vorblätter herzeiförmig, spitz, den Kelch verdeckend; Krone weiss. ♃. 6—10. Hecken; verbr.

987. C. arvensis L. Acker-W. Stengel windend oder liegend; Blätter pfeil- oder spiessförmig; Vorblätter klein, lineal, von den Blüten entfernt; Krone weiss oder rosa. ♃. 6, 7. Feld; verbr.

2. Cúscuta L. Seide.

I. Narben fädlich; Blüten sitzend.

1. Kronröhre walzig, nur so lang als der Saum; Krone rötlichweiss.

988. C. Epithymum Murr. Klee-S. Stengel dünn, ästig; Blüten klein in wenigblütigen Knäueln; Kronröhre durch die zusammenneigenden Schuppen geschlossen; Griffel länger als die Krone. ⊙. 7—9. Auf Quendel, Heide, Wolfsmilch, Klee u. a. niedrigen Kräutern; verbr.

989. C. europaea L. Grosse S. Stengel dicker, ästig; Blüten grösser in vielblütigen Knäueln; Schuppen der Krone aufrecht; Griffel nur so lang als die Krone. ⊙. 6—8. Auf Nessel, Hopfen, Hanf, Wicke; verbr.

2. Kronröhre bauchig, 2mal so lang als der Saum; Krone gelblichweiss.

990. C. Epilinum Whe. Flachs-S. Stengel wenigästig; Blütenknäuel vielblütig; Griffel kürzer als die Krone. ⊙. 6—8. Auf Lein; verbr.

II. Narben kopfig; Blüten teilweise gestielt, weiss.

991. **C. racemosa Mart. Duftende S.** Saum der Krone kürzer als die glockige Röhre, abstehend, mit einwärtsgebogener Spitze; Schuppen zusammenneigend; Frucht eiförmig, von der Krone umschlossen. ⊙. 8, 9. (Trop. Amerika.) Auf Luzernklee; V Dürkheim, Deidesheim.

Familie 87. SOLANÁCEAE. *Nachtschattengewächse.*

A. Staubblätter zusammenneigend; Beerenfrucht; Krone radförmig.
  I. Kelch nach dem Abblühen nicht vergrössert; Staubbeutel an der Spitze mit 2 Löchern aufspringend; Wickel scheinbar seitenständig: . . . . **Solanum 1.**
  II. Kelch nach dem Abblühen vergrössert, aufgeblasen, die Frucht einschliessend, 5zähnig; Staubbeutel mit Längsspalte aufspringend; Blüten einzeln: . . . . . . **Physalis 2.**

B. Staubblätter nicht zusammenneigend.
  I. Krone glockig, Saum nicht gefaltet.
  1. Blüten gestielt, entfernt, mit je 2 Vorblättern; Kronzipfel gleich; Beerenfrucht; Kelch 5teilig: . . . **Atropa 3.**
  2. Blüten fast sitzend, genähert, mit je 1 Vorblatt; Krone auf 1 Seite tiefer eingeschnitten; Deckelkapsel; Kelch 5zähnig: . . . . **Hyoscyamus 4.**
  II. Krone trichterig, Saum gefaltet; Kapsel stachelig, 4klappig; Kelch überm Grund ringförmig sich ablösend; Blüten endständig, von Zweigen und Laubblättern bald übergipfelt: **Datura 5.**

1. Solanum L. Nachtschatten.

1. Stengel krautig; Krone weiss.

992. **S. nigrum L. Schwarzer N.** Stengel fast kahl oder kurz abstehend behaart; Äste oft gezähnt kantig; Blätter eiförmig oder fast 3eckig, meist buchtiggezähnt, dunkelgrün; Wickel kurzgestielt; Krone etwa 2mal so lang als der Kelch; Beere schwarz, selten grün. ⊙. 6—10. Schutt, Gräben, Äcker; verbr.

993. **S. miniatum Bernh. Mennigroter N.** Stengel dichter abstehend rauhhaarig; Äste gezähnt kantig; Krone 2—4mal so lang als der Kelch; Beere mennigrot. ⊙. 6—10. Schutt; N Kusel, Nahe- und Glanthal.

2. Stengel holzig; Krone violett mit 2 grünen Flecken am Grund der Zipfel.

994. **S. Dulcamara L. Bittersüsser N.** Stengel kletternd, kantig; Blätter gestielt, länglicheiförmig, spitz oder zugespitzt, ganzrandig, oft am Grund mit 1—2 Seitenblättchen; Wickel langgestielt; Krone zuletzt zurückgeschlagen; Beere rot. ♄. 6—8. Ufer, Hecken; verbr.; M seltener.

2. Physalis L. Judenkirsche.

995. **P. Alkekengi L. Gemeine J.** Wurzelstock kriechend; Stengel oberwärts behaart; Blätter gestielt, eiförmig, spitz oder

zugespitzt, etwas ausgeschweift; Krone weiss; Beere orangerot, vom ziegelroten Kelch eingeschlossen. ♃. 6—8. Gebüsch, Weinberge; V Ungstein, Dürkheim, Speyer. Germersheim, Rheinzabern; M Zweibrücken.

3. Átropa L. Tollkirsche.

996. **A. Belladonna L. Braune T.** Stengel ästig; Blätter eiförmig, ganzrandig, in den kurzen Stiel herablaufend, zugespitzt; Krone mit ziemlich spitzen Zipfeln, violettbraun, am Grund gelbbraun; Beere glänzendschwarz. ♃. 6—8. Wald; V Bienwald; M Kaiserslautern, Neidenfels, Annweiler, Bergzabern, Bobenthal, Kirkel, Hornbach; N Donnersberg, Lauterecken, Kusel.

4. Hyoscýamus L. Bilsenkraut.

997. **H. niger L. Schwarzes B.** Stengel klebrig zottig; Stengelblätter umfassend, eiförmig bis länglich, grob buchtiggezähnt; Kelch krugförmig, mit 5 stachelspitzigen Zähnen; Krone schmutziggelb, violett geadert, innen im Grund violett. ⊙, ⊙. 6—10. Schutt; V Hassloch, Speyer; M Kaiserslautern, Annweiler, Homburg, Kirkel; N Waldmohr, Nahe- und Glanthal.

5. Datura L. Stechapfel.

998. **D. Stramónium L. Weisser S.** Blätter gestielt, eiförmig. buchtiggezähnt, zugespitzt, kahl; Krone weiss, Zipfel feinzugespitzt. ⊙. 7—9. Schutt, Gräben; verbr., aber nirgends häufig.

Familie 88. BORAGINÁCEAE. *Rauhblättrige Gewächse.*

A. Krone im Schlund mit zusammenneigenden Schuppen.
- I. Krone radförmig; Staubbeutel verlängert, zusammenneigend, am Grund mit hornförmigem Anhängsel: . . . **Borago** 5.
- II. Krone walzig glockig, Schlundschuppen lineal: **Symphytum** 7.
- III. Krone trichter- oder stieltellerförmig.
  1. Kelch nach dem Abblühen vergrössert, zusammengedrückt 2klappig, buchtiggezähnt; Blüten entfernt, klein: **Asperugo** 2.
  2. Kelch nach dem Abblühen nicht oder wenig vergrössert, nicht zusammengedrückt.
     - a. Teilfrüchtchen glatt, dem Griffel nicht angewachsen.
       - α. Wickel mit Hochblättern; Krone trichterförmig; Schlundschuppen dichtbehaart: . . . **Anchusa** 6.
       - β. Wickel blattlos oder mit Laubblättern; Krone stieltellerförmig; Schlundschuppen kahl: **Myosotis** 11.
     - b. Teilfrüchtchen mit Stacheln, dem Griffel angewachsen.
       - α. Wickel blattlos; Pflanze weichhaarig; Krone trichterförmig, braunrot: . . . . **Cynoglossum** 4.
       - β. Wickel mit Hochblättern; Pflanze steifhaarig; Krone stieltellerförmig, klein, blau: . . **Echinospermum** 3.

B. Schlundschuppen sehr klein oder durch Falten oder Haarlinien angedeutet, oder fehlend.

I. Wickel blattlos; Krone stieltellerförmig, klein, weiss; Fruchtknoten anfangs ungeteilt: . . . . **Heliotrópium** 1.
II. Wickel beblättert.
1. Krone schwach unregelmässig; Wickel rispig angeordnet: **Echium** 8.
2. Krone regelmässig, trichterförmig.
a. Kelch fast bis zum Grund 5teilig; Teilfrüchtchen eiförmig, sehr hart: . . . . **Lithospermum** 10.
b. Kelch 5zähnig, kantig; Teilfrüchtchen am Grund flach, kreiselförmig: . . . . **Pulmonária** 9.

1. Heliotrópium L. Sonnenwende.

999. **H. europaeum** L. **Weisse S.** Stengel ästig, ausgebreitet; Blätter eiförmig, stumpf, ganzrandig, filzigrauh; Wickel blattlos: Krone weiss. ⊙. 7, 8. V Dürkheim, Ludwigshafen, Schifferstadt.

2. Asperugo L. Scharfkraut.

1000. **A. procumbens** L. **Liegendes S.** Stengel ausgebreitet oder aufsteigend, Stacheln rückwärts gerichtet; Blätter länglichelliptisch, spitzlich, ganzrandig oder geschweift; Krone trichterförmig, klein, blau. ⊙. 5—7. Schutt, Mauern, Felsen; M Modenbach, Annweiler.

3. Echinospermum Lehm. Igelsame.

1001. **E. Láppula** Lehm. **Kletten-I.** Stengel aufrecht, oberwärts ästig; Blätter länglichlanzettlich, angedrücktbehaart; Blütenstiele zuletzt aufrecht; Teilfrüchtchen am Rand mit 2 Reihen Stacheln. ⊙, ⊙. 6—9. Schutt, Raine; V Kallstadt, Maxdorf; M Frankenstein; N Nahethal.

4. Cynoglossum L. Hundszunge.

1002. **C. officinale** L. **Echte H.** Stengel kurzhaarig, grau; Blätter länglichlanzettlich, spitzlich, beiderseits kurzhaarig; Kelch nach dem Abblühen aufrecht; Teilfrüchtchen mit wulstigem Rand. ⊙. 5—7. Schutt, Raine; V verbr.; M Kaiserslautern, Annweiler, Homburg, Bliesmengen.

5. Borago L. Boretsch.

1003. **B. officinalis** L. **Gebräuchlicher B.** Stengel aufrecht, nebst den Blättern steifhaarig; Blätter elliptisch bis länglich, obere über dem stengelumfassenden Grund verschmälert; Wickel am Grund beblättert; Blüten langgestielt, nickend, blau. ⊙. 6—8. (Südosteuropa); gepflanzt und verwildert.

6. Anchusa L. Ochsenzunge.

1004. **A. officinalis** L. **Echte O.** Stengel aufrecht, ästig, wie die Blätter steifhaarig; Blätter länglich bis lineallanzettlich, ganzrandig; Blütenstiele zuletzt gekrümmt; Haare des Blütenstands und der Kelche abstehend; Kronröhe gerade; Krone blau; Schlundschuppen eiförmig, sammetig. ⊙, ♃. 5—8. Äcker; V Speyer, Landau; M Zweibrücken. Homburg; N Nahethal.

1005. **A. arvensis M. B. Acker-O.** Stengel aufrecht, wie die Blätter steifhaarig; Blätter länglich bis lineallanzettlich, ausgeschweiftgezähnt, am Rand wellig; Blütenstiele zuletzt aufrecht; Kronröhre in der Mitte knieförmig gebogen; Krone klein, hellblau, Schlundschuppen rauhhaarig. ⊙, ⊙. 4—9. Äcker; verbr.

7. Sýmphytum L. Beinwell.

1006. **S. officinale L. Gemeiner B.** Wurzelstock fleischig; Stengel ästig; Blätter ganz herablaufend, untere gross, eiförmig bis länglichlanzettlich, obere lanzettlich; Krone violett oder gelblichweiss mit zurückgekrümmten Zähnen. ♃. 5—9. Feuchte Wiesen, Ufer; verbr.

8. Échium L. Natterkopf.

1007. **E. vulgare L. Blauer N.** Stengel aufrecht, steifborstig; Blätter länglichlanzettlich, sitzend; Kronröhre kürzer als der Kelch; Krone erst rosa, dann blau, selten rosa bleibend. ⊙. 6—9. Raine; verbr.

9. Pulmonária L. Lungenkraut.

1008. **P. officinalis L. Echtes L.** Grundblätter meist herzeiförmig, plötzlich in den Stiel verschmälert, $1^1/_2$mal so lang als breit, wenig länger als ihr Stiel, meist weissgefleckt, oberseits von kleinen Stachelhöckerchen rauh; Blütenstand rauhhaarig; Blütenstiele zwischen den Haaren kurzdrüsig; Kelchzähne kürzer als der Schlund; Krone erst rot, dann violett. ♃. 3, 4. Wald, Gebüsch; V Bienwald; M Hambach, Frankenstein; N Donnersberg, Lauterecken, Kusel.

1009. **P. tuberosa Schrnk. Knolliges L.** Grundblätter länglichlanzettlich, allmählich in den Stiel verschmälert, 4—5mal so lang als breit, oberseits steifhaarig, den Stengel zuletzt überragend; Stengelblätter abstehend; Blütenstand mit zahlreichen Drüsenhaaren; Kelchzähne länger als der Schlund; Krone dunkelviolett, unterm Schlund behaart. ♃. 4, 5. Wald, Gebüsch; V Speyer, Edenkoben, Burrweiler; M Dürkheim, Waldleiningen, Neustadt, Kaiserslautern bis Bitsch; N Donnersberg, Alsenzthal, Kreuznach, Langmeil.

10. Lithospermum L. Steinsame.

1. Krone klein, weiss oder gelblichweiss.

1010. **L. officinale L. Echter S.** Stengel aufrecht, dichtbeblättert, steifhaarig rauh; Blätter lanzettlich, zugespitzt, Seitennerven vorspringend; Teilfrüchtchen glatt, glänzend, weiss. ♃. 6, 7. Auen, Gebüsch; verbr.

1011. **L. arvense L. Acker-S.** Stengel aufrecht, entfernt beblättert, kurzhaarig rauh; Blätter länglichverkehrteiförmig bis länglichlanzettlich, untere stumpf, obere spitzlich, ohne vorspringende Seitennerven; Teilfrüchtchen runzelig, glanzlos, braun. ⊙, ⊙. 4—6. Äcker; verbr.

2. Krone gross, anfangs rosa, dann blau.

1012. **L. purpurocoerúleum L. Blauroter S.** Wurzelstock kriechend; Stengel aufrecht oder übergeneigt, dichtbeblättert, kurzhaarig rauh; Blätter lanzettlich, zugespitzt, ohne deutliche Seitennerven; Teilfrüchtchen glatt, glänzend, weiss. ♃. 5, 6. Wald; N Donnersberg, Alsenzthal.

11. Myosotis L. Vergissmeinnicht.

I. Kelch angedrücktbehaart; Stengel zerstreutbehaart; Krone blau.

1013. **M. palustris Roth. Sumpf-V.** Stengel kantig; Stengelblätter länglichlanzettlich, spitzlich; Wickel blattlos; Kelch 5zähnig, Zähne 3eckig, den Griffel nicht überragend. ♃. 5—8. Gräben, feuchte Wiesen; verbr.

1014. **M. caespitosa Schultz. Rasen-V.** Stengel rund; Stengelblätter länglich stumpf; Wickel am Grund beblättert; Kelch bis zur Hälfte 5spaltig, Zähne länglich, den Griffel überragend. ♃. 6—8. Sumpf, Gräben; verbr.

II. Kelch abstehendbehaart, am Grund mit hakigen Haaren; Stengel dichter behaart.

1. Saum der Krone über 5 mm im Durchmesser, flach, blau, selten weiss.

1015. **M. silvática Hoffm. Wald-V.** Blätter länglichlanzettlich, unterste rosettig; Kelchzipfel nach dem Abblühen aufrecht; Fruchtstiel so lang als der Kelch, wagrecht abstehend; Kronröhre so lang als der Kelch. ♃. ⊙. 5—7. Wald, Wiesen; V Bienwald.

2. Saum der Krone höchstens 5 mm im Durchmesser, vertieft.

a. Fruchtstiel kürzer als der Kelch; Kelchzähne zuletzt aufrecht zusammenneigend.

1016. **M. arenária Schrad. Sand-V.** Blätter länglich, stumpf, unterste rosettig; Wickel am Grund beblättert; Blütenstiele stets aufrecht; Kronröhre kürzer als der Kelch, Saum hellblau. ⊙, ⊙. 4—6. Raine; V, M verbr.

1017. **M. versicolor Sm. Buntes V.** Blätter lineallänglich, spitzlich; Wickel blattlos; Blütenstiele zuletzt abstehend; Kronröhre zuletzt 2mal so lang als der Kelch, Saum gelb, zuletzt blau. ⊙, ⊙. 5, 6. Sandige Äcker; verbr.

b. Fruchtstiel nicht kürzer als der Kelch, wagrecht abstehend; Krone blau; Wickel blattlos; unterste Blätter rosettig.

1018. **M. hispida Schlecht. Rauhes V.** Fruchtstiel kaum länger als der Kelch; Fruchtkelch offen. ⊙, ⊙. 5—7. Raine, Heiden; verbr.

1019. **M. intermédia Lk. Mittleres V.** Fruchtstiel 2mal so lang als der Kelch; Fruchtkelch geschlossen. ⊙, ⊙. 6—8. Äcker, Schutt; verbr.

Familie 89. SCROPHULARIÁCEAE. *Braunwurzgewächse.*

A. Mit grünen Laubblättern.
A. Staubblätter 5, ungleichlang; Krone radförmig, Zipfel 5, wenig ungleich: . . . . **Verbascum 1.**
B. Staubblätter 2, zuweilen noch 2 verkümmerte.
I. Blüten mit 2 Vorblättern; Kelch 5teilig; Krone röhrig, 2lippig; 2 verkümmerte Staubblätter; Narbe 2teilig: **Gratiola 5.**
II. Blüten ohne Vorblätter; Kelch 4teilig; Krone radförmig, Zipfel 4, ungleich; ohne verkümmerte Staubblätter; Narbe ungeteilt: . . . . **Verónica 8.**
C. Staubblätter 4, 2mächtig, zuweilen noch 1 verkümmertes.
I. Krone fast gleichmässig 5lappig, rötlichweiss; Blätter grundständig rosettig: . . . . **Limosella 6.**
II. Krone deutlich 2lippig.
1. Kelch 5zähnig, selten 2lippig.
a. Unterlippe mit Gaumen, d. h. einer den Schlund verschliessenden Auftreibung.
α. Krone vorn am Grund sackartig aufgetrieben; Kapsel mit Löchern aufspringend: . . . **Antirrhinum 3.**
β. Krone vorn am Grund mit längerem Sporn; Kapsel 4klappig: . . . . **Linária 4.**
b. Unterlippe ohne Gaumen.
aa. Krone fast kugelig oder krugförmig, mit 1 verkümmerten Staubblatt; Blätter gegenständig: **Scrophulária 2.**
bb. Krone mit walziger oder glockiger Röhre.
α. Oberlippe flach, ungeteilt; Blätter wechselständig, ungeteilt: . . . . **Digitalis 7.**
β. Oberlippe helmförmig; Blätter meist mehrfach fiederteilig: . . . . **Pedicularis 10.**
2. Kelch 4zähnig bis 4spaltig.
a. Kelch aufgeblasen; Oberlippe helmförmig, an der Spitze mit 2 Zähnen; Blätter kerbiggezähnt: **Rhinanthus 11.**
b. Kelch nicht aufgeblasen.
α. Blätter, wenigstens untere, ganzrandig; Samen glatt: **Melampyrum 9.**
β. Blätter gezähnt; Samen gerieft: . . **Euphrásia 12.**
B. Pflanze ohne Laubblätter, fleischrot; Blütentraube 1seitswendig; Kelch 4spaltig; Oberlippe ungeteilt: . . . . . **Lathraea 13.**

1. Verbascum L. Wollkraut.

A. Blüten kurzgestielt in ährenförmig angeordneten Knäueln, mit Vorblättern.
I. Blütenstand dicht; die 3 hinteren Staubfäden weisswollig, vordere kahl oder fast kahl; Krone gelb; Stengel meist 1fach, steif aufrecht.

1. Längere Staubfäden 4mal so lang als ihre Staubbeutel; Narbe kopfig; Krone vertieft.

1020. V. **Thapsus L. Kleinblumiges W.** Mittlere und obere Blätter bis zum nächsten Blatt herablaufend, länglichelliptisch, beiderseits wolligfilzig. ⊙. 7, 8. Raine; verbr.

2. Längere Staubfäden $1^1/_2$—2mal so lang als ihre Staubbeutel; Narbe herablaufend; Krone flach, 2mal so gross als an voriger.

1021. V. **thapsiforme Schrad. Grossblumiges W.** Mittlere und obere Blätter bis zum nächsten Blatt herablaufend, länglichelliptisch, beiderseits wolligfilzig. ⊙. 6—9. Raine; verbr.

1022. V. **phlomoides L. Windblumen-W.** Mittlere und obere Blätter nur kurz herablaufend, eiförmig bis länglicheiförmig. ⊙. 7, 8. Raine; V verbr.; M Kaiserslautern; N Nahethal.

II. Blütenstand lockerer; alle Staubfäden wollig; Blätter nicht herablaufend; Krone gelb oder weiss; Stengel oberwärts scharfkantig.

1023. V. **Lychnitis L. Mehliges W.** Stengel rispig verzweigt, staubigfilzig; Blätter oberseits fast kahl, unterseits staubigfilzig, untere in den Blattstiel verschmälert, länglichelliptisch, obere sitzend; Krone hellgelb oder weiss; Staubfäden weisswollig. ⊙. 6—9. Raine, Wege; verbr.

1024. V. **nigrum L. Schwarzes W.** Stengel meist nur mit endständigem Blütenstand, dünnfilzig; Blätter länglicheiförmig, untere gestielt, herzförmig; Krone hellgelb, am Grund blutrot gefleckt, selten weiss; Staubfäden purpurnwollig. ⊙. 6—9. Brachen, Raine; verbr.

B. Blüten einzeln, langgestielt, in 1facher Traube, ohne Vorblätter.

1025. V. **Blattária L. Schaben-W.** Pflanze kahl oder weichhaarig, oberwärts drüsig; Blätter kahl, ungleichgezähnt, untere länglich, obere etwas herzförmig, sitzend; Krone gelb, selten weiss; Staubfäden purpurnwollig. ⊙. 6—8. Raine, Wiesen; V verbr.

2. Scrophulária L. Braunwurz.

A. Wickel in den Achseln von Hochblättern, 1 endständige Rispe bildend; Kronröhre fast kugelig.

I. Blätter ungeteilt oder nur am Grund mit 1—2 Seitenblättchen, nebst dem Stengel kahl; Blütenstiele zerstreut drüsig.

1. Stengel scharf 4kantig, ungeflügelt.

1026. S. **nodosa L. Knotige B.** Wurzelstock fleischig verdickt; Blätter länglicheiförmig, am Grund keilförmig in den Stiel verschmälert, 2fachgesägt; Kelchzipfel schmal häutig berandet; verkümmertes Staubblatt rundlich, querbreiter, am Grund verschmälert; Krone schmutzigbraun. ♃. 6—9. Wald, Gebüsch; verbr.

2. Stengel 4kantig, geflügelt.

1027. S. **alata Gilib. Geflügelte B.** Blätter länglicheiförmig, hie und da mit 1—2 kleinen Seitenlappen, meist spitz, scharfgesägt; verkümmertes Staubblatt querlänglich, seicht 2lappig, gegen den Grund verschmälert; Krone grünlichrotbraun. ♃. 7—10. Ufer, Gräben; V verbr.; M Kaiserslautern, Zweibrücken.

1028. S. **Balbisii Hornem. Wasser-B.** Blätter länglich, herzförmig, abgerundet stumpf, stumpfgekerbt, meist mit 2 Seitenblättchen; verkümmertes Staubblatt rundlichnierenförmig, kaum ausgerandet; Krone purpurbraun, grösser. ♃. 6, 7. Gräben, Ufer; V Wörth.

II. Blätter gefiedert, kahl.

1029. S. **canina L. Hunds-B.** Fiedern ungleich eingeschnitten gezähnt; verkümmertes Staubblatt lanzettlich, spitz; Oberlippe 3mal so lang als die Röhre. ♃. 5—7. Kies, Raine; V Wörth bis Kandel.

B. Wickel in den Achseln von Laubblättern; Krone krugförmig, vorn stark eingeschnürt.

1030. S. **vernalis L. Frühlings-B.** Blätter herzförmig bis 3eckig, 2fach gekerbt oder gesägt, flaumig; Stengel und Blattstiele zottig; Krone grünlichgelb. ⊙. 5, 6. Mauern, Felsen; M Eppenbrunn.

3. Antirrhinum L. Löwenmaul.

1031. A. **maius L. Grosses L.** Stengel oberwärts drüsigweichhaarig; obere Blätter lanzettlichlineal, fast sitzend; Trauben locker; Kelchzipfel kürzer als die Krone, verkehrteiförmig, drüsenhaarig; Krone purpurn oder weiss. ♃. 6—9. Mauern; aus Südeuropa; eingebürgert; V verbr.; M Zweibrücken.

1032. A. **Oróntium L. Kleines L.** Stengel rauhhaarig, oberwärts drüsig; Blätter lanzettlich bis lineal; Blüten entfernt; Kelchzipfel länger als die Krone, lineal; Krone rosa. ⊙. 6—10. Äcker; verbr.

4. Linária L. Leinkraut.

I. Blätter gestielt, rundlich oder eiförmig bis pfeilförmig.

1. Spreite kürzer als der Stiel, herznierenförmig, gelappt.

1033. L. **Cymbalária Mill. Zymbelkraut.** Stengel kahl, kriechend, verworren ästig; Blätter oberseits glänzend; Kelchzipfel lineallanzettlich, spitz; Krone hellviolett, am Gaumen mit 2 gelben Flecken. ♃. 5—9. Mauern; aus Südeuropa; eingebürgert; V Neustadt.

2. Spreite länger als der Stiel, eiförmig; Stengel liegend, weich- und drüsenhaarig; untere Blätter gegen-, obere wechselständig.

1034. L. **Elátine Mill. Tännel-L.** Blätter eiförmig, mittlere spiess-, obere pfeilförmig; Blütenstiel kahl; Kelchzipfel lanzettlich; Krone gelblichweiss, Oberlippe innen violett, Unterlippe dunkelgelb, Sporn gerade. ⊙. 7—10. Äcker; verbr.

1035. L. **spúria Mill. Eiblättriges L.** Blätter eiförmig, am Grund abgerundet, höchstens mit einzelnen Zähnen; Blütenstiel zottig; Kelchzipfel eilanzettlich; Krone bunt wie bei vor., Sporn gebogen. ⊙. 7—10. Äcker; V Oggersheim, Dürkheim, Landau; M Zweibrücken; N Nahethal.

II. Obere Blätter sitzend, lineallanzettlich.

1. Blüten in den Achseln von Laubblättern; Gaumen den Schlund nicht verschliessend.

1036. L. minor Desf. Kleines L. Stengel aufrecht, ästig, drüsigbehaart; Blätter lanzettlich, stumpf, untere gegenständig; Krone klein, hellviolett, Gaumen gelb. ☉. 7—10. Äcker, Schutt; verbr.

2. Blüten in gestielten Trauben: Gaumen den Schlund fast verschliessend.

1037. L. arvensis Desf. Acker-L. Stengel aufrecht oder aufsteigend; Blätter schmallineal, blaugrün, untere gegen- oder quirlständig; Trauben erst kopfig, dann locker; Blütenstiele und Kelch drüsig; Krone hellblau, Gaumen weiss, violett geadert. ☉. 7, 8. Äcker; V Speyer; M Annweiler, Waldfischbach, Kaiserslautern, Zweibrücken, Homburg; N Kusel.

1038. L. vulgaris Mill. Echtes L. Stengel aufrecht, dichtbeblättert; Blätter wechselständig, lanzettlich bis lineal, 3nervig, spitz; Traube locker; Blütenstiel, Kelch und Kapsel gleichlang; Krone hellgelb, Gaumen orange. ♃. 7—9. Äcker, Raine; verbr.

5. Gratíola L. Gnadenkraut.

1039. G. officinalis L. Gottes-G. Wurzelstock kriechend: Stengel aufrecht, oberwärts 4kantig, kahl; Blätter halbumfassend, lanzettlich, entferntgezähnt; Blüten einzeln in den Blattachseln, ihr Stiel kürzer als das Tragblatt; Krone rötlichweiss mit gelber Röhre. ♃. 6—8. Feuchte Wiesen, Ufer; V verbr.

6. Limosella Lind. Schlammling.

1040. L. aquática L. Sumpf-S. Blätter länglich oder linealspatelförmig; Stengel mit Ausläufern; Blütenstiele nicht länger als die Blätter. ☉. 7—10. Feuchte Plätze; V Kandel, Bergzabern; M Zweibrücken.

7. Digitalis L. Fingerhut.

1. Krone purpurn, selten weiss.

1041. D. purpúrea L. Roter F. Blätter eilanzettlich, gekerbt, oberseits kurzhaarig, unterseits nebst Stengel sammetig graufilzig; Kelchzipfel eiförmig, stumpf; Krone aussen kahl, innen bärtig, Lappen der Unterlippe kurzeiförmig, abgerundet. ☉. 6—8. Waldschläge; M Dürkheim, Neustadt; N verbr.

2. Krone hellgelb.

1042. D. ambigua Murr. Grossblütiger F. Blätter länglichlanzettlich, kurzweichhaarig; Blütenstiele und Traubenspindel drüsigbehaart; Krone gross, weitglockig, drüsigbehaart, innen gefleckt, Zipfel der Unterlippe 3eckig. ♃. 6, 7. Wald; M Eppenbrunn, Annweiler.

1043. D. lútea L. Gelber F. Blätter länglich- bis eilanzettlich, kahl; Blütenstiele kahl; Krone kleiner, schmalglockig, aussen kahl; Zipfel der Unterlippe eiförmig. ♃. 6, 7. Wald; N Kusel, Wolfstein, Kirchheimbolanden.

8. Verónica L. Ehrenpreis.

A. Blüten in den Achseln der Laubblätter; Stengel liegend.

A. Kelchzipfel herzeiförmig, zugespitzt.

1044. V. hederifólia L. Epheu-E. Blätter herzförmig-rundlich, 3—7lappig gekerbt; Krone klein, hellblau; Fruchtstiel aufrecht; Kapsel am Rand eingeschnürt, vorn kaum ausgerandet. ⊙. 3—5. Äcker, Gebüsch; verbr.

B. Kelchzipfel nicht herzförmig.

I. Fruchtstiel viel länger als das Blatt; Kapsel netzigaderig.

1045. V. pérsica Poir. Grosser E. Blätter rundlich bis längficheiförmig, gekerbt; Kelchzipfel länglich, spitz; Krone himmelblau; Kapsel scharfgekielt, 2mal so breit als lang. ⊙. 3—10. Äcker; V Wörth.

II. Fruchtstiel so lang oder wenig länger als das Blatt; Kapsel nicht netzigaderig.

1. Kelchzipfel auch an der Frucht sich mit den Rändern deckend, breiteiförmig, spitzlich; Kapsel am Rücken gerundet, nicht gekielt.

1046. V. polita Fr. Glatter E. Fast kahl; Blätter rundlich oder rundlicheiförmig, oft herzförmig, tief gekerbtgesägt; Krone dunkelblau; Kapsel deutlich breiter als lang; Griffel länger als die Ausrandung. ⊙. 4—10. Äcker, Gärten; verbr.

2. Kelchzipfel an der Frucht sich nicht deckend, elliptisch bis länglicheiförmig; Kapsel gekielt.

1047. V. agrestis L. Acker-E. Blätter länglicheiförmig; Kelchzipfel länglicheiförmig, stumpf; Krone weisslich, ein Zipfel meist blau; Kapsel wenig breiter als lang; Griffel kürzer als die Ausrandung. ⊙. 4—6. Äcker; zerstr.

1048. V. opaca Fr. Dunkler E. Dichtkurzhaarig; Blätter rundlich bis länglicheiförmig; Kelchzipfel fast elliptisch, abgerundet stumpf; Krone dunkelblau; Kapsel fast 2mal so breit als lang. ⊙. 4, 5; 8, 9. Äcker; selten.

B. Blüten in den Achseln von Hochblättern eine endständige Traube bildend.

A. Kronröhre sehr kurz; Laubblätter allmählich in Hochblätter übergehend.

I. Blätter deutlich gekerbt bis geteilt.

1. Blütenstiel länger als Tragblatt und Kelch.

1049. V. praecox All. Früher E. Alle Blätter gestielt, rundlicheiförmig, gekerbt; Krone dunkelblau. ⊙. 4—6. Äcker; V verbr.

1050. V. triphylla L. Dreiteiliger E. Mittlere und obere Blätter sitzend, handförmig 3—7spaltig, Abschnitte länglich oder spatelförmig; Krone dunkelblau. ⊙. 3—5. Äcker; verbr.

2. Blütenstiel kürzer als Tragblatt und Kelch.

1051. V. arvensis L. Feld-E. Untere Blätter gestielt, übrige sitzend, herzeiförmig, kerbiggesägt; Krone hellblau. ☉, ⊙. 4—6. Äcker; verbr.

1052. V. **verna** L. **Frühjahrs-E.** Mittlere Blätter stielartig verschmälert, fiederteilig mit 5—7 lineallänglichen stumpfen Abschnitten; Krone blau, sehr klein. ☉. 4, 5. Äcker, steinige Abhänge; V, M verbr.

II. Blätter ganzrandig oder nur schwachgekerbt: Traube verlängert, vielblütig.

1053. V. **serpyllifólia** L. **Quendel-E.** Stengel spärlich angedrücktbehaart, aus kriechendem Grund aufsteigend; Blätter kahl, eiförmig länglich, schwachgekerbt, untere gestielt; Fruchtstiel aufrecht abstehend, so lang als der Kelch; Krone weisslich, bläulich gestreift; Kapsel stumpf ausgerandet. ♃. 4—9. Raine, Moore; verbr.

1054. V. **acinifólia** L. **Drüsiger E.** Stengel und Kelch drüsig behaart: Blätter eiförmig; Blütenstiel abstehend, 2mal so lang als der Kelch; Krone blau; Kapsel bis zur Mitte 2spaltig. ☉. 4, 5. Äcker; V Albersweiler, Burrweiler.

B. Kronröhre länger als breit; Trauben scharf abgegrenzt.

1055. V. **spicata** L. **Ähriger E.** Stengel aufsteigend, nebst Blättern kurzhaarig oder zottig; Blätter länglicheiförmig bis lanzettlich, am Grund verschmälert oder abgerundet, angedrücktgekerbt, an der Spitze ganzrandig; meist 1 endständige Traube; Kelch kurzhaarig oder nur gewimpert; Krone himmelblau, selten rosa. ♃. 6—8. Heiden, trockene Abhänge; V Grünstadt, Neustadt, Speyer; N Donnersberg, Kreuznach.

1056. V. **longifólia** L. **Langblättriger E.** Stengel aufrecht, meist kurzhaarig; Blätter oft zu 3—4quirlig, aus herzförmigem oder abgerundetem Grund länglich bis lineallanzettlich, spitz, bis zur Spitze scharfgesägt; Trauben oft mehrere; Krone himmelblau. ♃. 7, 8. Feuchtes Gebüsch; V verbr.; N Kreuznach.

C. Blüten in der Achsel von Hochblättern in seitenständigen Trauben.

A. Kelch 5teilig.

1057. V. **prostrata** L. **Gestreckter E.** Stengel ausgebreitet liegend, kurzhaarig grau; Blätter kurzgestielt, lineallanzettlich, gekerbtgesägt; Trauben ziemlich kurz; Krone violett; Kapsel schwach ausgerandet. ♃. 5, 6. Heidewiesen, Waldränder: V Grünstadt, Dürkheim.

1058. V. **Teúcrium** L. **Breitblättriger E.** Stengel aufrecht, weichhaarig bis zottig; Blätter sitzend, eiförmig oder länglich, am Grund schwachherzförmig, eingeschnittengesägt; Trauben verlängert; Krone blau: Kapsel spitz ausgerundet. ♃. 6, 7. Gebüsch, Raine; V Frankenthal, Dürkheim, Schifferstadt; M Kaiserslautern, Zweibrücken; N Donnersberg.

B. Kelch 4teilig.

I. Stengel behaart.

1. Blätter eiförmig.

1059. V. **Chamaedrys** L. **Gamander-E.** Stengel aus liegendem Grund aufsteigend. 2reihig behaart; Blätter sitzend, etwas herzförmig, eingeschnittengekerbt; Traube locker; Kapsel kürzer als der Kelch; Krone himmelblau mit dunkleren Adern. ♃. 4—6. Wiesen, Wald; verbr.

1060. V. **montana** L. **Berg-E.** Stengel kriechend, aufsteigend, rings behaart; Blätter langgestielt, rundlicheiförmig, gekerbtgesägt; Traube meist nur in der Achsel je eines Blattes der Paare, wenigblütig; Fruchtstiel abstehend; Kapsel länger als der Kelch, beiderseits ausgerandet; Krone hellblau mit dunkleren Adern. ♃. 5, 6. Schattiger Wald; V Bienwald; M verbr.; N Donnersberg.

2. Blätter verkehrteiförmig, keilig.

1061. V. **officinalis** L. **Echter E.** Stengel aus kriechendem Grund aufsteigend, gestreckt, rings rauhhaarig; Blätter elliptisch oder länglich verkehrteiförmig, gekerbtgesägt; Trauben meist einzeln, vielblütig; Blütenstiel kürzer als Tragblatt und Kelch; Kapsel länger als der Kelch, 3eckig, drüsenhaarig; Krone hellblau. ♃. 6—8. Wald, Heide, Moor; verbr.

II. Stengel kahl.

1. Trauben gegenständig; Kapsel schwach ausgerandet.

1062. V. **Anagallis** L. **Wasser-E.** Stengel stumpf 4kantig; Blätter sitzend, halbumfassend, eilanzettlich, spitz: Krone hellblau; Kelch und Kapsel kahl. ♃. 5—8. Gräben, Quellen; verbr.

1063. V. **Beccabunga** L. **Bachbungen-E.** Stengel rund; Blätter kurzgestielt, elliptisch, stumpf; Krone blau. ♃. 5—8. Gräben; verbr.

2. Trauben abwechselnd in je 1 Achsel der Paare; Kapsel tief ausgerandet.

1064. V. **scutellata** L. **Schild-E.** Stengel schlaff, am Grund kriechend; Blätter sitzend, lineallanzettlich, spitz, entfernt kleingesägt; Trauben sehr locker; Blütenstiele fädlich, viel länger als der Kelch; Krone weisslich mit dunkleren Adern. ♃. 6—9. Gräben, Tümpel, Moor; verbr.

9. Melampyrum L. Wachtelweizen.

1. Trauben gleichseitig, dicht, ährenförmig.

1065. **M. cristatum** L. **Kamm-W.** Traube kurz, 4kantig; Hochblätter rundlichherzförmig, zugespitzt, an der Mittelrippe gefaltet, mit gezähnten Rändern, weisslich oder hellpurpurn; Krone gelb. ☉. 6—8. Gebüsch, Waldrand; V Frankenthal, Forst, Schifferstadt, Germersheim; M Annweiler, Neustadt, Lambrecht, Kaiserslautern; N Kreuznach.

1066. **M. arvense** L. **Acker-W.** Traube nicht 4kantig; Hochblätter eilanzettlich, flach, fiederspaltig, unterseits 2reihig punktiert, meist purpurn; Kelch flaumig, fast so lang als die Kronröhre; Krone purpurn, Gaumen gelb. ☉. 7—9. Äcker; verbr.

2. Traube einseitswendig, locker.

1067. **M. commutatum** Tausch. **Wiesen-W.** Blätter breitlanzettlich, grün; obere Hochblätter mit langen pfriemlichen Zähnen, fast handförmig gespalten; Blüten abstehend; Kelch kahl, Zähne länger als dessen Röhre, pfriemlich, zurückgebogen; Kronröhre gerade, allmählich erweitert; Griffel über die Oberlippe vorragend; Buckel des Gaumens hinten scharfbegrenzt: Staubbeutel gelb: Krone weisslichgelb. ⊙. 6—8. Wald; verbr.

10. Pediculáris L. Läusekraut.

1068. P. silvática L. Wald-L. Stengel am Grund mit ausgebreiteten Ästen: Blüten oberwärts dicht genähert, aufrecht abstehend; Kelch 5kantig, ungleich 5zähnig, Zipfel eingeschnittengezähnt: Oberlippe nur vorn mit 2 Spitzchen: Krone rosa. ♃. 5—7. Feuchte Wiesen; verbr.

1069. P. palústris L. Sumpf-L. Stengel in der unteren Hälfte mit kurzen aufrecht abstehenden Ästen; Blüten entfernter, wagrecht abstehend; Kelch 10—15kantig, 2spaltig, Lappen kraus. eingeschnittengezähnt: Oberlippe vorn und in der Mitte mit je 2 Spitzchen; Krone rosa. ⊙. 5—7. Feuchte Wiesen; verbr.

11. Rhinanthus L. Klappertopf.

1. Zähne der Oberlippe breiter als lang; Tragblätter grün oder braun.

1070. R. minor Ehrh. Kleiner K. Stengel meist 1fach; Blätter lineallanzettlich, gesägt, kahl; Kronröhre gerade, Unterlippe vorgestreckt. ⊙. 5. 6. Wiesen; verbr.

2. Zähne der Oberlippe länger als breit; Tragblätter bleich.

1071. R. maior Rchb. Grosser K. Stengel wenigästig; Blätter umfassend, länglich bis länglichlanzettlich, stumpfgezähnt; Hochblätter breit- und grobgesägt, nebst dem Kelch kahl; Kronröhre gekrümmt; Unterlippe gerade vorgestreckt. ⊙. 6—8. Wiesen; verbr.

1072. R. angustifólius Gmel. Schmalblättriger K. Stengel vielästig; Blätter lineal oder lineallanzettlich, am Grund abgerundet, scharfgesägt; Hochblätter borstlichgesägt; Oberlippe allmählich gekrümmt, Unterlippe vorgestreckt. ⊙. 7—9. Auen, Heiden; M Eppenbrunn.

12. Euphrásia L. Augentrost.

1. Oberlippe der Krone 2lappig, an den Rändern umgeschlagen, Zipfel der Unterlippe ausgerandet.

1073. E. officinalis L. Wiesen-A. Oberwärts drüsen-, unten kraushaarig; Äste aufrecht abstehend, schlaff; Blätter eiförmig, am Grund abgerundet, untere mit stumpfen, obere mit zugespitzten vorwärtsgerichteten Zähnen; Krone gross, weiss, violett geadert, Unterlippe gelbgefleckt; Röhre länger als der Kelch. ⊙. 7—10. Wiesen; verbr.

1074. E. nemorosa Pers. Wald-A. Drüsenlos, kurz kraushaarig; Äste aufrecht, steif; Blätter am Grund abgerundet, mit vorwärtsgerichteten begrannten Zähnen; Krone weiss, violett überlaufen; Kronröhre nicht aus dem Kelch vorragend. ⊙. 6—9. Wald, Raine, verbr.

2. Oberlippe der Krone ungeteilt oder seicht ausgerandet. an den Rändern nicht umgeschlagen.

1075. E. Odontites L. Roter A. Stengel ästig; Blätter aus breitem Grund lineallanzettlich; Hochblätter länger als die Blüten; Kelchzähne lanzettlich; Krone schmutzigviolett, selten weiss, kurzzottig. ⊙. 6—8. Wiesen, Raine, Äcker; verbr.

var. serótina Lam. Später A. Äste zahlreich, mehr abstehend; Blätter lanzettlich, nach beiden Enden verschmälert; Hochblätter kürzer als die Blüten; Kelchzähne fast 3eckig. ⊙. 7—9. Feuchte Wiesen; ziemlich verbr.

1076. E. lútea L. Gelber A. Stengel ästig, flaumig; Blätter lineallanzettlich; Krone gelb, nur am Rand bärtig. ⊙. 8—10. Trockene Abhänge; V Grünstadt, Dürkheim, Neustadt.

13. Lathraea L. Schuppenwurz.

1077. L. Squamária L. Gelbe S. Stengel mit Schuppen; Oberlippe helmförmig; Unterlippe 3lappig, oberwärts drüsigzottig; Kelchzähne fast so lang als die Krone. ♃. 3, 4. Gebüsch, auf Baumwurzeln schmarotzend; V Roxheim; M Neustadt; N Donnersberg, Kreuznach.

Familie 90. OROBANCHÁCEAE. *Sommerwurzgewächse.*

1. Orobanche L. Sommerwurz.

A. Blüten ohne Vorblätter; Kelch aus zwei 2spaltigen Blättern bestehend.

I. Staubfäden wenigstens bis zur Mitte dichtbehaart.

1. Staubblätter nahe am Grund der Kronröhre eingefügt.

1078. O. caryophyllácea Sm. Nelken-S. Kelchblätter kürzer als die Kronröhre; Krone weisslich; Lappen der Oberlippe vorwärtsgerichtet; Narbe gelb bis dunkelrot. ♃. 6, 7. Auf Gálium und Aspérula; V Oggersheim, Schifferstadt, Landau; M Maxburg, Burrweiler, Kaiserslautern, Homburg.

2. Staubblätter im unteren Drittel der Kronröhre oder noch höher eingefügt; Lippen der Krone deutlich gezähnelt.

1079. O. Pícridis F. Schultz. Bitterkraut-S. Kelchblätter länger als die Kronröhre; Krone weisslichgelb; Oberlippe ungeteilt; Narbe violett. ⊙. 7. Auf Picris hieracioides; V Göcklingen bis Landau; M zwischen Zweibrücken und Medelsheim.

1080. O. ~~lútea~~ Baumg. Rötliche S. Kelchblätter kürzer als die Kronröhre; Krone gelblich bis bräunlich; Lappen der Oberlippe abstehend; Narbe gelb. ⊙. 5—7. Auf Medicago falcata und sativa; V Grünstadt, Maxdorf, Ludwigshafen.

II. Staubblätter zerstreutbehaart oder fast kahl; Kronröhre glockig, höchstens 2mal so lang als breit.

1. Kelchblätter nicht kürzer als die Kronröhre.

1081. O. Rapum ~~Genistae~~ Thuill. Pfriemen-S. Krone vorn kropfig, hellrötlichbraun; Oberlippe ausgerandet; Narbe gelb. ⊙. 5—7. Auf Sarothamnus scoparius; V Bienwald; M Weissenburg.

1082. O. ~~alba~~ Steph. Quendel-S. Krone nicht kropfig, gelblich, purpurn überlaufen; Lippen starkgekräuselt; Lappen der Oberlippe ausgebreitet; Narbe dunkelrot. ⊙. 6—7. Auf Thymus: V Eppstein bis Speyer; M Dürkheim, Annweiler, Bergzabern: N Nahethal.

2. Kelchblätter kürzer als die Kronröhre.

1083. O. pallidiflora Wimm. et Grab. Blasse S. Krone blassgelb, am Rücken etwas violett, mit Drüsenhaaren, die kleinen violetten Knötchen aufsitzen; Mittellappen der Unterlippe grösser: Narbe rotbraun. ⊙. 6, 7. Auf Cirsium arvense; V zw. Frankenthal und Ludwigshafen, Otterstadt.

B. Blüten mit 2 Vorblättern; Kelch 4—5zähnig.

I. Kelch 5zähnig; Stengel 1fach; Staubfäden kahl.

1084. O. coerúlea Vill. Blaue S. Kelchzähne lanzettlich: Kronröhre gekrümmt; Lappen der Unterlippe spitz; Krone violett. ⊙. 6—7. Auf Achillea Millefolium; V Grünstadt, Dürkheim, Speyer, Landau; M Klingenmünster, Kaiserslautern; N Kreuznach.

1085. O. arenária Borkh. Sand-S. Kelchzähne pfriemlich: Kronröhre gerade; Lappen der Unterlippe stumpf; Krone blauviolett. ⊙. 7, 8. Auf Artemisia campestris; V Grünstadt, Dürkheim, Oggersheim; M Limburg; N Kreuznach.

II. Kelch 4zähnig; Stengel ästig; Staubfäden unten zerstreutbehaart.

1086. O. ramosa L. Ästige S. Kelchzähne 3eckig, so lang als die Kronröhre; Krone weiss oder bläulich; Kronröhre überm Fruchtknoten eingeschnürt; Zipfel der Lippe stumpf. ⊙. 7, 8. Auf Hanf und Tabak; verbr.

Familie 91. LENTIBULARIÁCEAE. *Wasserschlauchgewächse.*

1. Utriculária. Wasserschlauch.

I. Sporn länger als breit; Gaumen gewölbt, den Schlund verschliessend; Blattzipfel borstlichgewimpert.

1. Blätter mehrzeilig, 2—3mal fiederig vielteilig, meist alle schlauchtragend; Blütenstiel zuletzt zurückgebogen.

1087. U. vulgaris L. Grosser W. Oberlippe etwa so lang als der 2lappige Gaumen. Unterlippe mit zurückgeschlagenem Rand. ♃. 6—8. Stehendes Wasser; V Hanhofen.

1088. U. neglecta Lehm. Übersehener W. Oberlippe mindestens 2mal so lang als der abgerundete Gaumen: Unterlippe fast flach; Schläuche kleiner. ♃. 6—8. Stehendes Wasser; verbr.

2. Blätter 2zeilig, 3teilig, Abschnitte wiederholt gabelig geteilt; Schläuche an besonderen blattlosen Zweigen; Blütenstiele zuletzt aufrecht oder abstehend.

1089. U. intermédia Hayne. Mittlerer W. Oberlippe 2mal so lang als der Gaumen; Unterlippe flach. ♃. 6—8. Moorgräben; V Speyer; M Kaiserslautern, Homburg, Limbach.

II. Sporn kurz, höckerförmig; Gaumen den Schlund nicht verschliessend; Fruchtstiel herabgebogen; Blattzipfel ganzrandig.

1090. U. **minor** L. **Kleiner W.** Oberlippe so lang als der Gaumen; Unterlippe eiförmig mit zurückgeschlagenem Rand. ♃. 6—8. Altwasser, Moorgräben; V Oggersheim, zwischen Bergzabern und Kandel; M Kaiserslautern, Landstuhl, Homburg, Limbach, Kirkel, Ludwigswinkel, Dahn, Trippstadt.

1091. U. **Brémii Heer. Brems W.** Unterlippe fast kreisrund, flach; sonst wie vor., aber in allen Teilen stärker. ♃. 6—8. Tümpel; V zwischen Bergzabern und Kandel.

Familie 92. LABIATAE. *Lippenblütler.*

A. Krone fast gleimässig 4—5spaltig.

A. Staubblätter 4, fast gleichlang; Kelch 5zähnig; Krone violett: **Mentha 1.**

B. Staubblätter 4, 2 verkümmert; Kelch 5spaltig; Krone weiss: **Lycopus 2.**

B. Krone undeutlich 2lippig, Oberlippe fehlt scheinbar.

A. Oberlippe viel kürzer als die 3spaltige Unterlippe, ausgerandet; Kronröhre mit Haarring: . . . . **Ajuga 20.**

B. Oberlippe tief 2spaltig, ihre Zipfel dem Rand der Unterlippe anliegend; Kronröhre ohne Haarring: . . . . **Teúcrium 21.**

C. Krone deutlich 2lippig.

A. Staubblätter 2, unter der helmförmigen Oberlippe gleichlaufend; nur 1 Staubbeutelhälfte fruchtbar auf verlängertem Mittelband: **Sálvia 3.**

B. Staubblätter 4.

I. Staubblätter während der Blütezeit seitlich unter der Oberlippe vorragend.

1. Staubbeutelhälften getrennt; Lappen der Unterlippe ziemlich gleichgross; Blütenstand gleichseitig; Krone violett.

a. Kelch gleichmässig 5zähnig; Blüten einzeln in den Achseln von Hochblättern: . . . . **Origanum 4.**

b. Kelch 2lippig; Scheinquirle kopfig angeordnet: **Thymus 5.**

2. Staubbeutelhälften oben zusammenfliessend; Mittellappen der Unterlippe grösser als die seitlichen, verkehrtherzförmig; Blütenstand 1seitswendig; Krone blau: **Hyssopus 7.**

II. Staubblätter unter der Oberlippe gleichlaufend oder bogig zusammenneigend.

1. Oberlippe flach oder wenig gewölbt.

a. Kelchzähne ohne stechende Spitze.

aa. Kelch gleichmässig 5zähnig.

α. Staubbeutelhälften mit gemeinsamer Längsspalte aufspringend; wenigstens obere Scheinquirle in den Achseln von Hochblättern, eine dichte Scheinähre bildend: . . . . **Népeta 8.**

β. Staubbeutelhälften mit gesonderten Spalten aufspringend, ein Kreuz bildend; alle Scheinquirle in den Achseln von Laubblättern: **Glechoma 9.**

bb. Kelch 2lippig, walzig; Scheinquirle in den Achseln

von Laubblättern; Staubblätter oben bogig zusammenneigend; Lappen der Unterlippe gleichgross: **Calamintha 6.**

b. Kelchzähne mit stechender Spitze.

aa. Kelch 10zähnig; Staubblätter in die Kronröhre eingeschlossen; Krone weiss: . . . **Marrúbium 16.**

bb. Kelch 5zähnig; Staubblätter nicht in die Kronröhre eingeschlossen: Krone blassrötlich: **Leonurus 17.**

2. Oberlippe deutlichgewölbt bis helmförmig.

a. Kelch 5zähnig, hinterer Zahn nicht breiter.

aa. Seitenlappen der Unterlippe sehr klein, zahnförmig oder fehlend: . . . . **Lámium 10.**

bb. Seitenlappen der Unterlippe deutlich vorhanden.

α. Mittellappen spitz: . . . . . . **Galeóbdolon 11.**

β. Mittellappen gross, stumpf oder ausgerandet.

αα. Mittellappen der Unterlippe beiderseits mit einem hohlen aufrechten Zahn: **Galeopsis 12.**

ββ. Mittellappen ohne Zahn.

1. Kelch röhrigglockig.

a. Kronröhre innen mit Haarring; Staubblätter beim Abblühen nach aussen gebogen; Scheinquirle in den Achseln von Hochblättern: . . . . . **Stachys 13.**

b. Kronröhre ohne Haarring; Staubblätter nicht nach aussen gebogen; Scheinquirle in dichter, unterwärts unterbrochener Scheinähre: . . . . . **Betónica 14.**

2. Kelch trichterförmig; Staubblätter auch beim Abblühen gerade: Scheinquirle in den Achseln von Laubblättern: . **Ballota 15.**

b. Kelch 2lippig oder hinterer Zahn breiter als die übrigen.

aa. Beide Kelchlippen ungeteilt, obere am Rücken mit aufrechter Schuppe; Unterlippe der Krone ungeteilt, Oberlippe 3spaltig: . . . . **Scutellária 18.**

bb. Oberlippe des Kelchs 3zähnig, untere 2spaltig; Oberlippe der Krone ungeteilt, untere 3spaltig: **Brunella 19.**

1. Mentha L. Minze.

A. Kelch gleichmässig 5zähnig, ohne Haarkranz im Schlund; Ausläufer unterirdisch.

I. Blütenquirle in den Achseln von Laubblättern, nicht bis zur Stengelspitze reichend: Blätter gestielt oder nur oberste sitzend.

1092. M. arvensis L. Feld-M. Blätter nach oben wenig abnehmend, eiförmig oder elliptisch, schwach gesägt oder gekerbt; Kelch kurzglockig, kaum gefurcht, Zähne 3eckig, so breit als lang. ♃. 7—9. Äcker, Ufer; verbr.

1093. M. sativa L. Garten-M. Blätter nach oben allmählich abnehmend, alle gestielt, eiförmig oder elliptisch, gesägt; Scheinquirle gestielt; Kelch trichterigröhrig, gefurcht, Zähne lanzettlich zugespitzt. ♃. 7, 8. Gräben, Äcker; verbr.

II. Blütenquirle in den Achseln von Hochblättern, eine endständige Scheinähre bildend.

1. Blätter gestielt; Kelch gefurcht, Zähne zur Fruchtzeit gerade vorgestreckt.

1094. **M. aquática L. Wasser-M.** Blätter eiförmig, gesägt, behaart; Scheinähre kurz, fast kopfig; Kelch trichterförmig, Zähne 3eckigpfriemlich; Kronröhre innen zottig; Frucht warzig punktiert. ♃. 7—9. Gräben, Ufer; verbr.

2. Blätter sitzend oder unterste ganz kurzgestielt; Kelch schwachgefurcht, Zähne zuletzt zusammenneigend; Scheinähre verlängert.

1095. **M. silvestris L. Wald-M.** Stengel weichhaarig; Blätter länglichlanzettlich bis länglicheiförmig, gezähnt, beider- oder unterseits graufilzig; Kelch zuletzt bauchig, oben eingeschnürt, Zähne linealpfriemlich. ♃. 7—9. Gräben, Waldsümpfe; verbr.

1096. **M. rotundifólia L. Rundblättrige M.** Stengel zottig; Blätter rundlicheiförmig, herzförmig, kerbiggesägt, unterseits weisslichfilzig; Kelch zuletzt nicht eingeschnürt, Zähne lanzettlich. ♃. 7—10. Ufer; verbr. ausser M Vogesias.

B. Kelch mit ungleichen Zähnen, mit Haarkranz im Schlund; Ausläufer oberirdisch.

1097. **M. Pulégium L. Polei-M.** Stengel aufsteigend; Blätter gestielt, eiförmig oder elliptisch, stumpf, spärlich gezähnt; Tragblätter nach oben allmählich kleiner werdend; Kelch gefurcht, obere Zähne 3eckiglanzettlich, untere pfriemlich. ♃. 7—9. Sumpfwiesen; V Ellerstadt, Frankenthal, Kandel.

2. Lýcopus L. Wolfstrapp.

1098. **L. europaeus L. Ufer-W.** Stengel aufrecht; Blätter länglicheiförmig bis länglichlanzettlich, grob eingeschnittengesägt, am Grund fiederspaltig, untere gestielt; Scheinquirle in den Achseln von Hochblättern. ♃. 7—9. Feuchtes Gebüsch, Ufer; verbr.

3. Sálvia L. Salbei.

1099. **S. pratensis L. Wiesen-S.** Grundblätter rosettig, länglicheiförmig, herzförmig, kerbiggezähnt, runzelig; Stengel armblättrig, oberwärts drüsigzottig; Hochblätter länglicheiförmig zugespitzt, zuletzt zurückgeschlagen, obere kürzer als die Kelche; Oberlippe des Kelches 3zähnig; Kelchzähne spitz; Krone dunkelblau. ♃. 5—7. Wiesen; verbr.; M selten Annweiler, Kaiserslautern, Zweibrücken.

4. Orígannm L. Dosten.

1100. **O. vulgare L. Wilder D.** Stengel aufrecht, oben fast ebensträussig ästig; Blätter länglicheiförmig, ganzrandig oder undeutlich gezähnelt; Hochblätter elliptisch, spitzlich, oberseits drüsenlos, purpurn; Kelch gleichmässig 5zähnig; Krone violett. ♃. 7—10. Gebüsch, Raine; verbr.

5. Thymus L. Quendel.

1101. **T. Chamaedrys Fr. Gamander-Q.** Lockerrasig; Stengel oberwärts deutlich 4kantig, an den Kanten abstehend behaart; Blätter rundlich oder elliptisch, plötzlich in den Stiel verschmälert, unterseits mit wenig vorragenden Nerven; Scheinähre unterwärts locker. ♄. 6—10. Raine, trockene Abhänge; verbr.

1102. **T. Serpyllum L. Feld-Q.** Dichtrasig; Stengel oberwärts undeutlich 4kantig, ringsum kurzhaarig oder zottig; Blätter lineal bis länglich, keilförmig in den Blattstiel verschmälert, unterseits mit stark vorragenden Nerven; Scheinähre kopfig. ♄. 7—10. Heidewiesen; verbr.

6. Calamintha Mnch. Bergminze.

1103. **C. Clinopódium Spenn. Borsten-B.** Stengel aufrecht, meist 1fach, zottig; Blätter eiförmig bis länglicheiförmig, kleingekerbt, obere fast sitzend; Scheinquirle wenig zahlreich, vielblütig, mit linealpfriemlichen langzottigen Vorblättern, die so lang sind als die Kelche; Kelch langzottig, nicht durch Haare geschlossen; Krone purpurn. ♃. 6—9. Wald, Gebüsch; verbr.

1104. **C. Acinos Clairv. Feld-B.** Stengel am Grund mit aufstrebenden Ästen; Blätter elliptisch oder länglich rautenförmig; Scheinquirle 6blütig, verkürzt; Blüten gestielt; Kelchröhre unter den Zähnen verengt; obere Kelchzähne kurz 3eckig, spitz, zuletzt zusammenfliessend; Krone klein, hellviolett. ⊙. 6—8. Brachen, Raine; verbr.

7. Hyssopus L. Ysop.

1105. **H. officinalis L. Echter Y.** Stengel unterwärts holzig, ästig; Blätter sehr kurzgestielt, lineal oder lanzettlich, ganzrandig. ♄. 7, 8. (Südeuropa); verwildert an Mauern; M Madenburg.

8. Népeta L. Katzenminze.

1106. **N. Catária L. Gemeine K.** Stengel aufrecht; Blätter gestielt, herzeiförmig, zugespitzt, unterseits graufilzig; obere Kelchzähne länger; Krone meist mit purpurnen Punkten auf der Unterlippe. ♃. 6—8. Raine, Schutt; V Landau; M Kaiserslautern, Zweibrücken, Homburg.

9. Glechoma L. Gundelrebe.

1107. **G. hederácea L. Epheu-G.** Stengel kriechend; Blütenstengel aufsteigend; Blätter langgestielt, rundlichnierenförmig, grobgekerbt; Krone violett. ♃. 4—6. Raine, Hecken; verbr.

10. Lámium L. Taubnessel.

1. Kronröhre gerade.

1108. **L. amplexicaule L. Klammer-T.** Obere Blätter sitzend, halbumfassend, nierenförmig, eingeschnittengekerbt; Kronröhre ohne Haarring, purpurn; Kelchzähne zuletzt zusammenneigend. ⊙. 4—10. Äcker; verbr.

1109. **L. purpúreum L. Rote T.** Blätter alle gestielt, eiherzförmig, obere fast 3eckig, gekerbtgesägt; Kronröhre mit Haarring, purpurn; Kelchzähne zuletzt abstehend. ⊙. 4—10. Raine, Äcker; verbr.

2. Kronröhre aufwärts gekrümmt, mit Haarring.

1110. **L. maculatum L. Gefleckte T.** Blätter eiförmig, spitz oder etwas zugespitzt, gekerbt oder gesägt, obere kürzer; Halbquirle 3—5blütig; Kronröhre überm querverlaufenden Haarring bauchig, länger als der Kelch; Oberlippe am Rand kurzhaarig; Krone purpurn. ♃. 4—10. Schutt, Wege; verbr.

1111. **L. album L. Weisse T.** Blätter eiförmig, scharfgesägt, besonders oberste langzugespitzt; Halbquirle 5—8blütig; Kronröhre mit schrägem Haarring, so lang als der Kelch; Oberlippe langhaarig gewimpert; Krone weiss. ♃. 4—10. Schutt, Wege; verbr.

11. Galeóbdolon Hnds. Goldnessel.

1112. **G. lúteum Hnds. Gelbe G.** Blätter langgestielt, rundlicheiförmig, fast herzförmig, gekerbtgesägt; Halbquirle 3blütig; Kronröhre aufwärts gekrümmt mit schrägem Haarring; Krone gelb, Unterlippe braungefleckt. ♃. 5, 6. Gebüsch, Wald; verbr.

12. Galeopsis L. Hohlzahn.

I. Stengel unter den Knoten nicht verdickt, nicht steifhaarig.

1. Krone hellpurpurn; Unterlippe mit gelbem Fleck.

1113. **G. angustifólia Ehrh. Schmalblättriger H.** Blätter lineallanzettlich bis lanzettlich, jederseits mit 1—4 seichten Zähnen oder fast ganzrandig; Vorblätter länger als der Kelch; Kelch angedrücktbehaart, Zähne zuletzt abstehend. ⊙. 7—9. Äcker, Raine; verbr.

1114. **G. intermédia Vill. Mittlerer H.** Blätter länglich oder länglichlanzettlich mit jederseits 4—8 tiefen Zähnen; Vorblätter kürzer als der Kelch; Kelch abstehend drüsenhaarig, Zähne zuletzt aufrecht. ⊙. 6—9. Äcker, Raine; verbr.

2. Krone hellgelb.

1115. **G. ochroleuca Lam. Gelber H.** Blätter eilanzettlich, tief gekerbtgezähnt, unterseits weichhaarig; Vorblätter kürzer als der abstehend drüsenhaarige Kelch. ⊙. 6—10. Äcker, Raine; verbr.

II. Stengel unter den Knoten verdickt, steifhaarig; Krone rosa oder weiss.

1116. **G. Tétrahit L. Stechender H.** Blätter länglicheiförmig, am Grund verschmälert, zugespitzt, kerbiggesägt; Kronröhre nicht länger als der Kelch; Mittellappen der Unterlippe fast quadratisch, flach, gekerbt; Drüsenhaare des Blütenstandes schwarz. ⊙. 7—10. Äcker, Waldränder; verbr.

1117. **G. bífida Bönningh. Ausgerandeter H.** Mittellappen

der Unterlippe länglich, ausgerandet, zuletzt am Rand zurückgerollt; Drüsenhaare des Blütenstandes meist gelblich; sonst wie vor. ⊙. 7—9. Waldränder; V Bienwald; M verbr.

13. Stachys L. Ziest.

I. Halbquirle wenigstens 7blütig; untere Vorblätter so lang als der Kelch.

1118. S. germánica L. Deutscher Z. Weisswolligfilzig; Blätter eiförmig, obere lanzettlich, sitzend; Krone hellpurpurn; Lippen fast gleichlang. ⊙. 7—10. Raine; V Grünstadt, Frankenthal, Altrip, Speyer, Landau; M Zweibrücken, Homburg.

II. Halbquirle höchstens 5blütig; Vorblätter kürzer als die Blütenstiele oder fehlend.

1. Krone rötlich.

a. Stengel aufrecht; Scheinquirle in den Achseln von Hochblättern; Krone 2mal so lang als der Kelch.

1119. S. silvática L. Wald-Z. Stengel rauhhaarig, oberwärts drüsig; Ausläufer gleichdick; alle Blätter gestielt, herzeiförmig zugespitzt, gesägt; Krone dunkelpurpurn. ♃. 6—8. Wald, Hecken; verbr.

1120. S. palustris L. Sumpf-Z. Stengel angedrückt steifhaarig; Ausläufer an der Spitze verdickt; unterste Blätter sehr kurzgestielt, obere halbumfassend, länglichlanzettlich bis lanzettlich, spitz, kleingekerbt; Krone hellpurpurn. ♃. 7, 8. Gräben, Ufer, feuchte Äcker; verbr.

b. Stengel liegend oder aufsteigend; Scheinquirle in den Achseln von nach oben allmählich kleiner werdenden Laubblättern; Krone kaum länger als der Kelch.

1121. S. arvensis L. Acker-Z. Rauhhaarig; Blätter gestielt, rundlicheiförmig, stumpfgekerbt, oberste sitzend; Krone blassrosa. ⊙. 7—10. Äcker; M Annweiler, Sembach, Kaiserslautern, Homburg, Zweibrücken.

2. Krone gelblichweiss; Stengel aufrecht oder aufsteigend.

1122. S. annua L. Einjähriger Z. Blätter gestielt, länglich bis lanzettlich, fast kahl oder weichhaarig; Kelchzähne lanzettlich, fast bis zur Spitze behaart, kürzer als die Kronröhre. ⊙. 7—10. Äcker, Raine; V v. Neustadt und Speyer abwärts; M Zweibrücken.

1123. S. recta L. Aufrechter Z. Unterste Blätter kurzgestielt, obere sitzend, länglich bis lanzettlich, zerstreutbehaart; Kelchzähne 3eckig mit kahler Stachelspitze, so lang als die Kronröhre. ♃. 7—10. Raine; V verbr.; M Kaiserslautern, Zweibrücken; N Donnersberg, Nahethal.

14. Betónica L. Theeblatt.

1124. B. officinalis L. Gemeines T. Stengelblattpaare entfernt; Blätter gestielt, herzförmig, länglicheiförmig, gekerbt; Krone purpurn, aussen flaumig. ♃. 6—8. Gebüsch, Heide; verbr.

15. Ballota L. Mauernessel.

1125. **B. nigra L. Schwarze M.** Blätter kurzgestielt, eiförmig, grobkerbig gesägt, am Grund gestutzt oder abgerundet; Kelchzähne lanzettlich oder 3eckig, in eine Granne zugespitzt; Krone meist schmutzigpurpurn. ♃. 6—8. Raine, Hecken; verbr.

16. Marrúbium L. Andorn.

1126. **M. vulgare L. Mauer-A.** Stengel aufrecht, weisswolligfilzig; Blätter stark runzelig, untere langgestielt, rundlicheiförmig, obere eiförmig; Scheinquirle 10—15blütig; Kelch wollig, Zähne hakig; Krone weiss. ♃. 7, 8. Schutt, Raine: V Frankenthal, Mechtersheim; M Kaiserslautern, Zweibrücken.

17. Leonurus L. Löwenschwanz.

1127. **L. Cardiaca L. Gemeiner L.** Stengel aufrecht; untere Blätter handförmig 5spaltig, eingeschnittengesägt, obere 3lappig, am Grund keilförmig; Kelch kahl; Krone länger als der Kelch, mit Haarring; Oberlippe sehr zottig; Staubblätter zuletzt abwärts gebogen. ♃. 7, 8. Raine; V Landau; M Dürkheim, Kaiserslautern, Zweibrücken, Pirmasens.

18. Scutellária L. Helmkraut.

1. Blütenstiel nicht länger als der Kelch; Kronröhre bogig aufwärtsgekrümmt; Krone blauviolett.

1128. **S. galericulata L. Kappen-H.** Blätter länglichlanzettlich, entfernt gekerbtgesägt, gestutzt bis herzförmig; Blüten in den Achseln von Laubblättern, kürzer als diese; Kelch kahl oder drüsenlos kurzhaarig. ♃. 7—9. Gräben, feuchte Wiesen; verbr.

1129. **S. hastifólia L. Spiessblättriges H.** Untere Blätter eiförmig, obere lanzettlich, spiessförmig mit wagrecht abstehenden Ecken, sonst fast ganzrandig; Blüten in den Achseln von Hochblättern, länger als diese; Kelch drüsig kurzhaarig. ♃. 7, 8. Feuchtes Gebüsch: V Schifferstadt, zw. Neuhofen und Altrip.

2. Blütenstiel länger als der Kelch; Kronröhre gerade; Krone trübrosa.

1130. **S. minor L. Kleines H.** Untere Blätter eiförmig, obere lanzettlich, am Grund beiderseits mit 1—2 stumpfen Zähnen; Blüten in den Achseln von Laubblättern, die nach oben allmählich kleiner werden; Kelch drüsenlos kurzhaarig. ♃. 7. 8. Sumpf, feuchter Wald: V Dürkheim, Oggersheim, Bienwald; M Steinbach bis Bergzabern.

19. Brunella L. Braunelle.

1. Krone mit gerader Röhre, kaum 2mal so lang als der Kelch; die 2 längeren Staubfäden an der Spitze mit pfriemlichen Zähnen; Scheinähren von einem Laubblattpaar gestützt.

1131. **B. vulgaris L. Kleine B.** Kurzhaarig; Blätter gestielt, länglicheiförmig bis länglichlanzettlich, selten fiederspaltig; Krone violett; Zahn der Staubfäden gerade. ♃. 6–10. Wiese, Wald; verbr.

1132. **B. alba Pall. Weisse B.** Dichtbehaart; Blätter meist fiederspaltig; Krone gelblichweiss; Zahn der Staubfäden vorwärts gebogen. ♃. 7, 8. Waldrand, Heide; V zw. Neustadt und Wachenheim, Mechtersheim; M Zweibrücken.

2. Krone mit gekrümmter Röhre, fast 3mal so lang als der Kelch; die 2 längeren Staubfäden an der Spitze nur mit kleinem Höcker; Scheinähre von den Laubblättern entfernt.

1133. **B. grandiflora Jacq. Grosse B.** Blätter gestielt, länglicheiförmig, zuweilen fiederspaltig; Krone violett. ♃. 7—10. Wiesen; V Grünstadt bis Neustadt, Schifferstadt, Mechtersheim; M Zweibrücken, Pirmasens; N Donnersberg.

20. Ájuga L. Günsel.

I. Halbquirle 3- bis mehrblütig, in den Achseln von Hochblättern; Krone blau; Laubblätter breit, ungeteilt.

1. Hochblätter ungeteilt oder schwachgekerbt.

1134. **A. reptans L. Kriechender G.** Stengel zur Blütezeit mit oberirdischen kriechenden Ausläufern, 2reihig zottig; Grundblätter gross, langgestielt, spatelförmig, entferntgezähnt, bleibend; obere Hochblätter kürzer als die Blüten; Scheinähre am Grund unterbrochen. ♃. 5, 6. Wiesen, Raine; verbr.

1135. **A. pyramidalis L. Pyramiden-G.** Stengel erst nach der Blütezeit mit Ausläufern; Grundblätter kurzgestielt, elliptisch bis verkehrteiförmig, gekerbt oder ganzrandig; oberste Hochblätter noch 2mal so lang als die Blüten; Scheinähre fast vom Stengelgrund beginnend, anfangs dicht 4kantig. ♃. 6, 7. Wiesen, Wald; M Wachenheim, Kaiserslautern.

2. Mittlere Hochblätter 3lappig.

1136. **A. genovensis L. Behaarter G.** Stengel mit unterirdischen Ausläufern, dichtzottig; Grundblätter langgestielt, meist zur Blütezeit abgewelkt, länglichelliptisch; oberste Hochblätter meist kürzer als die Blüten; Scheinähre locker. ♃. 5—7. Raine, Wiesen; verbr.

II. Blüten einzeln in den Achseln von Laubblättern, gelb; obere Laubblätter 3teilig, Abschnitte lineal.

1137. **A. Chamaépitys Schreb. Gelber G.** Stengel mit aufsteigenden Ästen, dichtzottig; unterste Blätter ungeteilt, lineal. ☉. 6–9. Äcker; V verbr.; M Zweibrücken, Hornbach.

21. Teúcrium L. Gamander.

I. Kelch 2lippig; Blätter ungeteilt, herzförmig.

1138. **T. Scorodónia L. Salbei-G.** Stengel aufrecht; Blätter gestielt, herzeiförmig, ungleichgekerbt, runzelig; Blüten einzeln in den Achseln von Hochblättern, 1seitswendige lange Scheinähren bildend; Krone grünlichgelb. ♃. 7—10. Wald; verbr.

II. Kelch gleichmässig 5zähnig; Blätter nicht herzförmig.

1. Blätter 1—2fachfiederspaltig; Kelch am Grund kropfig.

1139. T. Botrys L. Trauben-G. Drüsigflaumig; Stengel aufrecht; Blattzipfel breitlineal; Krone trübrosa. ⊙. 7—9. Äcker, Raine; V Grünstadt, Dürkheim, Ludwigshafen, Landau; M Zweibrücken; N Winnweiler, Kreuznach.

2. Blätter ungeteilt; Kelch nicht kropfig.

a. Krone rötlich; Blütenstand verlängert.

1140. T. Chamaedrys L. Gemeiner G. Halbstrauchig; Blätter kurzgestielt, eiförmig, keilförmig in den Stiel verschmälert, eingeschnittengekerbt; Tragblätter der Scheinquirle nach oben allmählich abnehmend; Krone purpurn. ♄. 7—10. Heiden, steinige Abhänge; V, N verbr.; M Hartenburg, Wolfsburg, Zweibrücken.

1141. T. Scórdium L. Knoblauch-G. Krautig, mit Ausläufern; Blätter sitzend, länglich, grobgekerbt; Scheinquirle in den Achseln von Laubblättern; Krone hellpurpurn. ♃. 7, 8. Sumpf; V v. Speyer und Neustadt abwärts, Kandel.

b. Krone weiss; Blütenstand kopfig.

1142. T. montanum L. Berg-G. Stengel am Grund holzig, ausgebreitet; Blätter sitzend, lineallänglich, ganzrandig, unterseits graufilzig. ♄. 6—8. Steinige Abhänge; M Zweibrücken, Blieskastel.

Familie 93. VERBENÁCEAE. *Eisenkrautgewächse.*

1. Verbena L. Eisenkraut.

1143. V. officinalis L. Heil-E. Stengel aufrecht, ästig; mittlere Blätter 3spaltig, Lappen eingeschnittengesägt; Krone lila. ♃. 6—10. Raine, Schutt; verbr.

Familie 94. GLOBULARIÁCEAE. *Kugelblumengewächse.*

1. Globulária L. Kugelblume.

1144. G. Willkómmii Nym. Kalk-K. Stengelblätter zahlreich, lanzettlich; Grundblätter deutlich gestielt, spatelförmig, an der Spitze ausgerandet oder kurz 3zähnig; Krone blau. ♃. 5, 6. Heiden; V Dürkheim.

Familie 95. PLANTAGINÁCEAE. *Wegerichgewächse.*

1. Plantago L. Wegerich.

I. Stengel verkürzt; Blätter in grundständiger Rosette, wechselständig; Ähre sehr langgestielt.

1. Blätter eiförmig oder elliptisch; Ährenstiel rund.

1145. P. maior L. Grosser W. Blätter langgestielt, etwas aufgerichtet, meist kahl; Ährenstiel wenig länger als das Blatt; Ähre sehr verlängert; Staubfäden weiss. ♃. 7—10. Wege, Raine; verbr.

1146. P. média L. Mittlerer W. Blätter kurzgestielt, ausgebreitet, kurzhaarig; Ährenstiel mehrmal länger als das Blatt; Ähre kürzer; Staubfäden lila. ♃. 5—7. Wiesen, Wege; verbr.

2. Blätter lanzettlich; Ährenstiel gefurcht.

1147. P. lanceolata L. Spitz-W. Blätter kahl oder rauhhaarig; Ährenstiel 5furchig; Ähre eilänglich; Deckblätter zugespitzt, kahl; seitliche Kelchzähne am Rand kahl; Kronröhre kahl. ♃. 5–9. Wiesen, Raine; verbr.

II. Stengel verlängert, aufrecht, ästig, ohne Rosette; Blätter gegenständig, lineal.

1148. P. arenária W. et K. Sand-W. Deckblätter eiförmig, krautig begrannt, obere sehr stumpf; vordere Kelchzipfel schiefspatelig, sehr stumpf. ⊙. 7–9. Raine; V Ellerstadt bis Speyer.

Familie 96. CAMPANULÁCEAE. *Glockenblumengewächse.*

I. Blüten in endständigen, langgestielten, dichten, kugeligen oder walzigen, behüllten Köpfchen; Kronzipfel vom Grund gegen die Spitze sich lösend.
 1. Staubfäden pfriemlich; Krone blau: . . . . **Jasione 1.**
 2. Staubfäden am Grund verbreitert; Krone blau: **Phyteuma 2.**

II. Blüten einzeln oder in den Blattachseln oder an der Stengelspitze gehäuft; Kronzipfel von der Spitze an sich lösend.
 1. Krone trichterig bis glockig.
  a. Stengel fadenförmig, kriechend, an den Knoten wurzelnd; Kapsel am Scheitel klappig aufspringend: **Wahlenbérgia 3.**
  b. Stengel aufrecht; Kapsel kreiselförmig mit Löchern aufspringend: . . . . **Campánula 4.**
 2. Krone radförmig; Kapsel länglich prismatisch, mit Ritzen aufspringend: . . . . **Speculária 5.**

1. Jasione L. Sandglöckchen.

1149. J. montana L. Berg-S. Ohne Laubsprosse; Stengel am Grund ästig, rauhhaarig; Blätter lanzettlich bis lineal, am Rand welligkraus. ⊙. 6–9. Raine, sonnige Heiden; verbr.

1150. J. perennis L. Ausdauerndes S. Ausläufer mit überwinternden Blattrosetten; Stengel 1fach, rauhhaarig; Blätter lanzettlich bis lineal, flach. ♃. 7, 8. Sandige Raine; V Bienwald: M Annweiler bis Göllheim, Kaiserslautern bis Dahn; N Donnersberg.

2. Phýteuma L. Teufelskralle.

1151. P. orbiculare L. Kopfige T. Grundblätter langgestielt, herzeiförmig oder lanzettlich, gekerbt; Stengelblätter lineallanzettlich: Hüllblätter eilanzettlich; Köpfchen kugelig; Krone blau. ♃. 5–7. Wiesen; V Kirchheimbolanden.

1152. P. nigrum L. Schwarze T. Grundblätter herzeiförmig, 1fach kerbiggesägt, oft am Grund schwarz; Stengelblätter lanzettlich, fast ganzrandig; Köpfchen eiförmig, zuletzt walzig; Krone dunkelviolett, vorm Aufblühen runzelig; Staubfäden fast kahl. ♃. 5–7. Wald, Waldwiesen; verbr.

3. Wahlenbérgia Schrad. Sonnenglöckchen.

1153. W. **hederácea** Rchb. **Epheublättriges S.** Blätter alle gestielt, herzförmigrundlich, eckig-5lappig; Blüten einzeln, langgestielt, blau; Kapsel an der Spitze 3—5klappig aufspringend. ♃. 7—9. Torfwiesen; M Kaiserslautern.

4. Campánula L. Glockenblume.

A. Blüten deutlich gestielt, einzeln oder in Trauben oder Rispen.

I. Stengelblätter lanzettlich bis lineal, ganzrandig oder nur schwach gekerbt bis gesägt.

1. Grundblätter langgestielt, rundlich, meist herzförmig; Kapsel überhängend, am Grund aufspringend.

1154. C. **rotundifólia** L. **Gras-G.** Laubsprosse spärlich; Stengelblätter entfernt, mittlere lineal, ganzrandig; Rispen vielblütig; Blütenknospen fast aufrecht; Krone glockig, dunkelblau. ♃. 6—10. Wiesen; verbr.

2. Grundblätter länglich, in den Blattstiel verschmälert; Kapsel aufrecht, in der Mitte oder oben aufspringend.

a. Kelchzipfel lanzettlich, mit spitzen Buchten; Krone gross, weitglockig, fast so breit als lang.

1155. C. **persicifólia** L. **Pfirsichblättrige G.** Blätter lineallanzettlich; Stengel 1fach, kahl und kurzhaarig; Krone blau. ♃. 6, 7. Wald, Gebüsch; verbr.

b. Kelchzipfel lanzettlichpfriemlich bis linealpfriemlich, Buchten stumpf; Krone trichterförmig, deutlich länger als breit.

1156. C. **pátula** L. **Wiesen-G.** Stengel unterwärts kurzsteifhaarig, oberwärts rispig, Äste abstehend, lang; Stengelblätter lineal bis lineallanzettlich, flach; seitliche Blütenstiele über der Mitte mit 2 Hochblättern; Krone violett. ⊙. 5—7. Wiesen; V Speyer, Rheinzabern.

1157. C. **Rapúnculus** L. **Rapunzel-G.** Stengel unterwärts steifhaarig; Stengelblätter lineallanzettlich, am Rand wellig; Stengel oberwärts traubig oder rispig, Äste aufrecht, kurz; seitliche Blütenstiele nahe am Grund mit Hochblättern; Krone blassblauviolett. ⊙. 5—8. Raine; verbr.

II. Stengelblätter eiförmig bis eilanzettlich, meist 2fachgesägt; Kelchzipfel mehrmal länger als breit.

1158. C. **rapunculoides** L. **Milch-G.** Unterirdische Ausläufer; kurzhaarig; Stengel stumpfkantig; Grundblätter herzförmig; Stengelblätter lanzettlich; Traube lang, 1seitswendig, Blüten meist in den Achseln von Hochblättern; Kelchzipfel zuletzt zurückgeschlagen. ♃. 6—8. Raine, Feld, Gärten; verbr.; fehlt M Vogesias.

1159. C. **Trachélium** L. **Nessel-G.** Ohne Ausläufer; steifhaarig; Stengel scharfkantig; Blätter grob 2fachgesägt; Grundblätter langgestielt, herzförmig; Traube locker, gleichseitig, Blüten meist in den Achseln von Laubblättern; Kelch meist steifhaarig. ♃. 7—9. Wald, Gebüsch; verbr.

B. Blüten sitzend, in end- und seitenständigen Köpfchen.

1160. C. glomerata L. Knäuel-G. Kurzhaarig oder kahl: Grundblätter eiförmig bis eilanzettlich, am Grund herzförmig oder abgerundet; Stengelblätter herzförmig umfassend: Krone dunkelblau. ♃. 5, 6. Wiesen, Raine; verbr.

1161. C. Cervicária L. Borstige G. Steifhaarig; Grundblätter länglich, in den Stiel verschmälert: Stengelblätter lineallanzettlich, umfassend; Krone hellblau. ⊙. 7, 8. Waldwiesen; M Langmeil, Kaiserslautern, Annweiler, Gimmeldingen, Bobenthal, Zweibrücken; N Donnersberg.

5. Speculária Heist. Frauenspiegel.

1162. S. Spéculum DC. Echter Frauenspiegel. Stengel meist ästig; Blätter länglich, halbumfassend; Kelchzipfel lineal, nicht kürzer als der Fruchtknoten; Krone purpurviolett. ⊙. 6, 7. Feld; M Kaiserslautern.

1163. S. hibrida DC. Unechter F. Stengel nur oberwärts ästig; Blätter länglich bis verkehrteiförmig; Kelchzipfel lanzettlich, halb so lang als der Fruchtknoten; Krone klein, purpurn. ⊙. 6, 7. Äcker; V Grünstadt.

Familie 97. CUCURBITÁCEAE. *Kürbisgewächse.*

1. Bryónia L. Zaunrübe.

1164. B. dioeca L. Rote Z. Blätter handförmig gelappt bis gespalten; Ranken meist 1fach; Trauben achselständig, meist ebensträussig; Blüten 2häusig, grünlich- oder gelblichweiss; weibliche Trauben fast sitzend; Kelch der weiblichen Blüten halb so lang als die Krone; Narbe rauhhaarig: Frucht rot. ♃. 6, 7. Hecken; verbr.

Familie 98. RUBIÁCEAE. *Sternblättrige Gewächse.*

I. Kelch deutlich 5zähnig, bleibend; Krone 4spaltig, trichterförmig, lila: Blüten in endständigen Köpfchen: . . . **Sherárdia 1.**

II. Kelch undeutlich.

1. Krone trichterförmig, weiss oder blau; Blüten in endständigen Köpfchen oder ebensträussiger Rispe: . . . **Aspérula 2.**
2. Krone radförmig, 4spaltig, weiss oder gelb: letzterenfalls Blätter 3rippig oder schmallineal: . . . . . **Gálium 3.**

1. Sherárdia L. Bleibtreu.

1165. S. arvensis L. Acker-B. Stengel liegend, ästig: untere Blätter zu 4, elliptisch, obere zu 6, lanzettlich, stachelspitzig; Hüllblätter am Grund verwachsen. ⊙. 6—10. Äcker; verbr.

2. Aspérula L. Waldmeister.

I. Blüten in endständigen Köpfchen.

1166. A. arvensis L. Acker-W. Stengel aufrecht: untere Blätter zu 4, verkehrteiförmig, obere zu 6—8, lineallanzettlich:

Hüllblätter länger als das Köpfchen, borstiggewimpert; Krone blau; Frucht glatt. ⊙. 5, 6. Äcker.

II. Blüten in Ebensträussen.

1. Blätter lineal, 1rippig ohne deutliche Adern; Frucht kahl.

1167. A. glauca Bess. Blaugrüner W. Stengel aufrecht; Blätter meist zu 8, blaugrün, am Rand umgerollt, stumpf, stachelspitzig; Hochblätter lineallanzettlich; Krone weiss; Röhre der Krone kürzer als der Saum. ♃. 6, 7. Steinige Abhänge; V Grünstadt bis Neustadt; N Nahe- und Glanthal.

1168. A. cynánchica L. Rain-W. Stengel ausgebreitet, ästig; Blätter zu 4—6, am Rand umgerollt, spitzlich, stachelspitzig; Hochblätter lanzettlich oder länglich, spitz und stachelspitzig; Krone meist 4spaltig, aussen rauh, weiss bis rötlich; Röhre der Krone so lang als der Saum; Frucht körnig rauh. ♃. 6, 7. Raine, Heidewiesen; V verbr.; M Hartenburg, Wilgartswiesen, Gräfenhausen, Zweibrücken; N Donnersberg.

2. Blätter lanzettlich, 1rippig mit deutlichen Adern; Frucht mit hakigen Borsten.

1169. A. odorata L. Echter W. Stengel aufrecht, 4kantig; untere Blätter zu 6, spatelförmig, obere zu 8, lanzettlich, stachelspitzig; Krone 4spaltig, weiss. ♃. 5, 6. Wald; verbr.

3. Gálium L. Labkraut.

A. Blätter 3rippig, meist zu 4.

A. Trugdolden in den Achseln der Laubblätter, höchstens so lang als diese, zuletzt zurückgekrümmt; Blüten gelb, vielehig.

1170. G. Cruciata Scop. Kreuz-L. Stengel rauhhaarig; Blätter elliptisch oder länglich; Trugdolden mehrblütig, mit Hochblättern; Frucht glatt. ♃. 4—6. Hecken, Wege, Waldränder; V Speyer, Bienwald.

B. Trugdolden endständig oder eine endständige Rispe bildend; Blüten weiss, zwitterig; Stengel ohne Stacheln.

1171. G. rotundifólium L. Rundblättriges L. Stengel meist 1fach, zart; Blätter rundlich bis elliptisch, stachelspitzig; Trugdolde endständig, sehr locker, oft ausserdem noch seitliche. ♃. 6. Schattige Wälder; M Bergzabern.

1172. G. boreale L. Nordisches L. Stengel steif, meist unterwärts mit nichtblühenden Ästen; Blätter lanzettlich bis lineallanzettlich, ohne Stachelspitze; Trugdolden in dicker Rispe. ♃. 7, 8. Heiden, Auen, Moore; verbr.

B. Blätter 1rippig, lineallanzettlich oder verkehrteiförmig.

A. Stengel, meist auch die Blätter, von rückwärts gerichteten Stacheln rauh.

I. Durchmesser der weissen Krone grösser als der der reifen Frucht; an feuchten Standorten.

1. Blätter stachelspitzig; Staubbeutel gelb.

1173. G. uliginosum L. Moor-L. Blätter zu 5—7, lineallanzettlich; Frucht körnigrauh. ♃. 6—8. Gräben, Moore; verbr.

2. Blätter ohne Stachelspitze; Staubbeutel rot.

1174. **G. palustre L. Sumpf-L.** Blätter zu 4, lineallänglich; Stengel zart; Rispe weitschweifig, ausgebreitet; Frucht glatt. ♃: 5—7. Gräben, Sumpf; verbr.

1175. **G. elongatum Presl. Verlängertes L.** Stengel derber; Rispenäste weniger abstehend; Frucht grösser, deutlich runzelig. ♃. 5—7. Gräben, Sumpf; verbr.

II. Durchmesser der Krone kleiner als der der reifen Frucht; an trockenen Standorten.

1. Blattrand mit vorwärtsgerichteten Stacheln.

1176. **G. parisiense L. Zartes L.** Blätter zu 6, lineallanzettlich, stachelspitzig; Krone grünlich, aussen rötlich; Fruchtstiel gerade; Frucht körnigrauh oder steifhaarig. ☉. 6—8. Äcker, steinige Abhänge; V Kirchheimbolanden, Kallstadt, Weissenheim a. S.

2. Blattrand mit rückwärtsgerichteten Stacheln.

1177. **G. tricorne With. Dreihörniges L.** Stengel 1fach, liegend; Blätter zu 8, lineallanzettlich, stachelspitzig; Trugdolden in den Achseln der Laubblätter, meist 3blütig; Krone gelblichweiss; Fruchtstiel bogig zurückgekrümmt; Frucht warzig. ☉. 7--10. Äcker; V verbr.; M Zweibrücken.

1178. **G. Aparine L. Kletten-L.** Stengel kletternd, an den Gelenken verdickt und steifhaarig; Blätter zu 6—8, lineallanzettlich, stachelspitzig; Trugdolden meist an Seitenzweigen rispig, mehrblütig; Krone weisslich; Fruchtstiel gerade; Frucht bis 5 mm gross, warzig oder hakig borstig. ☉. 6—10. Hecken, Äcker; verbr.

B. Stengel kahl oder behaart, nicht von rückwärtsgerichteten Stacheln rauh.

I. Blätter zu 8—12, lineal; Krone gelb.

1179. **G. verum L. Gelbes L.** Stengel unten schwach 4kantig, oberwärts mit 4 erhabenen Linien; Blätter am Rand stark umgerollt, oberseits glänzend, unterseits weichhaarig, zuletzt oft herabgeschlagen; Rispenäste länger als die Stengelglieder; Fruchtstiel abstehend; Frucht glatt. ♃. 6—10. Raine, trockene Wiesen; verbr.

1180. **G. Wirtgeni F. Schultz. Aufrechtes L.** Stengel unten deutlich 4kantig, oberwärts mit undeutlichen Linien; Blätter am Rand wenig umgerollt, oberseits kaum glänzend, stets aufrecht oder abstehend; Rispenäste kürzer als die Stengelglieder; Fruchtstiel bogig zurückgekrümmt; Frucht warzig. ♃. 5, 6, Wiesen; V verbr.; M Enkenbach, Kaiserslautern, Zweibrücken; N Alsenzthal.

II. Blätter lanzettlich bis lineal; Krone weiss.

1. Stengel aufrecht oder klimmend; Kronzipfel meist haarspitzig.

a. Stengel einzeln oder zu wenigen vom Wurzelstock entspringend; Rispe sehr locker, ausgebreitet, Äste verlängert, unterwärts blütenlos.

1181. **G. silváticum L. Wald-L.** Wurzelstock kurz; Stengel rund oder stumpfkantig; Blätter meist zu 8, länglichlanzettlich, stumpf, stachelspitzig, bläulichgrün; Blütenstiele vorm Aufblühen nickend. ♃. 6, 7. Wald; verbr.

b. Stengel zahlreich vom Wurzelstock entspringend; Rispe dicht, Äste kurz, schon unterwärts blütentragend.

1182. **G. Mollugo L. Wiesen-L.** Stengel 4kantig; Blätter zu 8, lineal bis länglichlanzettlich, stachelspitzig, kahl, beiderseits grün. ♃. 6—9. Wiesen, Gebüsch; verbr. Kommt in 2 Formen vor:

a) G. elatum Thuill. Hohes L. Stengel schlaff, oft klimmend; Blätter länglichlanzettlich, stumpf, glanzlos; Rispenäste abstehend; Fruchtstiel kurz, wagrecht abstehend; verbr.

b) G. erectum Huds. Aufrechtes L. Stengel steif aufrecht; Blätter länglichlineal bis lineal, spitzlich, oft oberseits glänzend; Rispenäste aufrecht abstehend; Fruchtsiel lang, aufrecht; verbr.

2. Stengel liegend oder aufsteigend, 4kantig; Kronzipfel 1fach spitz, ohne Stachelspitze; Blätter mit deutlichem Mittelnerv und Stachelspitze; Fruchtstiel aufrecht.

1183. **G. silvestre L. Heide-L.** Stengel kahl oder kurzhaarig; Blätter zu 6—8, lineallanzettlich; Staubbeutel gelblich; Frucht glatt oder schwachkörnig. ♃. 6—8. Heide, Wald, steinige Abhänge; verbr.

1184. **G. saxátile L. Felsen-L.** Stengel rasig; Blätter zu 6, verkehrteilanzettlich; Frucht dichtkörnig rauh. ♃. 7, 8. Felsen, Heiden; M verbr.

Familie 99. CAPRIFOLIÁCEAE. *Geissblattgewächse.*

A. Kraut; Blüten grünlich, zu einem Köpfchen gehäuft: **Adoxa 1.**

B. Sträucher oder Stauden, selten Bäume.

I. Krone radförmig oder fast glockig; Narben 3, sitzend; Blüten in Ebensträussen oder blattloser Rispe.

1. Blätter unpaarig gefiedert; Krone radförmig, 5teilig; Steinfrucht mit 3 Steinen: . . . . **Sambucus 2.**

2. Blätter ungeteilt oder handförmig gelappt; Krone glockig bis radförmig, 5spaltig; Steinfrucht mit 1 Stein: **Viburnum 3.**

II. Krone trichterig, Saum ungleich 5spaltig; Griffel fädlich; Narbe kopfig; Blüten nie in Ebensträussen; Blätter stets ungeteilt, höchstens buchtiggelappt; Beerenfrucht: **Lonicera 4.**

1. Adoxa L. Moschuskraut.

1185. **A. Moschatellina L. Frühlings-M.** Wurzelstock weiss mit fleischigen Niederblättern; Grundblätter 2fach 3zählig, 2 Stengelblätter fast gegenständig, 3zählig, mit stumpfen, stachelspitzigen Abschnitten, kahl; Blüten grünlich. ♃. 3, 4. Gebüsch, feuchte Orte; V Landau, Neustadt, Bienwald; M Kaiserslautern, Zweibrücken; N Donnersberg, Kreuznach, Kusel.

2. Sambucus L. Holunder.

1. Stengel krautig; Nebenblätter blattartig.

1186. **S. Ébulus L. Berg-H.** Stengel aufrecht; Blättchen 5—9, länglichlanzettlich, zugespitzt, gesägt; untere Äste des Ebenstrausses zu 3; Blüten alle gestielt; Krone weiss, aussen rötlich; Staubblätter rot; Frucht schwarz. ♃. 7, 8. Waldschläge, Raine: V, N verbr.; fehlt M Vogesias.

2. Stengel holzig; Nebenblätter sehr klein oder fehlend.

1187. **S. nigra L. Schwarzer H.** Blättchen meist 5, eiförmig bis länglich, zugespitzt, ungleichgesägt; untere Äste des Ebenstrausses zu 5; Endblüten der vorletzten Zweige sitzend; Krone gelblichweiss; Staubbeutel gelb; Frucht schwarz. ♄. 5—7. Gebüsch; verbr.

1188. **S. racemosa L. Trauben-H.** Blättchen länglichelliptisch; Rispe dicht, eiförmig; Blüten alle gestielt, grünlichgelb; Staubbeutel gelb; Frucht rot. ♄. 5. Wald; verbr.; fehlt V.

3. Viburnum L. Schneeball.

1189. **V. Lantana L. Wolliger S.** Ohne Knospenschuppen; junge Äste und Blätter unterseits filzig; Blätter elliptisch, spitz, gesägtgezähnt, runzelig; Ebenstrauss dicht; Kronen alle gleich, weiss; Frucht eiförmig zusammengedrückt, zuletzt schwarz. ♄. 5, 6. Gebüsch, Auen; M Hartenburg, Annweiler, Kaiserslautern, Zweibrücken; V, N.

1190. **V. Opulus L. Wasser-S.** Äste kahl, mit Knospenschuppen; Blätter 3lappig, grobgezähnt, unterseits weichhaarig; Ebenstrauss locker; mittlere Blüten glockig, grünlichweiss, äussere radförmig, geschlechtslos, weiss; Frucht kugelig, rot, glänzend. ♄. 5, 6. Auen, Gebüsch; verbr.

4. Lonicera L. Heckenkirsche.

1191. **L. Periclymenum L. Windende H., Geissblatt.** Stengel windend; Blätter elliptisch bis verkehrteiförmig, kurzgestielt, oberste sitzend, nicht zusammengewachsen; Blüten in gedrängten achselständigen Trugdolden, enständige Köpfchen und meist ausserdem Scheinquirle bildend, sitzend; Blütenköpfchen gestielt; Krone langröhrig mit 4 oberen, 1 unteren Lappen, gelblichweiss, rötlich überlaufen; Kelchsaum bleibend. ♄. 6, 7. Wald, Gebüsch; verbr.

1192. **L. Xylósteum L. Rote H.** Stengel aufrecht; Blätter elliptisch, spitz, besonders unterseits nebst den Ästen weichhaarig; Trugdolden 2blütig, gestielt, achselständig; Krone trichterig, gelblichweiss, wie der Blütenstiel behaart; Kelchsaum 5zähnig, abfallend; Frucht rot. ♄. 5, 6. Wald, Hecken; V Grünstadt, Dürkheim; M Frankenstein, Kaiserslautern, Zweibrücken; N Donnersberg.

Familie 100. VALERIANÁCEAE. *Baldriangewächse.*

1. Kelchsaum eingerollt, später zu einer Haarkrone auswachsend; Blüten in endständigen Ebensträusen: . . . **Valeriana 1.**
2. Kelchsaum schief 1—5zähnig oder undeutlich; Blüten in endständigen Knäueln; Stengel trugdoldig verzweigt: **Valerianella 2.**

1. Valeriana L. Baldrian.

1193. V. officinalis L. Katzen-B. Ausläufer unterirdisch; Stengel einzeln; Blätter unpaarig gefiedert; Blättchen 7—11paarig, lanzettlich bis lineallanzettlich, gesägt; Blüten zwitterig, weiss bis blassrosa. ♃. 6–8. Auen, Ufer, Moore; verbr.

1194. V. dioeca L. Sumpf-B. Ausläufer; Grundblätter elliptisch, die der Laubsprosse langgestielt, eiförmig; Stengelblätter leierförmig fiederspaltig, Blättchen meist 3paarig, lineal; Blüten 2häusig, rosa. ♃. 5, 6. Nasse Wiesen; verbr.

2. Valerianella Poll. Feldsalat.

I. Kelchsaum an der Frucht undeutlich; Blätter ganzrandig.

1195. V. olitória Mnch. Gemeiner F. Obere Blätter lanzettlich; Frucht rundlicheiförmig etwas zusammengedrückt, querrunzelig. ⊙, ⊙. 4, 5. Äcker; verbr.

1196. V. carinata Lois. Kiel-F. Obere Blätter lineallänglich, stumpflich; Frucht lineallänglich, 4kantig, auf einer Seite tiefgefurcht. ⊙. 4, 5. verbr.

II. Kelchsaum schief abgeschnitten, 1 Zahn grösser; Blätter am Grund gezähnt.

1. Kelchsaum schmäler als die Frucht.

1197. V. dentata Poll. Gezähnter F. Frucht eikegelförmig mit vertieftem länglichem Mittelfeld; leere Fächer eng, fadenförmig. ♃. 6–8. Äcker; verbr.

1198. V. rimosa Bast. Geöhrter F. Frucht aufgetrieben kugeligeiförmig, hinten tiefgefurcht; leere Fächer viel grösser als das fruchtbare. ⊙. 6. 7. Äcker; verbr.

2. Kelchsaum so breit als die Frucht.

1199. V. eriocarpa Desv. Borstiger F. Frucht eiförmig, hinten gewölbt mit eingedrücktem Mittelfeld. ⊙. 4, 5. Äcker; V Mussbach; M Kaiserslautern, Zweibrücken.

III. Kelchsaum mit 6 borstigen Zähnen.

1200. V. coronata DC. Gekrönter F. Frucht eiförmig, vorn gefurcht; Kelchzähne eiförmig, begrannt, hakenförmig. ⊙. 5—7. Raine: N Donnersberg (Ostfuss).

Familie 101. DIPSÁCEAE. *Kardengewächse.*

A. Köpfchenboden mit Spreublättern; Aussenkelch gefurcht.

I. Kelchsaum ohne Borsten; Hüllblätter stechend, länger als die Spreublätter; Stengelblätter zusammengewachsen; Stengel stachelig; Krone lila: . . . . **Dipsacus 1.**

II. Kelchsaum mit Borsten.

1. Krone 4spaltig, nicht strahlend: . . . . . **Succisa 3.**

2. Krone meist 5spaltig, strahlend: . . . . . **Scabiosa 4.**

B. Köpfchenboden ohne Spreublätter, behaart: Aussenkelch nicht gefurcht; Kelch 8borstig: Krone 4spaltig: . . . **Knaútia 2.**

1. Dípsacus L. Karde.

1201. **D. silvester Huds. Wilde K.** Stengelblätter länglichlanzettlich, selten fiederspaltig, am Rand kahl und zerstreutstachelig. ⊙. 7—9. Schutt, Raine; verbr.

1202. **D. laciniatus L. Schlitzblättrige K.** Stengelblätter fiederspaltig, borstiggewimpert, oberste Spreublätter oft schopfig. ⊙. 7—9. Raine; V Oggersheim, Altrip.

2. Knaútia L. Honigblume.

1203. **K. arvensis Coult. Acker-H.** Blätter graulichgrün, glanzlos, untere ungeteilt, obere meist fiederspaltig; Köpfchenstiel meist drüsenlos behaart; Krone violett; Randblüten starkstrahlend. ♃. 6—8. Wiesen, Raine; verbr.

1204. **K. silvática Duby. Wald-H.** Blätter frischgrün, fast glänzend, elliptischlanzettlich, meist alle ungeteilt, gekerbt; Köpfchenstiel drüsenhaarig; Krone rötlichviolett; Randblüten wenigstrahlend. ♃. 7, 8. Wald; V Speyer, Bienwald.

3. Succisa M. K. Abbiss.

1205. **S. pratensis Mnch. Teufels-A.** Wurzelstock abgebissen; Grundblätter länglich oder rundlichelliptisch, ganzrandig; Stengelblätter lanzettlich, nur 2—3 Paare; Krone blau. ♃. 7—9. Feuchte Wiesen; verbr.

4. Scabiosa L. Sternkopf.

1206. **S. Columbária L. Tauben-S.** Blätter der Laubsprosse gekerbt bis leierförmig; Stengelblätter leierförmig bis fiederteilig, mit ganzrandigen, untere mit fiederspaltigen Blättchen, feinbehaart, glanzlos; Kelchborsten 3—4mal so lang als der Aussenkelch, nervenlos; Krone violett. ♃. 6—10. Wiesen, Raine; verbr.

1207. **S. suavéolens Desf. Duftender S.** Stengel und Blätter kurzgrauhaarig; Blätter der Laubsprosse ganzrandig; Stengelblätter fiederteilig, Abschnitte ganzrandig, lineallanzettlich bis lineal; Kelchborsten 2mal so lang als der Aussenkelch; Krone hellblau. ♃. 7—10. Triften; V Grünstadt bis Neustadt, Maxdorf, Speyerdorf.

Familie 102. COMPÓSITAE.

I. Tubuliflorae. *Röhrenblütler.*

Wenigstens die mittleren Blüten des Köpfchens röhrenförmig, gleichmässig 5zähnig; Randblüten häufig fädlich oder zungenförmig, meist 3zähnig.

I. Köpfchen in kurzen Knäueln, getrenntgeschlechtig; männliche oben, mit verwachsenen Hüllblättern, vielblütig; Staubbeutel frei; weibliche unten, 2blütig, zuletzt von der Hülle völlig eingeschlossen: . . . . **Xánthium 11.**

II. Köpfchen 1blütig, zu dichten völlig kugeligen Köpfen zusammengestellt: . . . . **Echinops 26.**

III. Köpfchen alle mehrblütig; Staubbeutel verklebt.

A. Frucht ohne Haarkrone; Kelchsaum fehlt oder ungeteilt oder von kleinen Blättern oder Grannen gebildet; Blätter nie stacheliggezähnt.

A. Köpfchenboden wenigstens innen mit Spreublättern; Hüllblätter nicht strahlend.

I. Frucht an der Spitze mit 2—4 Grannen; Zungenblüten, wenn vorhanden, gelb: . . . . **Bidens 12.**

II. Frucht ohne Grannen.

1. Ohne Zungenblüten; Kronen violett, die der Randblüten grösser: . . . . **Centaurea 34.**

2. Mit Zungenblüten; wenn diese fehlen, Röhrenblüten gelb; Kelchsaum fehlt oder durch einen ungezähnten Rand angedeutet; Hüllblätter dachziegelig.

a. Röhrenblüten weiss; Zungenblüten rundlich, weiss oder rosa; Köpfchen in Ebensträussen: . . . **Achillea 17.**

b. Röhrenblüten gelb; Zungenblüten länglich bis lineal, weiss oder gelb; Köpfchen einzeln; Blätter 2fachfiederteilig: . . . . **Anthemis 18.**

B. Köpfchenboden ohne Spreublätter, zuweilen behaart; höchstens äussere Blüten mit verwachsenen Spreublättern.

I. Hüllblätter 1—2reihig; Blätter ungeteilt.

1. Zungenblüten weiss; alle Blüten fruchtbar; Laubblätter nur grundständig; Stengel 1köpfig: . . . . **Bellis 7.**

2. Zungenblüten gelb; mittlere Blüten unfruchtbar; Stengel beblättert; Frucht gekrümmt: . . . . **Caléndula 25.**

II. Hüllblätter mehrreihig, dachziegelig; Frucht schnabellos.

1. Köpfchen klein, länglicheiförmig mit aufrechten Hüllblättern, flachem Boden; ohne Zungenblüten: . . **Artemisia 16.**

2. Köpfchen grösser, Hüllblätter ausgebreitet, Boden flach bis kegelförmig.

a. Zungenblüten weiss oder gelb.

α. Blütenboden flach oder gewölbt; Frucht ringsum gerippt: . . . . **Chrysánthemum 19.**

β. Blütenboden starkgewölbt bis kegelförmig; Zungenblüten stets weiss; Frucht mit 3—5rippiger Bauch- und rippenloser Rückenseite; Blätter 2fachfiederteilig, Zipfel lineal: . . . . **Matricária 20.**

b. Zungenblüten fehlen; Blüten goldgelb: **Tanacetum 21.**

B. Frucht wenigstens der Röhrenblüten mit Haarkrone; nur bei einigen, deren Blätter stacheliggezähnt sind, ohne Haarkrone.

A. Blätter nicht stacheliggezähnt.

I. Köpfchenboden ohne Spreublätter oder Borsten.

1. Zungenblüten gelb, selten fehlend; dann Blätter nicht lineal 1rippig.

a. Stengel mit Schuppenblättern, 1köpfig; Laubblätter nach der Blütezeit erscheinend, herzförmigrundlich: **Tussilago 2.**

b. Stengel mit Laubblättern, 1- bis mehrköpfig.

aa. Hüllblätter dachziegelig.
α. Staubbeutel ohne Anhängsel; Zungenblüten 5—8: **Solidago 8.**
β. Staubbeutel mit Anhängsel; Zungenblüten zahlreich.
αα. Haarkrone 1fach: . . . . . . **Inula 9.**
ββ. Haarkrone 2fach, äussere Haare zu einem borstig zerschlitzten Krönchen verwachsen: **Pulicária 10.**
bb. Hüllblätter 1—2reihig.
α. Blätter gegenständig, ungeteilt: . . **Arnica 22.**
β. Blätter wechselständig.
αα. Hülle flach ausgebreitet bis halbkugelig; Blätter ungeteilt, nicht spinnwebig oder wollig: **Dorónicum 23.**
ββ. Hülle walzig: . . . . **Senécio 24.**
2. Zungenblüten weiss, violett oder blau, selten fehlend, dann Blätter lineal, 1rippig und Röhrenblüten gelb; Blätter ungeteilt.
a. Zungenblüten mehrreihig, sehr schmal, fast fädlich.
α. Zungenblüten mehrreihig, kaum länger als die Röhrenblüten, aufrecht: . . . . **Erigeron 5.**
β. Zungenblüten 2reihig, etwa 2mal so lang als die Röhrenblüten: . . . . **Stenactis 6.**
b. Zungenblüten 1reihig, breiter: . . . . . **Aster 4.**
3. Ohne Zungenblüten; wenn Blätter lineal, Röhrenblüten nicht gelb.
a. Blätter herzförmig rundlich, wechselständig, oder 3teilig, gegenständig; Hüllblätter krautig.
α. Stengel mit Schuppenblättern; Köpfchen in einer Traube; Laubblätter erst nach der Blütezeit sich entwickelnd: . . . . **Petasites 3.**
β. Stengel mit gegenständigen, 3teiligen Laubblättern; Hüllblätter dachziegelig: . . . . **Eupatórium 1.**
b. Blätter lineallanzettlich oder spatelig, ganzrandig, wolligfilzig; Hüllblätter dachziegelig, meist trockenhäutig.
α. Hülle 5kantig; Hüllblätter krautig oder nur am Rand trockenhäutig: . . . . **Filago 13.**
β. Hülle halbkugelig oder rund; Hüllblätter trockenhäutig.
αα. Weibliche Blüten mehrreihig: **Gnaphálium 14.**
ββ. Weibliche Blüten 1reihig, wenige; Blüten goldgelb: . . . . **Helichrysum 15.**
II. Köpfchenboden mit Spreublättern oder Borsten.
1. Hüllblätter in hakige Borsten ausgehend; Randblüten nicht grösser; Grundblätter gross, herzeiförmig: . **Lappa 30.**
2. Hüllblätter nicht in hakige Borsten, zuweilen in einen spitzen Dorn ausgehend; Haare der Haarkrone 1fach, höchstens gezähnt.

a. Randblüten geschlechtslos, unfruchtbar, meist grösser; Hüllblätter mit trockenhäutigem Anhängsel oder wenigstens an der Spitze trockenhäutig, selten in einen Dorn ausgehend; Krone purpurn oder blau: **Centaurea** 34.
b. Randblüten wie die Mittelblüten, nicht grösser, zuweilen Köpfchen 2häusig; Hüllblätter ohne Anhängsel oder Dorn, höchstens vorn gefärbt.
α. Blätter unterseits kahl: . . . . . **Serrátula** 32.
β. Blätter unterseits weissfilzig: . . . **Jurinea** 33.
B. Blätter stachelig gezähnt, distelartig.
I. Innere Hüllblätter strahlend, glänzend weiss oder gelblichweiss: . . . . **Carlina** 31.
II. Innere Hüllblätter nicht strahlend.
1. Hüllblätter nicht in einen langen gelben Dorn ausgehend; Krone purpurn oder gelblichweiss.
a. Köpfchenboden grubig mit gefransten Rändern: **Onopordum** 29.
b. Köpfchenboden mit Spreuborsten; Staubfäden frei.
α. Haare der Haarkrone 1fach; Köpfchen halbkugelig: **Cárduus** 28.
β. Haare der Haarkrone gefiedert; Köpfchen oben etwas verengert: . . . . **Cirsium** 27.
2. Hüllblätter an der Spitze in einen langen 1fachen oder gefiederten Dorn ausgehend: . . . . . **Centaurea** 34.

II. Liguliflorae. *Zungenblütler.*

Alle Blüten zungenförmig, an der Spitze 5zähnig, zwitterig, fruchtbar, meist gelb.

A. Frucht ohne Haarkrone.
I. Krone gelb: Hüllblätter 1reihig.
1. Stengel beblättert; Köpfchen armblütig: **Lámpsana** 35.
2. Laubblätter nur grundständig: . . . . **Arnóseris** 36.
II. Krone blau; Hüllblätter 2reihig: . . . . **Cichórium** 37.
B. Frucht mit Haarkrone.
A. Köpfchenboden mit Spreublättern; Laubblätter fast nur grundständig; Hüllblätter dachziegelig.
I. Haarkrone 2reihig, die äusseren Haare kürzer, nicht gefiedert: **Hypochoeris** 45.
II. Haarkrone 1reihig, alle Haare gefiedert: **Achyróphorus** 46.
B. Köpfchenboden ohne Spreublätter.
I. Haare der Haarkrone teilweise fiederig.
1. Hüllblätter 1reihig, gleichlang; Blätter lineal: **Tragopogon** 42.
2. Hüllblätter dachziegelig oder wenigstens 2reihig.
a. Fiederhärchen der Haarkrone ineinander verflochten; Krone gelb.
α. Blätter ungeteilt: . . . . **Scorzonera** 43.
β. Blätter gefiedert: . . . . **Podospermum** 44.
b. Fiederhärchen der Haarkrone frei; Krone gelb, zuweilen aussen gestreift.

aa. Laubblätter grundständig rosettig:
α. Blätter grün: . . . . **Leóntodon** 38.
β. Blätter graufilzig: . . . . . **Thrincia** 39.
bb. Stengel beblättert.
α. Hüllblätter lanzettlich; Haarkrone abfallend: **Picris** 40.
β. Hüllblätter herzeiförmig mit stechender Granne; Haarkrone bleibend: . . . . **Helminthia** 41.
II. Haare der Haarkrone 1fach.
1. Frucht geschnäbelt.
a. Stengel blattlos, 1köpfig, hohl: . . . **Taráxacum** 47.
b. Stengel beblättert oder blattlos, mehrköpfig, nicht hohl.
aa. Frucht walzig; Krone gelb.
α. Schnabel am Grund von Höckern oder Schüppchen umgeben: . . . . . . **Chondrilla** 48.
β. Schnabel ohne Höcker oder Schüppchen: **Crepis** 52.
bb. Frucht zusammengedrückt; Krone gelb oder blau: Schnabel ohne Höcker oder Schüppchen: **Lactuca** 50.
2. Frucht schnabellos.
a. Krone purpurn bis blau; Köpfchen 5blütig; Hüllblätter 6—8; Frucht walzig: . . . . . . **Prenanthes** 49.
b. Krone gelb, selten orange bis rot.
aa. Blätter stacheliggezähnt; Frucht meist zusammengedrückt: . . . . **Sonchus** 51.
bb. Blätter nicht so; Frucht walzig oder kantig.
α. Frucht oben verschmälert; Haarkrone schneeweiss, nicht zerbrechlich; selten schmutzigweiss zerbrechlich, dann Blätter tieffiederteilig oder stengelumfassend, starkgezähnt: . . **Crepis** 52.
β. Frucht oben gestutzt; Haarkrone schmutzigweiss, zerbrechlich; Blätter nie schrotsägeförmig oder tieffiederteilig: . . . . **Hierácium** 53.

1. Eupatórium L. Wasserdost.

1208. E. **cannábinum** L. **Gemeiner W.** Stengel aufrecht; Blätter kurzgestielt, Abschnitte lanzettlich, spitz, gesägt; Köpfchen in dichten Ebensträussen, fleischrot. ♃. 7—9. Ufer, feuchter Wald; verbr.

2. Tussilago L. Huflattich.

1209. T. **Fárfara** L. **Gemeiner H.** Blätter eckiggezähnt, unterseits weissfilzig. ♃. 3, 4. Ufer, Erdblössen; verbr.

3. Petasites L. Pestwurz.

1210. P. **officinalis** Mnch. **Rote P.** Stengel und Hüllschuppen rötlich; Blätter rundlichherzförmig, ungleich gekerbtgezähnt, am Grund bis an die Seitenrippen ausgeschnitten, unterseits dünn grauwollig; Blüten rötlichweiss; Narben der Zwitterblüten kurz, eiförmig. ♃. 3, 4. Ufer; V Godramstein; M Zweibrücken.

4. Aster L. Aster.

1211. **A. Linósyris Bernh. Gold-A.** Stengel dichtbeblättert; Blätter lineal, 1rippig, kahl: Köpfchen in Ebensträussen; Zungenblüten fehlen: Röhrenblüten gelb. ♃. 7, 8. Steinige Abhänge. Heiden; V Grünstadt, Dürkheim, Ludwigshafen, Neustadt, Speyer; N Donnersberg.

1212. **A. Amellus L. Berg-A.** Stengel beblättert; Blätter kurzhaarig rauh. untere elliptisch, obere länglichelliptisch: Köpfchen mehrere, ebensträussig; Hüllblätter stumpf, etwas abstehend: Zungenblüten blauviolett. ♃. 8—10. Steinige Abhänge, Heiden; V verbr.; M Zweibrücken.

5. Erígeron L. Berufkraut.

1. Köpfchen in länglicher Rispe, sehr klein und zahlreich: Zungenblüten schmutzigweiss.

1213. **E. canadensis L. Kanadisches B.** Stengel steif aufrecht, Äste aufrecht: Blätter lineallanzettlich, rauhhaarig gewimpert: Hüllblätter fast kahl. ⊙. 7, 8. (Nordamerika). Raine, Wege. Waldschläge; verbr.

2. Köpfchen traubig oder ebensträussig, etwas grösser und weniger; Zungenblüten hellpurpurn.

1214. **E. acer L. Rauhes B.** Stengel und Blätter rauhhaarig, oberwärts nebst Hülle weichhaarig; Blätter länglich, etwas wellig, stumpf; Haarkrone weiss oder rötlich. ⊙. 6, 7. Raine, Kies; verbr.

1215. **E. droebachiensis O. F. Müller. Kies-B.** Stengelblätter und Hülle fast kahl; Blätter flach, nur gewimpert. ⊙. 7, 8. Flusskies; V am Rhein.

6. Stenactis Cass. Feinstrahl.

1216. **S. ánnua Nees. Einjähriger F.** Zerstreutbehaart; Stengel blattreich; untere Blätter deutlich gestielt, verkehrteiförmig bis elliptisch, grobsägezähnig, obere länglichlanzettlich, spitz, gezähnt bis ganzrandig; Köpfchen in Ebensträussen; Hüllblätter lanzettlich, behaart; Zungenblüten etwa 2mal so lang als die Röhrenblüten, ausgebreitet, weiss. ⊙, ♃. 6—9. (Nordamerika) an Ufern eingebürgert, seltener im Wald; V verbr.; M Annweiler.

7. Bellis L. Gänseblümchen.

1217. **B. perennis L. Massliebchen.** Blätter spatelförmig, gekerbt: Hüllblätter stumpf; Zungenblüten weiss, unterseits rot. ♃. 4—10. Wiesen; verbr.

8. Solidago L. Goldrute.

1218. **S. Virga aúrea L. Wilde G.** Grundblätter elliptisch, in den langen Stiel verschmälert, stumpf, gesägt; Stengelblätter länglichelliptisch bis lanzettlich, gesägt bis fast ganzrandig; Köpfchen in aufrechter gleichseitiger Traube oder Rispe: Hüllblätter lineallanzettlich; Zungenblüten länger als die Hülle. ♃. 7—10. Wald, Gebüsch; verbr.

9. Ínula L. Alant.

I. Frucht kahl.

1. Zungenblüten wenig länger als die Röhrenblüten.

1219. **I. germánica L. Deutscher A.** Stengel zottig; Stengelblätter beiderseits behaart, länglich, herzförmig umfassend; Köpfchen ebensträussig. ♃. 7, 8. Heiden, Wiesen, Wege; V Grünstadt, Dürkheim.

2. Zungenblüten viel länger als die Röhrenblüten.

1220. **I. salícina L. Weiden-A.** Stengel und Blätter kahl oder spärlich behaart; Stengelblätter länglich, zugespitzt, herzförmig umfassend; Köpfchen einzeln oder wenige, langgestielt; Hüllblätter feingewimpert. ♃. 7, 8. Heidewiesen, Waldränder; V verbr.: M Zweibrücken; N Nahe- und Glangegend.

1221. **I. hirta L. Rauher A.** Stengel und Blätter rauhhaarig; Stengelblätter eilänglich, netzaderig, am Grund abgerundet oder verschmälert; Köpfchen einzeln; Hülle dichtsteifhaarig. ♃. 5—7. Heidewiesen, steinige Abhänge; V Grünstadt, Dürkheim, Wachenheim, Neustadt, Speyer; N Ebernberg.

II. Frucht behaart.

1222. **I. británnica L. Wiesen-A.** Stengel und Blätter wolligzottig; obere Blätter herzeiförmig, zugespitzt; Hüllblätter fast gleichlang, zurückgekrümmt; Zungenblüten nie länger als die Röhrenblüten. ♃. 7, 8. Feuchte Wiesen, Ufer: V am Rhein.

10. Pulicária Gärtn. Flohkraut.

1223. **P. vulgaris Gärtn. Kleines F.** Blätter elliptischlanzettlich, mit abgerundetem Grund sitzend, wollhaarig; Zungenblüten kaum länger als die Röhrenblüten, aufrecht. ⊙. 7—9. Raine, feuchte Orte; V verbr.: M Annweiler, Kaiserslautern, Homburg, Limbach.

1224. **P. dysentérica Gärtn. Ruhr-F.** Blätter länglich, tiefherzförmig umfassend, unterseits graufilzig; Zungenblüten länger als die Röhrenblüten, ausgebreitet. ♃. 7, 8. Ufer, feuchte Wiesen; V verbr.: M Zweibrücken.

11. Xánthium L. Spitzklette.

1225. **X. strumárium L. Kropf-S.** Stengel stachellos; Blätter herzförmig, 3lappig, zerstreut steifhaarig. ⊙. 7—10. Schutt, Raine; V Mörsch, Maxdorf, Speyer; M. Kaiserslautern.

12. Bidens L. Zweizahn.

1226. **B. tripartitus L. Dreiteiliger Z.** Stengelblätter 3teilig oder fiederspaltig 5teilig, gestielt, dunkelgrün, Abschnitte lanzettlich, gesägt; Köpfchen so hoch oder höher als breit, meist ohne

Zungenblüten; Spreublätter breitlineal, nur den Grund der Grannen erreichend. ⊙. 7—9. Gräben, Sumpf; verbr.

1227. B. cérnuus L. Nickender Z. Stengelblätter sitzend, ungeteilt, lanzettlich, gesägt; meist mit Zungenblüten. ⊙. 7—10. Gräben, Moore; verbr.

13. Filago L. Schimmelkraut.

1. Hüllblätter in eine haarfeine Spitze auslaufend, zuletzt aufrecht; Köpfchen zu 10—30 in den Knäueln; Stengel trugdoldig verästelt.

a. Äste aufrecht; Blätter am Grund nicht verschmälert.

1228. F. apiculata Sm. Gelbliches S. Stengel gelblichfilzig, meist von Grund an gabelästig; Hüllblätter mit rötlicher Spitze. ⊙. 6—8. Sandige Äcker; verbr.

1229. F. canescens Jord. Graues S. Stengel grau- oder weisslichfilzig, oberwärts gabelästig; Hüllblätter mit gelblicher Spitze. ⊙. 6—8. Sandige Äcker; verbr.

b. Äste abstehend; Blätter am Grund verschmälert.

1230. F. spatulata Presl. Spatel-S. Stengel wolligfilzig; Hüllblätter mit bogig abstehender Spitze. ⊙. 6—8. Äcker; V verbr.; M Zweibrücken.

2. Hüllblätter stumpf, zuletzt sternförmig ausgebreitet; Köpfchen zu 3—7 in den Knäueln.

a. Blätter lanzettlich bis lineallanzettlich, die Knäuel nicht überragend.

1231. F. arvensis L. Acker-S. Stengel locker weissfilzig, rispig verästelt; Blätter lanzettlich. ⊙. 7—9. Äcker; verbr.

1232. F. minima L. Kleines S. Stengel anliegend seidig graufilzig, trugdoldig verästelt; Blätter lineallanzettlich. ⊙. 7—9. Sandige Äcker, Raine; verbr.

b. Blätter linealpfriemlich, die den Knäueln zunächststehenden diese überragend.

1233. F. gállica L. Französisches S. Stengel dünnseidig graufilzig, trugdoldig verästelt. ⊙. 7—9. Äcker; M Kaiserslautern, Zweibrücken.

14. Gnaphálium L. Ruhrkraut.

1. Ohne Laubsprosse; Köpfchen in end- und wenigen kurzgestielten achselständigen Knäueln.

1234. G. uliginosum L. Sumpf-R. Stengel vom Grund an ästig, ausgebreitet; Blätter gegen den Grund verschmälert, grauwollig; Knäuel beblättert; Hüllblätter dunkelbraun; Frucht oft mit kleinen Börstchen besetzt. ⊙. 7—9. Feuchter Boden; verbr.

1235. G. luteoalbum L. Gelblichweisses R. Stengel meist 1fach, aufrecht; Blätter lineal, halbumfassend, beiderseits weisswollig; Knäuel fast blattlos; Hüllblätter glänzendweiss bis blassgelb. ⊙. 7—9. Sandboden; verbr.

2. Mit Laubsprossen; Köpfchen in Rispen oder Ebensträussen.

1236. G. silváticum L. Wald-R. Stengelblätter lineal, 1rippig.

unterseits weissfilzig, oberseits zuletzt kahl, oberwärts kleiner werdend; Rispe vielköpfig; Köpfchen kurzgestielt, in jedem zwitterige Röhrenblüten und fädliche weibliche Randblüten; Hüllblätter kahl, dunkelbraun gesäumt. ♃. 7, 8. Waldschläge; verbr.

1237. **G. dioecum L. Katzenpfötchen.** Ausläufer; Grundblätter spatelförmig, stumpf, unterseits weissfilzig; Stengelblätter gleichgross, angedrückt; Köpfchen ebensträussig, 2häusig; Hüllblätter kahl, der weiblichen Köpfchen spitz, rosenrot, der zwitterigen stumpf, weiss. ♃. 5, 6. Heiden, Raine, Wald; verbr.

15. Helichrysum Gärtn. Immerschön.

1238. **H. arenárium DC. Sand-I.** Blätter filzig, untere verkehrteilanzettlich, mittlere lineallänglich; Köpfchen ebensträussig; Hüllblätter kahl, glänzend goldgelb; fädliche weibliche Blüten, randständig, wenige oder fehlend. ♃. 7, 8. Sandige Heiden; verbr.

16. Artemísia L. Beifuss.

1. Blätter 1fachfiederteilig, Zipfel lanzettlich, eingeschnitten.

1239. **A. vulgaris L. Echter B.** Blätter unterseits weissfilzig, untere mit geöhrtem Stiel, mittlere und obere sitzend, oberste ungeteilt; Köpfchen länglich; Hüllblätter filzig. ♃. 8, 9. Wegränder, Hecken; verbr.

2. Blätter 2—3fachfiederteilig bis gefiedert.

1240. **A. cámpestris L. Feld-B.** Halbstrauchig; Blätter anfangs seidig, zuletzt kahl, Zipfel lineal, verlängert; Köpfchen in langen lockeren abstehenden Trauben; Hüllblätter kahl. ♃. 8—10. Raine; verbr.

1241. **A. póntica L. Römischer B.** Blätter oberseits fast kahl, unterseits weisslichfilzig, Zipfel lineallanzettlich; Köpfchen nickend, fast kugelig; Hüllblätter wolligfilzig. ♃. 7, 8. Raine, Mauern; V Kirchheimbolanden, Frankenthal.

17. Achillea L. Schafgarbe.

1. Zungenblätter 5—20, so lang als die Hülle; Blätter ungeteilt.

1242. **A. Ptármica L. Sumpf-S.** Stengel reichbeblättert, kahl; Blätter sitzend, lineallanzettlich, allmählich zugespitzt, am ganzen Rand dicht angedrücktgesägt: Köpfchen in Ebensträussen; Hüllblätter eilanzettlich, kurzhaarig, am Rand bräunlich. ♃. 7, 8. Ufer, feuchtes Gebüsch; verbr.

2. Zungenblüten 3—7, kürzer als die Hülle; Blätter 2—3fachfiederteilig.

1243. **A. nóbilis L. Edle S.** Stengel und Blätter graufiaumig: Blattspindel von der Mitte bis zur Spitze gezähnt; Blätter elliptisch bis verkehrteiförmiglänglich, 3fachfiederteilig, Abschnitte lineal; Zungenblüten gelblichweiss. ♃. 7, 8. Steinige Abhänge: V Grünstadt bis Neustadt; M Waldhambach, Hartenburg; N verbr.

1244. **A. Millefólium L. Gemeine S.** Stengel und Blätter behaart oder wolligzottig; Blattspindel höchstens an der Spitze gezähnt; Blätter lineal bis lineallänglich, Abschnitte fiederteilig oder fiederspaltig, Zipfel lineal, stachelspitzig; Hüllblätter braunberandet; Zungenblüten weiss oder rosa. ♃. 6—10. Wiesen, Raine; verbr.

18. Ánthemis L. Hundskamille.

1. Spreublätter länglich oder lanzettlich, in eine starre Stachelspitze zusammengezogen.

1245. **A. tinctória L. Färber-H.** Blätter flaumhaarig, Fiedern kammförmig gestellt, gesägt; Köpfchenboden gewölbt oder halbkugelig; Zungenblüten gelb; Frucht zusammengedrückt. ♃. 7, 8. Raine, Felsen; V Grünstadt, Dürkheim, Ludwigshafen, Landau; M Kaiserslautern, Zweibrücken; N Donnersberg, Nahe- und Glanthal.

1246. **A. arvensis L. Feld-H.** Blattzipfel lanzettlich oder lineal, fast ganzrandig, spitz; äussere Hüllblätter mit zuletzt zurückgebogener Spitze; Köpfchenboden zuletzt kegelförmig verlängert; Zungenblüten weiss; Frucht stumpfkantig. ⊙. 6—10. Äcker; verbr.

2. Spreublätter linealborstlich, spitz.

1247. **A. Cótula L. Stinkende H.** Blattzipfel lineal ungeteilt oder 2—3spaltig; Hüllblätter stets aufrecht; Köpfchenboden verlängert kegelförmig; Zungenblüten weiss; Frucht fast walzig. ⊙. 6—10. Äcker; verbr.

19. Chrysánthemum L. Wucherblume.

1. Zungenblüten gelb; Früchte der Zungenblüten mit 2 oder 3 oben in einen Zahn ausgehenden Flügeln.

1248. **C. ségetum L. Feld-W.** Kahl; Blätter halbumfassend, länglichverkehrteiförmig, ungeteilt bis fast fiederspaltig mit gesägten Abschnitten, obere grobgesägt; Köpfchenstiel keulig verdickt. ⊙. 7, 8. Feld; V v. Dürkheim und Speyer abwärts; M Kaiserslautern, Zweibrücken; N Kusel.

2. Zungenblüten weiss; Früchte alle gleich, walzig oder kantig bis kreiselförmig.

1249. **C. Leucánthemum L. Wiesen-W.** Untere Blätter langgestielt, spatelig, gekerbt, obere länglichkeilförmig, halbumfassend, gesägt; Köpfchen einzeln, endständig, gross. ♃. 5—10. Wiesen; verbr.

1250. **C. corymbosum L. Traubige W.** Blätter fiederteilig, am Grund gefiedert, Abschnitte lanzettlich, spitz, fiederspaltig, Zipfel lanzettlich, gesägt, mittlere Blätter sitzend; Köpfchen ebensträussig, mittelgross; Hüllblätter braunberandet; Zungenblüten lineallänglich. ♃. 6, 7. Waldränder; V verbr.; M Waldleiningen, Annweiler; N Donnersberg.

20. Matricária L. Kamille.

1251. **M. inodora L. Geruchlose K.** Stengel ästig; Blattabschnitte unterseits gefurcht; Köpfchen einzeln endständig an

Stengel und Ästen; Köpfchenboden halbkugelig, nicht hohl; Frucht unter der Spitze mit 2 vertieften Drüsen. ⊙. 5—10. Äcker; verbr.

1252. M. Chamomilla L. Echte K. Blattabschnitte flach; Köpfchen langgestielt; Köpfchenboden kegelförmig, hohl; Zungenblüten länger als die Hülle, zuletzt zurückgeschlagen; sonst wie vor. ⊙. 5—8. Äcker; verbr.

21. Tanacetum L. Rainfarn.

1253. T. vulgare L. Wilder R. Blätter 2fachfiederteilig, Zipfel lineallanzettlich, starkgezähnt; Köpfchen ebensträussig; Hüllblätter häutig berandet. ♃. 7—9. Raine, Ufer; verbr.

22. Árnica L. Wohlverleih.

1254. A. montana L. Berg-W. Grundblätter verkehrteiförmig, 5rippig; Stengel mit 1—2 Blattpaaren; Köpfe gross; Hülle drüsigflaumig; Krone orange. ♃. 6—8. Wald- und Heidewiesen; verbr.

23. Doronicum L. Gemswurz.

1255. D. Pardalianches L. Echte G. Ausläufer vorn knollig verdickt; zottig; Blätter seichtgezähnt; Grundblätter langgestielt, mit schmalem Herzausschnitt, eiförmig; Stengelblätter umfassend, geöhrt gestielt. ♃. 5, 6. Wald; M zw. Dürkheim und Kaiserslautern.

24. Senécio L. Kreuzkraut.

A. Äussere Hüllblätter kürzer als die inneren.

I. Blätter tief eingeschnittengekerbt bis 2fachfiederteilig, oder herzförmig, gestielt.

1. Blätter buchtig fiederspaltig bis fiederteilig, Spindel gezähnt, Zähne gleichseitig abstehend; Hüllblätter lineal, spitz.

a. Zungenblüten fehlen.

1256. S. vulgaris L. Vogel-K. Blätter kahl oder spinnwebig wollig, obere mit geöhrtem Grund umfassend; äussere Hüllblätter halb so lang als die inneren, zur Hälfte schwarz. ⊙, ⊙. 4—10. Bebautes Land; verbr.

b. Zungenblüten kürzer als die Hülle, meist zurückgerollt.

1257. S. viscosus L. Klebriges K. Drüsigzottig; äussere Hüllblätter halb so lang als die inneren, nur vorn schwarzgefleckt; Frucht zuletzt kahl. ⊙. 6—10. Sandboden; verbr.

1258. S. silváticus L. Wald-K. Zerstreutwollhaarig, drüsenlos; Köpfchen kleiner und schmäler; äussere Hüllblätter 1/6 so lang als die inneren; Frucht angedrücktkurzhaarig. ⊙. 7, 8. Waldschläge; verbr.

2. Blätter fiederteilig mit ganzrandiger Spindel bis leierförmig mit am Grund verschmälertem Endlappen; Zähne der Abschnitte vorwärtsgerichtet, rückwärts herablaufend; Hüllblätter länglichlanzettlich bis verkehrteiförmig; Zungenblüten meist länger als die Hülle.

a. Äussere Hüllblätter halb so lang als die inneren.

1259. S. erucifólius L. Rauken-K. Wurzelstock kriechend; Blätter fiederteilig mit linealen gezähnten bis fiederspaltigen Fiedern, ungeteilten Öhrchen; Hüllblätter verkehrteiförmig, zugespitzt; Frucht kurzhaarig. ♃. 7—9. Auen, Ufer; verbr.; fehlt M Vogesias.

b. Äussere Hüllblätter viel kürzer als die inneren.

1260. S. Jacobaea L. Jakobs-K. Wurzelstock kurz; Blätter leierförmig fiederteilig, obere fiederteilig mit wagrecht abstehenden, vorn breiteren Fiedern, vielspaltigen Öhrchen; Stengel nur oben ästig; Zungenblüten zuweilen kürzer als die Hülle oder fehlend. ♃. 7, 8. Wiesen, Raine; verbr.

1261. S. aquáticus Huds. Wasser-K. Wurzelstock kurz; Blätter leierförmig fiederteilig mit schief abstehenden, länglichen bis linealen Fiedern, unterste oft ungeteilt; Stengel niedrig; Äste lang, aufrecht abstehend. ♃. 7—9. Feuchte Wiesen; V verbr; M Zweibrücken.

II. Blätter lanzettlich bis lineallanzettlich, sitzend oder in einen kurzen Stiel verschmälert.

1262. S. Fúchsii Gmel. Hain-K. Wurzelstock kurz; Blätter elliptisch bis schmallanzettlich, in den schmalgeflügelten, am Grund etwas verbreiterten, halbumfassenden Stiel zusammengezogen, Sägezähne gerade abstehend; Ebenstrauss vielköpfig; Köpfchenstiel schlank; Hülle schmalglockig; äussere Hüllblätter 3—5; 5 Zungenblüten. ♃. 6—8. Wald; verbr.; V Oggersheim.

1263. S. paludosus L. Sumpf-K. Blätter sitzend, verlängertlanzettlich, spitz, scharfgesägt, unterseits filzig oder kahl; Ebenstrauss vielblütig; äussere Hüllblätter 10, halb so lang als die inneren; 10—20 Zungenblüten. ♃. 7, 8. Ufer; V verbr., bes. am Rhein.

B. Ohne äussere Hüllblätter; Blätter ungeteilt.

1264. S. spatulifólius DC. Spatel-K. In der Jugend weissfilzigwollig; Grundblätter plötzlich in einen langen Stiel verschmälert, eiförmig, Stengelblätter sitzend, eiförmig, obere länglich, alle unterseits dicht weisswollig; Hüllblätter wollig; Zungenblüten fehlen öfters; Frucht behaart. ♃. 5, 6. Feuchte Wiesen; V Forst; M Modenbach, Eppenbrunn; N Kusel, Rathsweiler.

25. Caléndula L. Ringelblume.

1265. C. arvensis L. Acker-R. Blätter länglichlanzettlich; Zungenblüten hellgelb; äussere Früchte gerade. ☉. 5—9. Äcker; V verbr.

26. Echinops L. Kugeldistel.

1266. E. sphaerocéphalus L. Binsen-K. Blätter fiederteilig, unterseits grauwolligfilzig; Stengel oberwärts drüsigzottig, 1köpfig; äussere Hüllblätter mehr als halb so lang als die inneren; Krone weisslich. ♃. 7, 8. Raine, Schutt; V Haardt; N Disibodenberg.

27. Cirsium L. Kratzdistel.

A. Blätter oberseits von kleinen Stacheln rauh; Kronen purpurn.

1267. **C. lanceolatum L. Speer-K.** Blätter herablaufend, fiederspaltig; Fiedern 2spaltig, Zipfel lanzettlich; Hüllblätter mit pfriemlicher Spitze, abstehend, dünn spinnwebig; Kronen hellpurpurn. ⊙. 6—8. Schutt, Raine; verbr.

1268. **C. erióphorum Scop. Woll-K.** Blätter nicht herablaufend, tieffiederspaltig; Fiedern 2spaltig, Zipfel lineallanzettlich, kleinere Zipfel oberseits aus der Blattfläche hervortretend; Köpfchen grösser; Hüllblätter vor der dornigen Spitze verbreitert, dicht spinnwebig; Kronen dunkelpurpurn. ⊙. 7—9. Auen, Raine; V Ludwigshafen, Speyer, Landau; M Zweibrücken.

B. Blätter oberseits ohne Stacheln.

I. Blüten 2häusig; Stengel mit nichtblühenden Ästen; Haarkrone zuletzt 3mal so lang als die Krone.

1269. **C. arvense Scop. Acker-K.** Blätter wenig herablaufend, ungeteilt oder fiederspaltig, unterseits grün oder weissfilzig; Köpfchen klein, zahlreich in Ebensträusen; Kronen rosa. ♃. 7, 8. Äcker, Raine; verbr.

II. Blüten zwitterig; Stengel ohne nichtblühende Äste; Haarkrone kürzer als die Krone.

1. Wenigstens die unteren Blätter herablaufend.

1270. **C. palustre Scop. Sumpf-K.** Stengel bis zur Spitze durch die ganz herablaufenden Blätter krausgeflügelt; Blätter fiederspaltig, zerstreuthaarig; Köpfchen klein, geknäuelt; Kronen purpurrot. ⊙. 7, 8. Sumpfwiesen; verbr.

2. Blätter nicht herablaufend.

a. Kronen meist purpurn; Köpfchen nicht von grossen Hochblättern umgeben.

1271. **C. acaule All. Erd-K.** Stengel verkürzt, dichtbeblättert; Blätter rosettig ausgebreitet, unterseits kurzhaarig, buchtigfiederspaltig, Fiedern eiförmig, fast 3spaltig; Köpfchen auf der Rosette sitzend, selten auf kurzem dichtbeblättertem Stengel; Saum der Krone deutlich kürzer als die Röhre. ♃. 7—9. Heiden; V verbr.; M Wachenheim, Zweibrücken.

1272. **C. bulbosum DC. Knollen-K.** Wurzeln spindelförmig verdickt; Stengel gestreckt, oberwärts blattlos, 1köpfig oder mit langen 1köpfigen Ästen; Blätter unterseits dünn spinnwebig, tief-, fast 2fachfiederspaltig, Zipfel spreizend; Stengelblätter ohne Öhrchen halbumfassend. ♃. 6—8. Feuchte Wiesen, Auen: V verbr.; N Donnersberg.

b. Kronen meist gelblichweiss; Köpfchen gehäuft, von bleichen Hochblättern überragt.

1273. **C. oleráceum Scop. Kohl-K.** Blätter ungeteilt oder fiederspaltig, umfassend; Hochblätter breiteiförmig, ungeteilt; Hüllblätter mit kurzem weichem Dorn. ♃. 7, 8. Feuchte Wiesen; verbr.; M selten.

28. Cárduus L. Distel.

1. Hüllblätter überm Grund eingeschnürt und mit einer Querfalte herabgeknickt.

1274. C. nutans L. Nickende D. Blätter tieffiederspaltig, stark dornig, herablaufend, unterseits gleichfarbig; Köpfchen rundlich, meist einzeln, nickend; Hüllblätter langzugespitzt; Kronen dunkelpurpurn. ♃. 7, 8. Schutt, Wege; verbr.

2. Hüllblätter vom Grund an gleichmässig verschmälert, abstehend oder zurückgekrümmt.

1275. C. acanthoides L. Weg-D. Blätter beiderseits grün, kahl oder auf den Adern behaart, tieffiederspaltig; Stacheln derb; Köpfchen zu 1—2; Köpfchenstiel starkgeflügelt; Kronen hellpurpurn. ⊙. 7—10. Schutt, Wege; V Kirchheimbolanden, Dürkheim, Frankenthal, Speyer.

1276. C. crispus L. Krause D. Blätter buchtiggezähnt bis fiederspaltig, unterseits wolligfilzig, obere lanzettlich mit verschmälertem Grund; Stacheln weniger derb; Köpfchen zu 3—5; Hüllblätter kürzer als die Blüten; Kronen purpurn. ⊙. 7—10. Gebüsch, Wege; verbr.

29. Onopordum Vaill. Eselsdistel.

1277. O. Acánthium L. Gemeine E. Stengel durch die herablaufenden Blätter breitgeflügelt; Blätter buchtig, stacheliggezähnt, dicht spinnwebigwollig; Köpfchen gross, aufrecht; äussere Hüllblätter aus eiförmigem Grund linealpfriemlich, gerade abstehend; Kronen purpurn. ⊙. 7, 8. Schutt; verbr.

30. Lappa L. Klette.

1. Alle Hüllblätter mit hakenförmiger Stachelspitze.

1278. L. officinalis All. Grosse K. Köpfchen in ebensträussiger Traube; Hüllblätter alle grün, länger als die Blüten, kahl, am Grund spärlich gewimpert. ⊙. 7, 8. Schutt, Raine; verbr.

1279. L. minor DC. Kleine K. Köpfchen traubig gestellt; Hüllblätter kürzer als die Blüten, etwas spinnwebig, zerstreutgewimpert, innere an der Spitze rötlich. ⊙. 7, 8. Schutt, Raine; verbr.

2. Innere Hüllblätter stumpf mit kurzer gerader Stachelspitze, purpurn.

1280. L. tomentosa Lam. Filzige K. Köpfchen in ebensträussiger Traube, dicht spinnwebigfilzig; Hüllblätter kürzer als die Blüten, dichtgewimpert. ⊙. 7, 8. Schutt, Raine; V Ludwigshafen; M Zweibrücken.

31. Carlina L. Wetterdistel.

1281. C. vulgaris L. Stengel-W. Blätter länglichlanzettlich, buchtiggezähnt, dornig, oberste kürzer als das Köpfchen; Köpfchen meist mehrere; innere Hüllblätter gelblich. ⊙. 7, 8. Steinige Abhänge, Heiden; verbr.

32. Serrátula L. Scharte.

1282. **S. tinctoria L. Färber-S.** Blätter ungeteilt oder leierförmig bis fiederspaltig, geschärftgesägt, unterseits kahl; Köpfchen ebensträussig, länglichwalzig; Hüllblätter dichtdachziegelig, vorn nebst den Blüten purpurn. ♃. 7—10. Heide, Wald; verbr.

33. Jurinea Cass. Flockenwurz.

1283. **J. cyanoides Rchb. Ästige F.** Blätter unterseits weissfilzig, fiederspaltig, Abschnitte entfernt, lineal, ganzrandig; Köpfchen einzeln, langgestielt, fast kugelig; Hüllblätter zugespitzt, graufilzig; Krone purpurn. ♃. 7—9. Sandfelder; V Dürkheim, Maxdorf, Speyer.

34. Centaurea L. Flockenblume.

I. Hüllblätter an der Spitze mit einem deutlich abgesetzten trockenhäutigen, zerschlitzten oder fiederiggefransten Anhängsel; obere Blätter ungeteilt; Krone purpurn.

1284. **C. Jacea L. Wiesen-F.** Blätter lanzettlich, ungeteilt oder untere entfernt buchtig bis fiederspaltig, oft spinnwebigwollig; Anhängsel rundlicheiförmig, ungeteilt oder unregelmässig zerschlitzt; Haarkrone fehlt. ♃. 6—10. Wiesen; verbr.

1285. **C. nigra L. Schwarze F.** Blätter lanzettlich, untere buchtiggezähnt; Anhängsel aufrecht, lanzettlich, mit genäherten Fransen, schwarzbraun; vergrösserte geschlechtslose Randblüten fehlen meist; Haarkrone $^1/_3$ so lang als die Frucht. ♃. 7—10. Waldränder; verbr.

II. Hüllblätter vorn mit trockenhäutigem Saum, der sich häutig längs dem Rand herabzieht.

1. Randblüten blau; Stengelblätter ungeteilt, ganzrandig, selten buchtigfiederspaltig.

1286. **C. Cyanus L. Kornblume.** Blätter nicht herablaufend, lineallanzettlich, unterste gezähnt bis 3teilig, zerstreut spinnwebig behaart; Saum der Hüllblätter fransigzerschlitzt; Haarkrone so lang als die Frucht. ⊙, ⊙. 6—8. Feld; verbr.

1287. **C. montana L. Berg-F.** Blätter herablaufend, lanzettlich, grün. zerstreut spinnwebigflockig; Fransen der Hüllblätter schwärzlich, so lang als die Breite des Saumes. ♃. 6—8. Wald, Abhänge; M Ostseite; N Donnersberg, Rathsweiler.

2. Blüten purpurn; Stengelblätter fiederteilig.

1288. **C. Scabiosa L. Kugel-F.** Blätter kurzhaarig, 1—2fachfiederteilig, Zipfel lanzettlich; Köpfchen einzeln am Ende des Stengels und der Äste, fast kugelig; Hüllblätter schmal schwarzgesäumt, gefranst, nervenlos oder schwachnervig. ♃. 6—9. Wiesen, Raine; verbr.

1289. **C. rhenana Bor. Rispen-F.** Blätter nebst Stengel graubehaart, untere 2-, obere 1fachfiederteilig, Zipfel lineallanzettlich; Köpfchen rispig gehäuft, rundlicheiförmig, am Grund abgerundet, klein; Hüllblätter mit 3eckigem dunklem Hautrand, deutlich

5nervig; Krone hellpurpurn; Haarkrone halb so lang als die Frucht. ☉. 7—9. Trockene Abhänge; V Kallstadt, Frankenthal, Ellerstadt, Neustadt, Speyer.

35. Lámpsana L. Rainsalat.

1290. **L. communis L. Echter R.** Untere Blätter leierförmig fiederteilig mit sehr grossem Endlappen, obere länglichlanzettlich, spitz; Köpfchen in lockerer Rispe; Hüllblätter lineallänglich, stumpf. ☉. 6—8. Raine, Äcker, Gebüsch; verbr.

36. Arnóseris L. Lammkraut.

1291. **A. minima Lk. Kleines L.** Grundblätter länglich-spatelförmig, gesägt; Stengel einfach oder mit wenigen aufrechten Ästen; Köpfchenstiel oberwärts verdickt, hohl; Hüllblätter zerstreut kurzhaarig. ☉. 6—9. Äcker; V, M verbr.

37. Cichórium L. Warte.

1292. **C. Intybus L. Weg-W.** Kurzsteifhaarig; untere Blätter buchtigfiederspaltig, obere lanzettlich, halbumfassend; Köpfchen in traubig angeordneten Schrauben; Hüllblätter drüsiggewimpert. ♃. 7, 8. Raine; verbr.

38. Leóntodon L. Löwenzahn.

1293. **L. autumnalis L. Herbst-L.** Blätter kahl oder spärlich mit 1fachen Haaren bestreut, fiederspaltig gezähnt, Zipfel vorwärtsgerichtet; Stengel mehrköpfig; Köpfchenstiel allmählich verdickt mit mehreren Hochblättern; Köpfchen vorm Aufblühen aufrecht: Hüllblätter grün, kahl oder meist spärlich kurz kraushaarig; äussere Zungenblüten aussen rotgestreift; alle Haare der Haarkrone federig. ♃. 7—10. Wiesen, Raine; verbr.

1294. **L. hastilis L. Gemeiner L.** Blätter kahl oder mit gabeligen Haaren bestreut, buchtiggezähnt; Stengel 1köpfig; Köpfchenstiel höchstens mit 1—2 Hochblättern: Köpfchen vorm Aufblühen nickend: Hüllblätter dunkelgrün, kahl oder steifhaarig; Kronen aussen gelb: Haare der randständigen Früchte 1fach, selten fehlend. ♃. 6—10. Wiesen; verbr.

39. Thríncia Rth. Hundslattich.

1295. **Th. hirta Roth. Rauher H.** Blätter buchtiggezähnt bis fiederspaltig, mit gabeligen Haaren bestreut; Stengel 1köpfig; Köpfchenstiel mit 1—2 Hochblättern; Köpfchen vorm Aufblühen nickend; Hüllblätter schwarzberandet, kahl oder steifhaarig; äussere Kronen aussen blaugrün; randständige Früchte ohne Haarkrone. ♃. 7—9. Wiesen, Raine; verbr.

40. Picris L. Bitterkraut.

1296. **P. hieracioides L. Gemeines B.** Steifhaarig; Blätter länglich, buchtiggezähnt, mittlere gestutzt oder fast pfeilförmig;

Hüllblätter lanzettlich, dunkelgrün, in der Mitte steifhaarig, äussere abstehend. ⊙. 7—10. Wiesen, Raine; verbr.

41. Helmínthia Juss. Wurmkraut.

1297. **H. echioides Gärtn. Natterkopfartiges W.** Steifhaarig; Blätter länglich bis länglichlanzettlich, ganzrandig bis geschweiftgezähnt, obere herzförmig umfassend; äussere Hüllblätter herzeiförmig mit stechender Granne. ⊙. 5—9. (Südeuropa); verwildert und eingeschleppt; Dämme, Wege; V Landau.

42. Tragopogon L. Bocksbart.

1298. **T. maior Jacq. Grosser B.** Köpfchenstiel oberwärts keulenförmig verdickt, hohl; Hüllblätter 10—12, länger als die Blüten; randständige Früchte kurzstachelig. ⊙. 6. Heidewiesen, Felsen: V Grünstadt, Dürkheim, Ellerstadt, Speyer; N Donnersberg.

1299. **T. pratensis L. Wiesen-B.** Blätter aufrecht; Köpfchenstiel nur unmittelbar unterm Köpfchen etwas verdickt; Hüllblätter meist 8, so lang als die Blüten; randständige Früchte körnig. ⊙. 5—7. Wiesen; verbr.

var. m i n o r F r. K l e i n e r B. Blätter schlaff herabhängend; Hüllblätter 2mal so lang als die Blüten. V Frankenthal; Donnersberg, Nahethal.

var. o r i e n t a l i s L. M o r g e n l ä n d i s c h e r B. Hüllblätter kürzer als die Blüten; randständige Früchte schuppigstachelig. V Frankenthal, Oggersheim, Wachenheim; M Blieskastel; N Ebernburg.

43. Scorzonera L. Schwarzwurzel.

1300. **S. purpúrea L. Purpur-S.** Wurzelstock oben faserig; Blätter lineal; Stengel 1—4köpfig; Hüllblätter stumpf; Krone rosenrot; Zungen der Kronen 2mal so lang als die behaarte Röhre. ♃. 6. Heidewiesen; V Grünstadt, Dürkheim, Zell.

1301. **S. húmilis L. Niedrige S.** Wurzelstock oben schuppig; Blätter ungeteilt; Grundblätter länglich, lanzettlich oder lineal, am Grund stielartig verschmälert; Stengelblätter 2—3, sitzend; Hüllblätter stumpflich; Krone hellgelb; Zungen der Kronen so lang als die behaarte Röhre. ♃. 5, 6. Feuchte Wiesen: V Frankenthal, Maxdorf, Forst, Schifferstadt; M.

44. Podospermum DC. Stielsame.

1302. **P. laciniatum DC. Zerschlitzter S.** Blätter fiederspaltig, Abschnitte lineallänglich bis lineal; Hüllblätter spitz, innere so lang als die äusseren Blüten; Krone gelb; Stiel der Frucht dicker als diese. ⊙. 6, 7. Äcker, Raine; V Frankenthal, Ellerstadt, Deidesheim, Neustadt; M Zweibrücken; N Nahethal.

45. Hypochoeris L. Ferkelkraut.

1303. **H. glabra L. Kahles F.** Grundblätter welligbuchtig, kahl; Stengel liegend oder aufsteigend mit wenigen kleinen Blättern:

innere Hüllblätter so lang als die Blüten; randständige Früchte schnabellos. ☉. 7, 8. Feld; verbr.

1304. H. radicata L. Wurzel-F. Grundblätter gezähnt bis buchtigfiederspaltig, borstigbehaart; Stengel aufrecht, ohne Laubblätter; Hüllblätter kürzer als die Blüten; äussere Blüten aussen dunkelblaugrau; alle Früchte geschnäbelt. ♃. 6—10. Wiesen, Raine; verbr.

46. Achyróphorus Scop. Hachelkopf.

1305. A. maculatus Scop. Gefleckter H. Stengel steifhaarig, meist 1köpfig mit 1—3 kleinen linealen Blättern, oberwärts kaum verdickt; Hüllblätter rauhhaarig oder wenigstens zerschlitztgewimpert, filzig berandet; Haare der Haarkrone 1reihig, gefiedert. ♃. 6, 7. Heidewiesen; V Speyer; M Grünstadt, Dürkheim, Neustadt, Hochspeyer, Eppenbrunn.

47. Taráxacum Juss. Kuhblume.

1. Hüllblätter lineal, äussere zurückgeschlagen.

1306. T. officinale Web. Echte K. Blätter schrotsägeförmig, fiederspaltig; Übergang der Frucht in den Schnabel $^1/_6$—$^1/_5$ so lang als die Frucht. ♃. 4—10. Wiesen, Raine; verbr.

2. Innere Hüllblätter lineal, äussere eilanzettlich, abstehend oder angedrückt.

1307. T. laevigatum DC. Glatte K. Blätter tieffiederspaltig, Abschnitte zugespitzt; äussere Hüllblätter abstehend, innere unter der Spitze meist mit Schwiele oder Hörnchen; Frucht meist rotbraun mit $^1/_3$—$^1/_2$ so langem Übergang in den Schnabel. ♃. 4. Trockene Wiesen; V verbr.

1308. T. palustre DC. Sumpf-K. Blätter lineallanzettlich, schwachgezähnt bis ganzrandig; äussere Hüllblätter angedrückt, zugespitzt. ♃. 4, 5. Feuchte Wiesen; verbr.

48. Chondrilla L. Knorpelsalat.

1309. C. júncea L. Binsen-K. Grundblätter schrotsägezähnig, zur Blütezeit verwelkt; Stengelblätter lanzettlich bis lineal; Stengel nebst Hülle kahl, rispig verästelt, Äste rutenförmig; Köpfchen kurzgestielt zu 1—8 in entfernten Gruppen, 7—12blütig. ♃. 6—8. Äcker, Raine; verbr.

49. Prenanthes L. Nickwurz.

1310. P. purpúrea L. Purpur-N. Stengel beblättert; Blätter kahl, unterseits blaugrün, länglichlanzettlich, herzförmig umfassend, buchtiggezähnt; Köpfchen rispig, nickend. ♃. 7, 8. Bergwald; M, N verbr.

50. Lactuca L. Lattich.

I. Blüten blau.

1311. L. perennis L. Dauer-L. Blätter kahl, etwas bläulich, schrotsägeförmig fiederspaltig, Abschnitte lanzettlich, eingeschnittengezähnt; Frucht schwarz, so lang als der Schnabel. ♃. 6. Felsen, Abhänge; V Grünstadt bis Neustadt; M verbr.; N Nahe- und Glanthal.

II. Blüten gelb.

1. Blätter gestielt; Köpfchen 5blütig.

1312. **L. muralis L. Mauer-L.** Blätter leierförmig unterbrochen fiederteilig, Abschnitte eckiggezähnt, Stiel geflügelt; Rispe locker, Äste abstehend; Frucht schwarzbraun, mehrmals länger als der Schnabel, kahl. ♃. 7, 8. Wald, Raine; verbr.

2. Blätter mit herz- oder pfeilförmigem Grund sitzend; Köpfchen mehrblütig.

a. Blätter lineal, ganzrandig; Köpfchen fast sitzend in schmaler Rispe oder Traube.

1313. **L. saligna L. Weiden-L.** Stengelblätter tief pfeilförmig umfassend, oft an der Mittelrippe unterseits stachelig; Frucht kahl, halb so lang als der Schnabel. ⊙. 7, 8. Wege, Mauern; V Dürkheim bis Ludwigshafen, Forst; M Zweibrücken; N Nahethal, Kusel.

b. Blätter länglich, meist schrotsägeförmig fiederspaltig; Köpfchen gestielt; Blütenstand rispig.

1314. **L. virosa L. Gift-L.** Blätter wagrecht abstehend, meist ungeteilt, stachelspitzig gezähnt, selten buchtigfiederspaltig, auf den Rippen stachelig; Frucht schwarz, kahl, breitberandet, so lang als der Schnabel. ⊙. 7, 8. Abhänge, Felsen; V und M Grünstadt bis Neustadt; N verbr.

1315. **L. Scariola L. Wilder L.** Blätter senkrecht gestellt, meist buchtigfiederspaltig, auf den Rippen stachelig; Frucht bräunlich, an der Spitze borstig, kürzer als der Schnabel. ⊙. 7, 8. Schutt, Felsen, Mauern; V Grünstadt, Frankenthal, Ungstein; M Grünstadt bis Annweiler, Hochspeyer bis Frankenstein, Kaiserslautern; N Nahe- und Glanthal bis Kusel.

51. Sonchus L. Gänsedistel.

1. Hüllblätter kahl oder weissflockig, höchstens mit vereinzelten Drüsen.

1316. **S. oleráceus L. Kohl-G.** Blätter glanzlos, buchtig bis fiederspaltig, pfeilförmig; Frucht querrunzelig. ⊙. 6—10. Äcker, Gärten, Schutt; verbr.

1317. **S. asper All. Rauhe G.** Blätter glänzend, mit stechenderen Zähnen, oft ungeteilt, herzförmig; Frucht nicht querrunzelig. ⊙. 6—10. Äcker, Gärten, Schutt; verbr.

2. Hüllblätter stark drüsenborstig.

1318. **S. arvensis L. Acker-G.** Wurzelstock kriechend; Stengelblätter herzförmig, fiederspaltig; Hülle gelbdrüsig; Krone sattgelb; Frucht dunkelbraun, deutlich zusammengedrückt, oben verschmälert. ♃. 7, 8. Feld, Raine; verbr.

52. Crepis L. Feste, Pippau.

A. Frucht geschnäbelt; Blüten gelb, äussere Kronen aussen purpurn gestreift; Hülle graufilzig.

1319. C. foétida L. Stink-F. Stengel ästig; Blätter schrotsägezähnig bis fiederteilig; Köpfchen vorm Aufblühen nickend; randständige Früchte kurzgeschnäbelt. ⊙. 7, 8. Raine; V verbr.; M Kaiserslautern, Zweibrücken; N Donnersberg. Waldmohr.

1320. C. taraxacifólia Thuill. Kuhblumen-F. Stengel oben ebensträussig; Blätter schrotsägezähnig; Köpfchen stets aufrecht; Früchte alle langgeschnäbelt. ⊙. 5, 6. Äcker; trockene Wiesen; V Edenkoben bis Weissenburg; M Kaiserslautern, Zweibrücken.

B. Frucht ungeschnäbelt; Blüten gelb.

I. Hülle ziemlich kahl oder von Sternhaaren flaumig oder gelbborstig.

1. Stengel beblättert, an der Spitze ebensträussig.

a. Hülle grauflaumig.

α. Innere Hüllblätter innen behaart, äussere etwas abstehend.

1321. C. biennis L. Winter-F. Steifhaarig oder fast kahl; Blätter flach, am Grund nur geöhrt gezähnt, fiederspaltig, obere ungeteilt; Griffel gelb. ⊙. 5, 6. Wiesen, Raine; verbr.

1322. C. tectorum L. Mauer-F. Kurzhaarig; Stengelblätter pfeilförmig umfassend, ungeteilt, am Rand umgerollt; Griffel braun. ⊙. 5—10. Raine; V ziemlich verbr.

β. Innere Hüllblätter innen kahl, äussere angedrückt.

1323. C. virens L. Sommer-F. Ziemlich kahl; Stengelblätter pfeilförmig umfassend, flach, gezähnt bis fiederspaltig; Griffel gelb; äussere Kronen oft aussen rötlich. ⊙. 7—19. Raine, Äcker, Wiesen; verbr.

b. Hülle kahl und borstig.

1324. C. pulchra L. Schöne F. Oberwärts kahl; untere Blätter länglichlanzettlich, buchtiggezähnt, obere klein, lineal, ganzrandig; Hüllblätter kahl, äussere sehr kurz. ⊙. 6, 7. Raine: V Speyer; N Obermoschel, Lauterecken.

2. Blätter nur grundständig; Köpfchen traubig oder rispig.

1325. C. praemorsa Tausch. Schwefel-F. Blätter eilänglich, gegen den Grund verschmälert, flaumig; Hüllblätter angedrückt; Krone hellgelb. ♃. 5, 6. Auen, Heiden; V Königsbach bis Forst; M Zweibrücken.

II. Hülle mit schwarzen Drüsenhaaren, ohne Sternflaum.

1326. C. paludosa Mnch. Sumpf-F. Stengel entfernt beblättert: Blätter deutlich gezähnt, obere länglich- oder eilanzettlich, zugespitzt, mit zugespitzten Öhrchen, tief umfassend. ♃. 6, 7. Sumpfwiesen; verbr.

53. Hierácium L. Habichtskraut.

A. Stengel blattlos oder wenigbeblättert, 1- bis mehrköpfig; Blätter meist ganzrandig, gegen den Grund verschmälert; häufig oberirdische Ausläufer; Frucht klein, am oberen Rand gekerbt.

I. Stengel 1köpfig; Blätter unterseits weiss- oder grauflockig bis filzig; Kronen schwefelgelb, äussere meist aussen rotgestreift.

1327. **H. Peleterianum Mérat. Zottiges H.** Ausläufer kurz, dick, mit fast gleichgrossen Blättern; Blätter verlängert, verkehrteilanzettlich, reich mit langen Borstenhaaren besetzt; Hüllblätter von langen drüsenlosen Haaren dichtzottig. ♃. 5, 6. Sonnige Abhänge; V Grünstadt bis Neustadt; N Donnersberg.

1328. **H. Pilosella L. Filziges H.** Ausläufer verlängert, schlank mit nach vorn kleineren Blättern; Blätter verkehrteilanzettlich, weniger dichtborstig; Hüllblätter lineallanzettlich, fast gleichlang, zerstreutbehaart, mit Drüsenhaaren. ♃. 5—10. Wiesen, Raine; verbr.

II. Stengel über der Mitte ästig, 2- bis vielköpfig; Köpfchen kurzgestielt; Kronen gelb.

1. Blätter blaugrün, fast stets ohne Sternhaare.

1329. **H. Auricula L. Öhrchen-H.** Zahlreiche Ausläufer; Stengel spannhoch, 2—7köpfig; Blätter zungenförmig, stumpf oder kurzbespitzt, fast völlig kahl, nur am Grund gewimpert; Hüllblätter stumpf mit kurzen 1fachen und Drüsenhaaren. ♃. 5—9. Wiesen, Raine, Wald; verbr.

1330. **H. praealtum Vill. Hohes H.** Mit oder ohne Ausläufer; Stengel höher, vielköpfig; Blätter lineallanzettlich bis lanzettlich zugespitzt, auf Rand und Rippe oder auf der ganzen Oberfläche borstigbehaart; Äste des Blütenstandes nach dem Abblühen gerade, mit zahlreichen Sternhaaren; Hülle mit 1fachen und Drüsenhaaren. Ändert viel ab. ♃. 6, 7. Raine, Kies, Mauern; verbr.

2. Blätter grasgrün, mit oder ohne Sternhaare; Köpfchen 20—50.

1331. **H. Rothianum Wallr. Roth's H.** Ohne Ausläufer; Blätter lanzettlich, beiderseits borstenhaarig, unterseits sternhaarig; Haare des Stengels länger als sein Querdurchmesser; Verzweigungen des Blütenstandes ungleich hoch entspringend; Hüllblätter von weissen Haaren zottig. ♃. 6, 7. Sonnige Abhänge; V Wachenheim, Deidesheim.

1332. **H. pratense Tausch. Wiesen-H.** Ausläufer; Blätter länglichlanzettlich, spitzlich, oft gezähnelt, beiderseits rauhhaarig; Hüllblätter stumpf, mit wenigstens am Grund schwarzen Haaren und schwarzen Drüsenhaaren; Griffel gelb. ♃. 6, 7. Feuchte Wiesen; V verbr.

B. Stengel häufig beblättert, 1- bis mehrköpfig; wenn 1köpfig, blattlos; Blätter ohne Sternhaare, häufig gezähnt und gestielt; ohne oberirdische Ausläufer; Früchte grösser, am oberen Rand ungekerbt; Kronen gelb.

I. Blätter am Grund des blühenden Stengels rosettig (wenn nicht, Hülle weisszottig), mit deutlich abgesetztem Stiel; Spreite gegen den Grund verschmälert und abgerundet bis herzförmig.

1. Blätter fast nur grundständig; Stengel mit höchstens 1—2 Blättern.

a. Blätter steifhaarig, blaugrün; Griffel gelb.

1333. **H. Schmidtii Koch. Blasses H.** Blätter länglicheiförmig, oberseits kahl, am Grund gezähnt, Zähne vorwärtsgerichtet; Hüllblätter und Köpfchenstiel mit Drüsen- und einzelnen 1fachen Haaren. ♃. 6. 7. Steinige Abhänge; N Donnersberg, Kreuznach.

b. Blätter weichhaarig, gras- oder blaugrün; Griffel braun.

1334. **H. silváticum L. Wald-H.** Blätter grasgrün, weich, meist am Grund herzförmig, Zähne rückwärts gerichtet; Köpfchenstiel sternhaarigflaumig, nebst Hülle dicht schwarzdrüsig. ♃. 5—9. Wald, Wiesen, Abhänge; verbr.

1335. **H. praecox Schultz Bip. Frühes H.** Blätter blaugrün, oberseits kahl; Köpfchenstiel fast ohne Sternhaare, drüsig; Hülle mit Drüsen und 1fachen Haaren. ♃. 5—7. Wald, Wiesen; V Bienwald; M Grünstadt bis Dahn, Kaiserslautern; N Donnersberg.

2. Stengel 2- bis mehrblättrig.

1336. **H. vulgatum Fr. Gemeines H.** Stengel mit zerstreuten 1fachen Haaren; Stengelblätter seichtgezähnt, gegen den Grund verschmälert; Köpfchenstiel und Hülle mit schwarzen Drüsenhaaren. ♃. 6, 7. Wald; verbr.

II. Stengel ohne grundständige Blattrosette, reichbeblättert; Blätter nicht drüsig, untere gestielt, obere sitzend, nicht umfassend.

1. Hüllblätter angedrückt.

1337. **H. tridentatum Fr. Dreizähniges H.** Blätter lanzettlich bis lineallanzettlich, jederseits mit etwa 3 grossen Zähnen; Hüllblätter spitz, mit Stern- und 1fachen Haaren, selten wenigen Drüsenhaaren, am Rand heller grün. ♃. 7, 8. Wald; ziemlich verbr.

1338. **H. boreale Fr. Nordisches H.** Blätter um die Stengelmitte am grössten, dichter gedrängt, lanzettlich, schwachgezähnt, oberwärts rasch abnehmend, eilanzettlich; Hüllblätter dunkelgrün, ziemlich kahl. ♃. 7—10. Waldrand; verbr.

2. Äussere Hüllblätter sparrig abstehend.

1339. **H. umbellatum L. Doldiges H.** Blätter lanzettlich bis lineal, gezähnt oder ganzrandig, am Rand umgerollt; Hülle kahl. ♃. 7—10. Waldrand, Gebüsch; verbr.

Register.

www.ingramcontent.com/pod-product-compliance
Lightning Source LLC
Chambersburg PA
CBHW021656210326
41599CB00013B/1441
9783743365902